기초 탄탄, 성적 쑥쑥
시험에 나올만한 문제는 모두 모았다!

문제은행

3000제

꿀꺽수학

중 2 상

수학은 꿀꺽

수학 시험에서 항상 100점을 맞는 비결은 무엇인가?

수학의 고수가 되는 길은 무엇인가?

많은 학생들이 수학은 어렵고 골치 아픈 과목이라고 생각한다. 그러나 스스로에게 맞는 공부 방법을 찾아 꾸준히 노력한다면 수학의 고수가 되는 일도 현실이 될 수 있다.

수학을 잘 하려면 같은 문제를 여러 번 반복해서 풀어야 한다.
일단 수학 문제의 바다로 뛰어든 다음 그 바다를 헤엄쳐 나가야 한다.

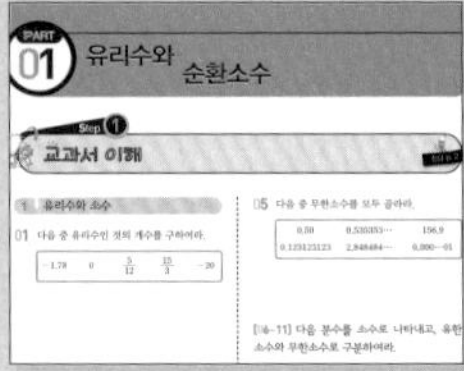

STEP 1_ 교과서 이해

교과서 보기 수준의 문제를 수록하여 교과서 개념을 완벽하게 이해할 수 있도록 구성하였다.

▶ 수학의 기초 실력을 탄탄하게 확립하는 단계이다. 수학은 무엇보다 기본 개념이 중요하므로 빠트리지 말고 정복하도록 하자.

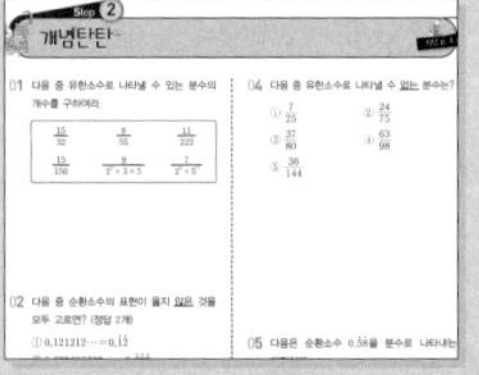

STEP 2_ 개념탄탄

학교 시험에 나올 만한 문제 중에서 간단한 계산, 기본 개념 이해를 확인할 수 있는 문제로 구성하였다.

▶ 기본적인 계산, 개념 이해도를 확인할 수 있는 단계이다. 학교 시험의 기초가 되는 중요한 과정이므로 확실히 익혀 두자.

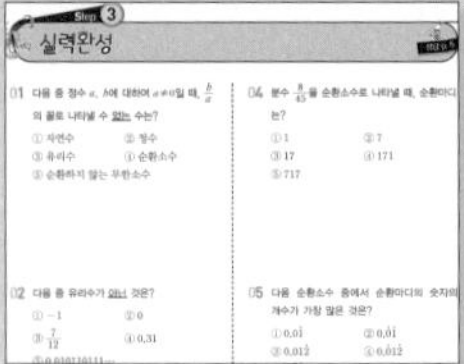

STEP 3_ 실력완성

계산, 이해, 문제 해결 능력을 고루 신장시킬 수 있도록 다양한 문제 유형으로 구성하였다.

▶ 학교 시험에서 출제 가능한 모든 문제 유형이 총망라되었다. 고득점의 베이스를 마련할 수 있는 중요한 과정이므로 최소한 세 번 이상 반복하여 학습하도록 하자.

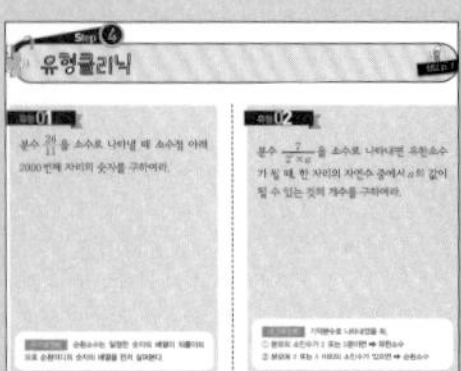

STEP 4_ 유형클리닉

각 중단원 별로 실수하기 쉬운 유형이나 고난도의 유형을 모아 핵심적인 해결포인트를 함께 제시하였다.

▶ 각 문제별 해결포인트를 참고하여 더욱 완벽한 문제 해결을 위해 노력하자.

수학은 문제 풀이에서 시작해서 문제 풀이로 끝나는 과목이라고 해도 과언이 아니다. 아무리 수학의 기본 원리와 공식을 줄줄 꿰고 있더라도 문제에 적용할 수 없다면 좋은 성적을 얻기 힘들다. 결국, 수학을 잘 하기 위해서는「많은 문제를 반복해서 여러 번」풀어 보는 것이 가장 좋은 방법이다.

〈꿀꺽수학〉은 학교 시험에 나올 수 있는 문제를 총망라하여 단계별로 구성한 문제은행이다.

특히, 비슷한 유형의 문제가 각 단계별로 난이도를 달리하여 여러 번 반복해서 풀어 볼 수 있도록 구성되어 수학에 자신감이 부족한 학생들에게는 최상의 문제집이 될 것이다.

이 책의 구성

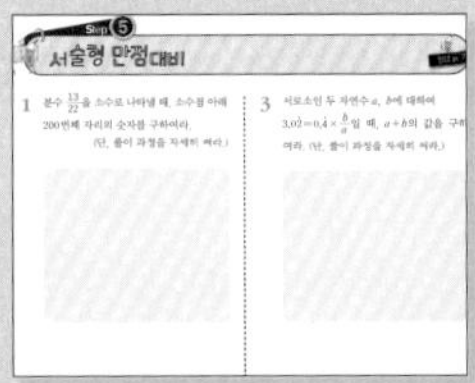

STEP 5_ 서술형 만점 대비

서술형 연습을 위한 코너 채점기준표를 참고하여 단계별 점수를 확인할 수 있게 구성하였다.

▶ 서술형의 비중이 높아지고 있으므로 문제 풀이에서 꼭 필요한 단계를 빠트리지 않도록 충분히 연습하도록 하자.

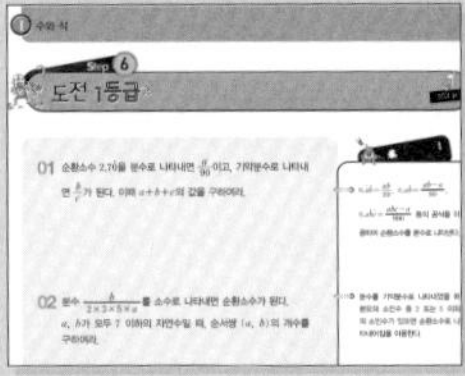

STEP 6_ 도전 1등급

대단원별로 변별력 제고를 위한 고난도의 문제와 핵심 해결 전략을 제시하였다.

▶ 각 문제의 핵심 해결 전략을 참고하여 완벽하게 학교 시험에 대비하자.

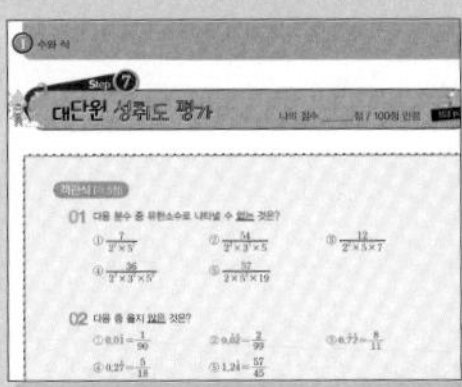

STEP 7_ 대단원 성취도 평가

중간/기말고사 대비를 위하여 대단원별 성취도를 평가할 수 있도록 구성하였다.

▶ 수학의 기초 실력을 탄탄하게 확립하는 단계이다. 수학은 무엇보다 기본 개념이 중요하므로 빠트리지 말고 정복하도록 하자.

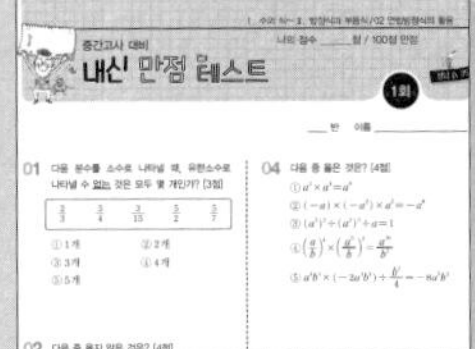

SPECIAL STEP 내신 만점 테스트

학교 시험 대비를 위한 코너, 중간고사 대비 2회분, 기말고사 대비 2회분으로 구성하였다.

기초 탄탄, 성적 쑥쑥 시험에 나올만한 문제는 모두 모았다!
문제은행 3000제 꿀꺽수학

I

수와 식

1 유리수와 소수

01 다음 중 유리수인 것의 개수를 구하여라.

$$-1.78 \qquad 0 \qquad \frac{5}{12} \qquad \frac{15}{3} \qquad -20$$

02 0.27과 같이 소수점 아래의 0이 아닌 숫자가 유한개인 소수를 [   ]라고 한다.

03 0.373737…과 같이 소수점 아래의 숫자가 무한히 많은 소수를 [   ]라고 한다.

04 다음 중 유한소수를 모두 골라라.

$$0.1234 \qquad 29.333\cdots \qquad 3.141592\cdots$$
$$12.7 \qquad 1.5777\cdots \qquad 0.0009$$

05 다음 중 무한소수를 모두 골라라.

$$0.50 \qquad 0.535353\cdots \qquad 156.9$$
$$0.123123123 \qquad 2.848484\cdots \qquad 0.000\cdots01$$

[06~11] 다음 분수를 소수로 나타내고, 유한소수와 무한소수로 구분하여라.

06 $\dfrac{2}{3}$ **07** $\dfrac{5}{6}$

08 $\dfrac{5}{8}$ **09** $\dfrac{7}{12}$

10 $\dfrac{39}{50}$ **11** $\dfrac{31}{11}$

2 순환소수

12 0.333…, 1.121212…등과 같이 소수점 아래의 어떤 자리부터 일정한 숫자의 배열이 끝없이 되풀이되는 무한소수를 [   ]라고 한다. 이때 되풀이되는 한 부분을 [   ]라고 한다.

[13~16] 다음 순환소수의 순환마디를 구하여라.

13 0.419419419⋯

14 5.161616⋯

15 7.235235235⋯

16 0.24815815815⋯

[17~20] 다음 순환소수를 점을 찍어서 간단히 나타내어라.

17 1.636363⋯

18 42.347347347⋯

19 0.8386386386⋯

20 5.123712371237⋯

[21~24] 다음 분수를 소수로 나타내고, 순환마디를 구하여라.

21 $\dfrac{1}{3}$

22 $\dfrac{13}{6}$

23 $\dfrac{13}{15}$

24 $\dfrac{2}{7}$

[25~28] 다음 분수를 순환소수로 나타내어라.

25 $\dfrac{5}{9}$

26 $\dfrac{5}{6}$

27 $\dfrac{5}{12}$

28 $\dfrac{8}{11}$

[29~32] 다음 분수를 순환소수로 나타내고 순환마디를 구하여라.

29 $\dfrac{13}{9}$

30 $-\dfrac{43}{99}$

31 $-\dfrac{19}{30}$

32 $\dfrac{92}{45}$

3 유한소수로 나타낼 수 있는 분수

33 다음은 $\dfrac{9}{20}$를 소수로 나타내는 과정이다. □ 안에 알맞은 수를 써넣어라.

$$\frac{9}{20}=\frac{1}{2^2\times5}=\frac{9\times\boxed{}}{2^2\times5\times\boxed{}}$$
$$=\frac{\boxed{}}{100}=\boxed{}$$

34 다음은 $\dfrac{15}{24}$를 소수로 나타내는 과정이다. □ 안에 알맞은 수를 써넣어라.

$$\frac{15}{24}=\frac{5}{8}=\frac{5}{2^3}=\frac{5\times\boxed{}}{2^3\times\boxed{}}$$
$$=\frac{\boxed{}}{1000}=\boxed{}$$

35 분수를 기약분수로 나타내었을 때, 분모의 소인수가 □ 또는 □ 뿐이면 그 분수는 유한소수로 나타낼 수 있다.

4 순환소수로 나타낼 수 있는 분수

36 분수를 기약수분로 나타내었을 때, 분모가 □나 □ 이외의 소인수를 가지면 그 분수는 순환소수로 나타낼 수 있다.

37 다음 중 유한소수로 나타낼 수 있는 분수의 개수를 구하여라.

$\dfrac{1}{2\times5}$	$\dfrac{1}{2^2\times3^2\times5}$	$\dfrac{1}{2^2\times3\times5^2}$
$\dfrac{120}{2^3\times3\times5^2}$	$\dfrac{241}{2^2\times5^3\times7}$	$\dfrac{162}{2^3\times3^2\times5^2}$

38 다음 보기 중 분수로 나타낼 때 유한소수로 나타낼 수 <u>없는</u> 것을 찾고, 이를 순환소수로 나타내어라.

> ▮ 보기 ▮
>
> (ㄱ) $\dfrac{11}{12}$ (ㄴ) $\dfrac{24}{75}$
>
> (ㄷ) $\dfrac{35}{175}$ (ㄹ) $\dfrac{33}{220}$

5 순환소수를 분수로 나타내기

[39~44] 다음은 순환소수를 분수로 나타내는 과정이다. 안에 알맞은 수를 써넣어라.

39 $0.\dot{7}$

$$x=0.777\cdots\text{이라 하면}$$
$$\boxed{}\,x=7.777\cdots$$
$$-)\quad\ \ x=0.777\cdots$$
$$\boxed{}\,x=7\qquad\therefore x=\boxed{}$$

40 $0.\dot{1}\dot{2}$

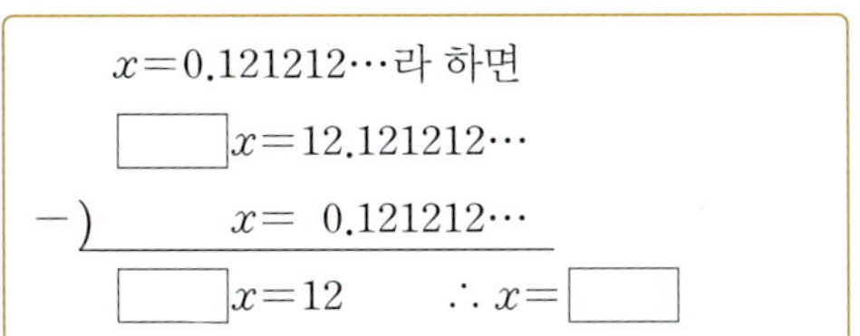

41 $0.\dot{2}1\dot{3}$

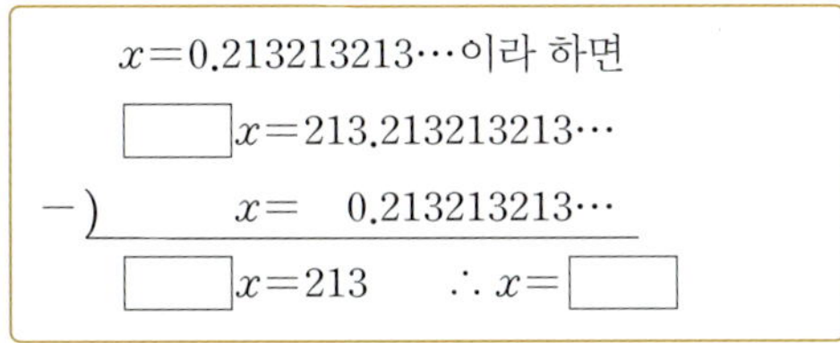

42 $0.7\dot{3}$

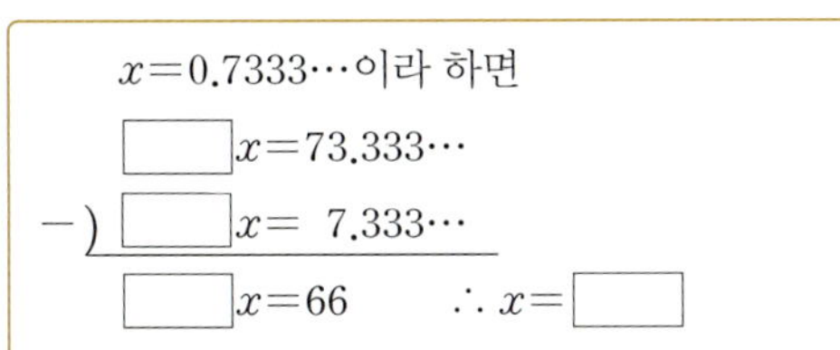

43 $0.17\dot{3}$

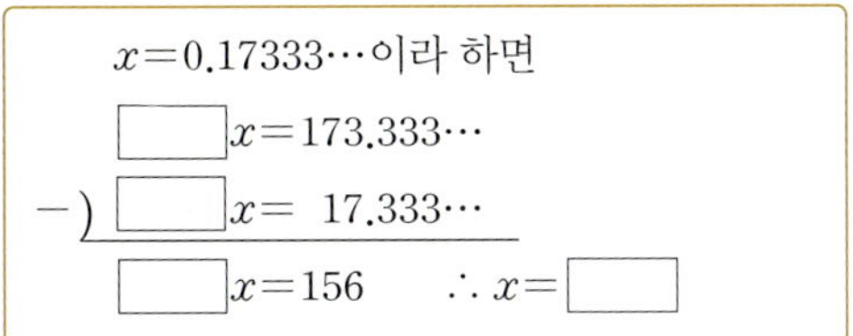

44 $0.3\dot{4}\dot{6}$

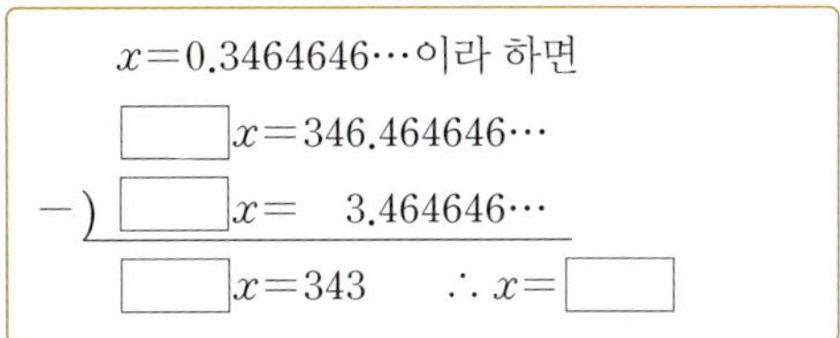

[45~64] 다음 순환소수를 기약분수로 나타내어라.

45 $0.\dot{1}$

46 $0.\dot{3}$

47 $0.\dot{5}$

48 $0.\dot{8}$

49 $0.\dot{1}\dot{3}$

50 $0.\dot{9}\dot{8}$

51 $7.\dot{3}\dot{8}$

52 $8.\dot{3}\dot{7}$

53 $0.\dot{5}1\dot{6}$

54 $0.\dot{7}8\dot{3}$

55 $9.\dot{8}1\dot{7}$

56 $12.\dot{3}5\dot{4}$

57 $0.4\dot{7}$

58 $15.3\dot{1}$

59 $0.11\dot{8}$

60 $3.14\dot{2}$

61 $2.73\dot{5}$

62 $72.81\dot{5}$

63 $0.23\dot{5}$

64 $2.053\dot{8}$

01 다음 중 유한소수로 나타낼 수 있는 분수의 개수를 구하여라.

$$\frac{15}{32} \qquad \frac{8}{55} \qquad \frac{11}{222}$$

$$\frac{15}{150} \qquad \frac{9}{2^3 \times 3 \times 5} \qquad \frac{7}{2^4 \times 5^2}$$

02 다음 중 순환소수의 표현이 옳지 <u>않은</u> 것을 모두 고르면? (정답 2개)

① $0.121212\cdots = 0.\dot{1}\dot{2}$

② $0.609609609\cdots = 0.\dot{6}0\dot{9}$

③ $1.214214214\cdots = \dot{1}.2\dot{1}$

④ $2.030303\cdots = 2.\dot{0}\dot{3}$

⑤ $3.5808080\cdots = 3.5\dot{8}\dot{0}$

03 순환소수 $0.\dot{2}$를 분수로 나타낼 때 필요한 계산은 $x = 0.\dot{2}$라 하면 $Ax - x$이다. 이때 A의 값을 구하여라.

04 다음 중 유한소수로 나타낼 수 <u>없는</u> 분수는?

① $\frac{7}{25}$ ② $\frac{24}{75}$

③ $\frac{37}{80}$ ④ $\frac{63}{98}$

⑤ $\frac{36}{144}$

05 다음은 순환소수 $0.\dot{5}\dot{8}$을 분수로 나타내는 과정이다.

> 순환소수 $0.\dot{5}\dot{8}$을 x라고 하면
>
> $x = 0.585858\cdots$ ⋯⋯㉠
>
> ㉠의 양변에 $\boxed{A}$ 를 곱하면
>
> $Ax = 58.585858\cdots$ ⋯⋯㉡
>
> ㉡에서 ㉠을 변끼리 빼면
>
> $\boxed{B}\,x = \boxed{C}$
>
> 따라서 $x = \boxed{D}$ 이다.

위의 과정에서 $\boxed{}$ 안의 A, B, C, D에 알맞은 수를 각각 구하여라.

06 순환소수 $2.452452452\cdots$를 바르게 나타낸 것은?

① $2.\dot{4}\dot{5}$ 　　② $2.4\dot{5}$

③ $2.\dot{4}5\dot{2}$ 　　④ $2.4\dot{5}\dot{2}$

⑤ $2.\dot{4}52$

07 순환소수 $2.5\dot{1}4\dot{3}$에서 소수점 아래 1000번째 자리의 숫자는?

① 1 　　② 2

③ 3 　　④ 4

⑤ 5

08 다음 분수 중에서 유한소수로 나타낼 수 있는 것은?

① $\dfrac{7}{2\times5^2}$ 　　② $\dfrac{63}{2^3\times3^3}$

③ $\dfrac{27}{3^4\times5^2}$ 　　④ $\dfrac{10}{2\times5\times11}$

⑤ $\dfrac{6}{2\times3^2\times5}$

09 다음 분수 $\dfrac{7}{50}$을 소수로 나타내는 과정이다. 이때 $a+b$의 값을 구하여라.

$$\frac{7}{50}=\frac{7}{2\times5^2}=\frac{7\times a}{2\times5^2\times a}$$
$$=\frac{b}{100}=0.14$$

[10~15] 다음 중 옳은 것은 ○표, 옳지 않은 것은 ×를 표시하여라.

10 모든 순환소수는 유리수이다.　　　（　　）

11 분수 중에서 유한소수로 나타낼 수 없는 것은 순환소수로 나타낼 수 있다.　　　（　　）

12 모든 순환소수는 분수로 나타낼 수 있다.

（　　）

13 모든 소수는 분수로 나타낼 수 있다.

（　　）

14 모든 무한소수는 유리수이다.　　　（　　）

15 정수가 아닌 유리수는 유한소수 또는 순환소수로 나타낼 수 있다.　　　（　　）

01 다음 중 정수 a, b에 대하여 $a \neq 0$일 때, $\dfrac{b}{a}$의 꼴로 나타낼 수 <u>없는</u> 수는?

① 자연수 ② 정수
③ 유리수 ④ 순환소수
⑤ 순환하지 않는 무한소수

02 다음 중 유리수가 <u>아닌</u> 것은?

① -1 ② 0
③ $\dfrac{7}{12}$ ④ 0.31
⑤ $0.010110111\cdots$

03 다음 분수를 소수로 나타낼 때, 유한소수로 나타낼 수 <u>없는</u> 것은?

① $\dfrac{5}{4}$ ② $\dfrac{3}{5}$
③ $\dfrac{13}{6}$ ④ $\dfrac{7}{20}$
⑤ $\dfrac{7}{280}$

04 분수 $\dfrac{8}{45}$을 순환소수로 나타낼 때, 순환마디는?

① 1 ② 7
③ 17 ④ 171
⑤ 717

05 다음 순환소수 중에서 순환마디의 숫자의 개수가 가장 많은 것은?

① $0.0\dot{1}$ ② $0.\dot{0}\dot{1}$
③ $0.01\dot{2}$ ④ $0.\dot{0}1\dot{2}$
⑤ $0.\dot{1}\dot{2}$

06 다음 분수를 소수로 나타낼 때, 순환마디의 숫자의 개수가 다른 것은?

① $\dfrac{1}{3}$ ② $\dfrac{1}{6}$
③ $\dfrac{5}{11}$ ④ $\dfrac{11}{12}$
⑤ $\dfrac{13}{15}$

07 분수 $\dfrac{9}{11}$를 소수로 나타낼 때, 소수점 아래 50번째 자리의 숫자는?

① 1 　② 2
③ 4 　④ 6
⑤ 8

08 다음 중 순환소수의 표현이 옳은 것을 모두 고르면? (정답 2개)

① $0.353535\cdots=0.3\dot{5}$
② $0.786786786\cdots=\dot{0}.78\dot{6}$
③ $5.4868686\cdots=5.4\dot{8}\dot{6}$
④ $0.010101\cdots=0.\dot{0}\dot{1}$
⑤ $7.4352352352\cdots=7.4\dot{3}5\dot{2}$

09 두 분수 $\dfrac{7}{11}$과 $\dfrac{7}{18}$을 순환소수로 나타낼 때, 순환마디를 각각 A, B라고 하자. 이때, $A+B$의 값을 구하여라.

(단, 풀이 과정을 자세히 써라.)

10 어떤 분수 A를 소수로 나타내었더니 순환소수 $2.1\dot{4}\dot{5}$가 되었다. $100A$를 소수로 나타내었더니 순환소수가 되었을 때, $100A$의 순환마디는?

① 14 　② 45
③ 54 　④ 145
⑤ 451

11 다음은 분수 $\dfrac{11}{20}$을 소수로 나타내는 과정이다. (개)~(마)에 알맞은 수로 옳지 않은 것은?

$$\dfrac{11}{20}=\dfrac{11}{2^{\boxed{(개)}}\times 5}=\dfrac{\boxed{(나)}}{2^2\times 5\times\boxed{(다)}}$$
$$=\dfrac{55}{\boxed{(라)}}=\boxed{(마)}$$

① (개) : 2 　② (나) : 55
③ (다) : 5^2 　④ (라) : 100
⑤ (마) : 0.55

12 다음은 분수 $\dfrac{9}{25}$를 소수로 나타내는 과정이다. 이때 $a+b+c+d$의 값을 구하여라.

$$\dfrac{9}{25}=\dfrac{9}{5^2}=\dfrac{9\times a}{5^2\times a}=\dfrac{b}{10^c}=d$$

13 다음 중 옳지 않은 것은?

① $0.\dot{3}\dot{2}=\dfrac{32}{99}$ ② $0.\dot{1}3\dot{5}=\dfrac{15}{111}$

③ $0.2\dot{4}=\dfrac{8}{33}$ ④ $0.\dot{2}3\dot{4}=\dfrac{26}{111}$

⑤ $3.\dot{4}\dot{5}=\dfrac{39}{11}$

14 $\dfrac{7}{72}\times A$를 소수로 나타내면 유한소수가 될 때, 가장 작은 자연수 A는?

① 3 ② 6

③ 8 ④ 9

⑤ 12

15 분수 $\dfrac{17\times A}{260}$를 소수로 나타내면 유한소수가 될 때, 가장 작은 자연수 A의 값을 구하여라.

16 분수 $\dfrac{13\times x}{27\times 4\times 52}$를 소수로 나타내면 유한소수가 될 때, 두 자리의 자연수 중 x의 값이 될 수 있는 수의 개수를 구하여라.

（단, 풀이 과정을 자세히 써라.）

17 분수 $\dfrac{12}{5^2\times a}$를 소수로 나타내면 순환소수가 될 때, a의 값이 될 수 있는 한 자리의 자연수를 모두 구하여라.

18 두 분수 $\dfrac{5}{18}$와 $\dfrac{8}{35}$에 어떤 자연수 x를 각각 곱하여 소수로 나타내면 모두 유한소수가 될 때, x의 값이 될 수 있는 가장 작은 자연수는?

① 7 ② 9

③ 21 ④ 45

⑤ 63

19 두 분수 $\dfrac{5}{24}$와 $\dfrac{31}{70}$에 어떤 자연수 A를 각각 곱하여 소수로 나타내면 모두 유한소수가 된다. 이때 두 자리의 자연수 중에서 A의 값이 될 수 있는 것의 개수를 구하여라.

（단, 풀이 과정을 자세히 써라.）

20 순환소수 $x=1.2\dot{3}\dot{7}$을 분수로 나타내려고 할 때, 필요한 식은?

① $100x-x$　　② $100x-10x$
③ $1000x-x$　　④ $1000x-10x$
⑤ $1000x-100x$

21 순환소수 $0.8\dot{7}$을 기약분수로 나타내면 $\dfrac{a}{b}$이다. 이때 $a+b$의 값을 구하여라.

22 순환소수 $x=0.12\dot{6}$을 분수로 나타낼 때, 필요한 계산은 $1000x-Ax$이다. 이때 A의 값을 구하여라.

23 분수 $\dfrac{a}{130}$를 소수로 나타내면 유한소수가 되고, 이 분수를 기약분수로 나타내면 $\dfrac{1}{b}$이다. a가 가장 작은 자연수일 때, $a+b$의 값을 구하여라. (단, 풀이 과정을 자세히 써라.)

24 분수 $\dfrac{a}{140}$를 소수로 나타내면 유한소수가 되고, 이 분수를 기약분수로 나타내면 $\dfrac{3}{b}$이다. $20<a<30$일 때, 자연수 a, b의 값을 각각 구하여라.

25 부등식 $\dfrac{3}{7}<0.\dot{a}<\dfrac{1}{2}$을 만족하는 한 자리의 자연수 a의 값은?

① 2　　② 3
③ 4　　④ 5
⑤ 6

26 $x+0.\dot{6}=\dfrac{26}{33}$을 만족하는 x를 순환소수로 나타내면?

① $0.1\dot{2}$　　② $0.0\dot{1}\dot{2}$
③ $0.\dot{1}\dot{2}$　　④ $0.0\dot{1}\dot{2}$
⑤ $0.\dot{1}2\dot{1}$

유형 01

분수 $\dfrac{26}{11}$을 소수로 나타낼 때 소수점 아래 2000번째 자리의 숫자를 구하여라.

해결포인트 순환소수는 일정한 숫자의 배열이 되풀이되므로 순환마디의 숫자의 배열을 먼저 살펴본다.

확인문제

1-1 분수 $\dfrac{3}{7}$을 소수로 나타낼 때, 소수점 아래 100번째 자리의 숫자를 구하여라.

1-2 다음은 순환소수와 순환소수의 소수점 아래 50번째 자리의 숫자를 짝지은 것이다. 옳지 않은 것은?

① $0.1\dot{3}$: 3   ② $1.54\dot{2}$: 2

③ $3.8\dot{1}\dot{7}$: 1   ④ $2.9\dot{3}\dot{2}$: 3

⑤ $2.\dot{1}47\dot{0}$: 1

유형 02

분수 $\dfrac{7}{2^5 \times a}$을 소수로 나타내면 유한소수가 될 때, 한 자리의 자연수 중에서 a의 값이 될 수 있는 것의 개수를 구하여라.

해결포인트 기약분수로 나타내었을 때,
① 분모의 소인수가 2 또는 5뿐이면 ➡ 유한소수
② 분모에 2 또는 5 이외의 소인수가 있으면 ➡ 순환소수

확인문제

2-1 분수 $\dfrac{11}{560}$에 자연수 A를 곱하여 소수로 나타내면 유한소수가 된다. 가장 작은 자연수 A의 값을 구하여라.

2-2 두 분수 $\dfrac{17}{102}$, $\dfrac{7}{110}$에 어떤 자연수 N을 각각 곱하여 소수로 나타내면 모두 유한소수가 된다. 이때 두 자리의 자연수 중에서 N의 값이 될 수 있는 것을 모두 구하여라.

1 분수 $\dfrac{13}{22}$ 을 소수로 나타낼 때, 소수점 아래 200번째 자리의 숫자를 구하여라.

(단, 풀이 과정을 자세히 써라.)

2 분수 $\dfrac{x}{360}$ 를 소수로 나타내면 유한소수가 되고, 이 분수를 기약분수로 나타내면 $\dfrac{9}{y}$ 이다. $80 \le x \le 90$일 때, 자연수 x, y의 값을 각각 구하여라.

(단, 풀이 과정을 자세히 써라.)

3 서로소인 두 자연수 a, b에 대하여 $3.0\dot{2}=0.\dot{4} \times \dfrac{b}{a}$일 때, $a+b$의 값을 구하여라. (단, 풀이 과정을 자세히 써라.)

4 분수 $\dfrac{A}{1400}$ 가 다음 조건을 만족한다.

> ㈎ A는 11의 배수이고, 두 자리의 자연수이다.
> ㈏ 분수 $\dfrac{A}{1400}$ 를 소수로 나타내면 유한소수가 된다.

이때 A의 값을 구하여라.

(단, 풀이 과정을 자세히 써라.)

PART 02 단항식의 계산

정답 p. 8

---

1 지수법칙 (1)

[01~31] 다음 식을 간단히 하여라.

01 $5^2 \times 5^6$

02 $a^3 \times a^{10}$

03 $b \times b^2 \times b^7$

04 $x^2 \times x^3 \times x^4 \times x^5$

05 $a^2 \times a^3 \times b^3 \times b^4$

06 $x \times y^2 \times x^2 \times y \times x^3$

07 $(5^3)^4$

08 $\{(a^2)^4\}^3$

09 $(x^3)^4 \times x$

10 $(a^2)^4 \times a^2$

11 $x^2 \times (x^3)^2 \times x$

12 $(a^4)^2 \times (a^2)^5$

13 $(x^2)^5 \times (y^3)^4 \times (y^2)^3$

14 $2^8 \div 2^3$ **15** $a^9 \div a^6$

16 $\dfrac{a^7}{a^5}$ **17** $3^{10} \div 3^{10}$

18 $7^5 \div 7^8$ **19** $x^6 \div x^{12}$

20 $x^5 \div x^5$ **21** $\dfrac{c^3}{c^7}$

---

22 $(x^2)^5 \div x^5$

23 $(a^2)^3 \div a^5$

24 $2^{15} \div 2^7 \div 2^3$

25 $a^4 \div a^3 \div a^5$

26 $(x^3)^4 \div (x^2)^3$

27 $(a^3)^6 \div (a^5)^4$

28 $(x^3)^2 \div (x^2)^3$

29 $(a^4)^3 \div (a^2)^3 \div (a^3)^2$

30 $(x^3)^4 \div (x^2)^3 \div (x^4)^5$

31 $(y^3)^2 \div (y^2)^2 \div (y^4)^3$

2 지수법칙 (2)

[32~41] 다음 식을 간단히 하여라.

32 $(a^2b^4)^3$

33 $(-2y^2)^5$

34 $(2ab)^3$

35 $(xy^3z^4)^2$

36 $(xy)^2 \times x^3$

37 $(abc)^2 \times bc$

38 $(x^2y)^2 \times (xy^2)^2$

39 $(x^2yz)^3 \times (x^2yz)^4$

40 $(a^2)^4 \times (a^3b)^2 \times (b^3)^4$

41 $(xy^2z^3)^2 \times (x^2yz^3)^4 \times (x^3z)^3$

[42~46] 다음 $\square$ 안에 알맞은 수를 구하여라.

42 $16^3 = 8^2 \times 2^{\square}$

43 $9^{\square} \div 3^4 \times 27 = 3^5$

44 $(a^{\square})^4 = a^{20}$

45 $(a^3b^{\square})^{\square} = a^9b^6$

46 $(-2x^2y)^{\square} = \square x^{\square}y^3$

[47~55] 다음 식을 간단히 하여라.

47 $\left(\dfrac{5}{a}\right)^3$

48 $\left(\dfrac{x}{y^2}\right)^5$

49 $\left(\dfrac{x^5}{y^4}\right)^4$

50 $\left(\dfrac{2x^2}{a}\right)^4$

51 $\left(\dfrac{-2y}{x^2}\right)^3$

52 $\left(\dfrac{2ax}{y^2}\right)^2$

53 $\left\{\dfrac{(-2b^3)^2}{a^5}\right\}^3$

54 $(x^2y)^3 \times \left(\dfrac{-1}{xy}\right)^2$

55 $\left(\dfrac{b^4}{a^3}\right)^3 \times \left(\dfrac{a}{b^2}\right)^4$

[56~59] 다음 □ 안에 알맞은 수를 구하여라.

56 $\left(\dfrac{b^{\square}}{a}\right)^5 = \dfrac{b^{10}}{a^{\square}}$

57 $\left(\dfrac{a^{\square}}{x}\right)^3 = \dfrac{a^6}{x^{\square}}$

58 $\left(\dfrac{\square x^3}{y^3 z^4}\right)^3 = \dfrac{-8x^9}{y^9 z^{\square}}$

59 $\left(\dfrac{abc^{\square}}{x}\right)^6 = \dfrac{a^{\square}b^{\square}c^{12}}{x^{\square}}$

3　단항식의 곱셈

[60~68] 다음 식을 간단히 하여라.

60 $2a \times 3b$

61 $a^2 \times (-3a)$

62 $(-2x) \times (-y) \times 2x$

63 $2x^2 \times 3x^6$

64 $(2x)^2 \times (-3x)^3$

65 $(-2a^3b)^2 \times (5ab)^2$

66 $(-3a^3)^2 \times 7a^2b^3 \times (3ab^2)^2$

67 $(ab)^3 \times \left(\dfrac{b}{a}\right)^2$

68 $(-2xy^2)^2 \times (3x^2y)^3 \times (xy^3)^3$

4　단항식의 나눗셈

[69~74] 다음 식을 간단히 하여라.

69 $12ab^2 \div 4a^2b$

70 $4a^3x^2 \div (-2ax^3)$

71 $\dfrac{5}{3}x^4 \div \left(-\dfrac{5}{12}x^3y\right) \div \dfrac{1}{4}xy^2$

72 $(-4x^3y)^2 \div (3x^2y^3)^3$

73 $\left(\dfrac{1}{3}x^2y\right)^2 \div \left(-\dfrac{1}{3}xy^2\right)^3$

74 $(3x^2)^3 \div (6x^2)^2 \div (-x)^5$

5 단항식의 곱셈과 나눗셈의 혼합 계산

[75~82] 다음 식을 간단히 하여라.

75 $6ab^2 \times 2a^2b \div 3ab$

76 $12a^2b \div 3ab^2 \times 4a$

77 $-26ab^2 \times 4b \div (2ab^2)^2$

78 $(-4x^3y)^2 \times \dfrac{3}{4}x^2yz \div (-6xy^2z)$

79 $(2x^2y)^3 \div 4x^3y^2 \times (-2xy^2)^2$

80 $2x^2y^4 \div (2xy^2)^3 \times (-2x^2y)^3$

81 $27a^2x \times (-3a^2x^2)^2 \div (-9ax^2)^3$

82 $(-2x^2y)^3 \times \left(\dfrac{5y}{3x}\right)^2 \div (10xy)^2$

[83~85] 다음 $\square$ 안에 알맞은 수를 구하여라.

83 $-4x^2y \times \boxed{} = 12x^3y^3$

84 $6x^2y \div \boxed{} = \dfrac{1}{2x}$

85 $a^{\square} \times a^3 \div a^2 = a^5$

86 $(-3x^3y^2)^2 \div (-2xy^2)^3 \times \boxed{} = 9x^6y^3$

87 어떤 직육면체의 밑면의 가로의 길이가 $7a\,\mathrm{cm}$, 세로의 길이가 $3b\,\mathrm{cm}$이다. 이 직육면체의 부피가 $42a^2b\,\mathrm{cm}^3$일 때, 높이를 구하여라.

[88~89] 다음 식을 간단히 하여라.

88 $(2x^2y)^3 \div 4x^3y^2 \times (-9xy^2)^2 \div (6x^2y)^2$

89 $2a^2b^4 \times (3ab^2)^3 \div (-2a^2b)^3 \div (-6ab)^2$

01 $3^{x+2}=\Box\times3^x$일 때, $\Box$ 안에 알맞은 수를 구하여라.

02 $5^2\times(5^3)^2=5^\Box$일 때, $\Box$ 안에 알맞은 수를 구하여라.

03 $2^3=x$라 할 때, 64^2을 x를 사용하여 바르게 나타낸 것은?

① x　　　　　② x^2
③ x^3　　　　　④ x^4
⑤ x^6

04 $\{(x^3)^4\}^5$을 간단히 하면?

① x^{12}　　　　　② x^{24}
③ x^{36}　　　　　④ x^{48}
⑤ x^{60}

05 $(2x^a)^b=32x^{10}$일 때, 자연수 a, b에 대하여 $a+b$의 값을 구하여라.

06 $\left(\dfrac{3^x}{3^3}\right)^2=3^{10}$일 때, 자연수 x의 값을 구하여라.

07 $a^{10}\div a^5\div a^5$을 간단히 하면?

① 1　　　　　② a
③ a^2　　　　　④ a^3
⑤ a^5

08 $2^{12}\div2^4=2^{2x}$일 때, x의 값은?

① 1　　　　　② 2
③ 3　　　　　④ 4
⑤ 5

09 다음 중 간단히 나타낸 식이 나머지 넷과 다른 하나는?

① $x^5 \times x^2$ ② $x^{14} \div x^7$
③ $(x^3)^4$ ④ $(x^2)^5 \div x^3$
⑤ $(x^3)^3 \div x^2$

10 $3^{10} + 3^{10} + 3^{10}$을 간단히 하면?

① 3^{10} ② 3^{11}
③ 3^{18} ④ 3^{30}
⑤ 3^{1000}

11 $(a^3b^2)^3 \times (ab^2)^2 = a^m b^n$일 때, 자연수 m, n에 대하여 $m+n$의 값을 구하여라.

12 $7x^3y \times (-4x^{10}y^4) = Ax^B y^C$일 때, 자연수 A, B, C의 값을 각각 구하여라.

[13~18] 다음 식을 간단히 하여라.

13 $\dfrac{3}{4}a^3b^2 \times (-4ab)^2$

14 $\left(-\dfrac{1}{2}ab^2\right)^2 \times a^3b \times (-b)^3$

15 $12x^3y^2 \div (-3xy)$

16 $36a^{10}b^8 \div (-3a^2b^3)^2 \div \left(-\dfrac{2}{3}ab^2\right)^2$

17 $3xy^2 \times (-8x^3y^2) \div 6x^3y^2$

18 $(3x^2y)^2 \times 2y^2 \div 6x^3y^2$

[19~20] 다음 ☐ 안에 알맞은 식을 구하여라.

19 $(2x^2)^2 \times \boxed{} \div 3x^3 = 4x^2$

20 $4ab \times \dfrac{9}{2}a^6b^6 \div \boxed{} = 2a^4b^5$

정답 p. 10

01 $a \neq 0$이고 m, n은 자연수일 때, 다음 중 옳은 것을 모두 고르면? (정답 2개)

① $a^m \times a^n = a^{m+n}$

② $(ab)^m = a^m b$

③ $a^m \div a^n = a^{n-m}$

④ $(a^m)^n = a^{mn}$

⑤ $\left(\dfrac{b}{a}\right)^m = \dfrac{b}{a^m}$

02 다음 중 옳은 것을 모두 고르면? (정답 2개)

① $(x^7)^3 = x^{10}$

② $x^2 \times x^3 = x^5$

③ $(3xy)^3 = 3x^3 y^3$

④ $(x^2 y^3)^2 = x^4 y^3$

⑤ $\left(\dfrac{x^2}{y}\right)^4 = \dfrac{x^8}{y^4}$

03 다음 식을 만족하는 자연수 a, b의 값을 각각 구하여라.

$$2^a \times 4^2 \times 8^3 = 2^{15}$$
$$27^3 \div (9^4 \div 3^3) = 3^b$$

04 다음 중 식을 간단히 한 것이 $a^8 \div a^2 \div a^4$과 같은 것은?

① $a^8 \div (a^2 \div a^4)$

② $a^8 \div (a^2 \times a^4)$

③ $a^8 \times (a^4 \div a^2)$

④ $a^4 \div a^2 \div a^8$

⑤ $a^2 \times (a^8 \div a^4)$

05 $(x^2 \times x^3)^{\square} \div x^{21} = \dfrac{1}{x}$일 때, $\square$ 안에 알맞은 수를 구하여라.

06 보기에서 옳은 것을 모두 골라 그 기호를 써라.

┤ 보기 ├

(ㄱ) $a \times a^4 = a^5$

(ㄴ) $x^6 \div (x^3 \times x) = x^2$

(ㄷ) $(x^3)^4 \times x^3 = x^{36}$

(ㄹ) $(-2a^5 b^3)^2 = 4a^{10} b^6$

(ㅁ) $\left(\dfrac{2x^3}{y^2}\right)^3 = \dfrac{6x^9}{y^6}$

07 $216^3 = (2^3 \times 3^a)^3 = 2^b \times 3^c$일 때, 세 자연수 a, b, c에 대하여 $a+b+c$의 값은?

① 9   ② 12

③ 15   ④ 18

⑤ 21

08 $3^{10} \times (2^{11} + 2^{12})$을 간단히 하면?

① 6^9 ② 6^{10}

③ 6^{11} ④ 6^{12}

⑤ 6^{13}

09 $2^5 = A$일 때, $\dfrac{1}{4^{10}}$을 A를 사용하여 나타내면?

① A^5 ② $\dfrac{1}{A^5}$

③ A^4 ④ $\dfrac{1}{A^4}$

⑤ A^2

10 다음 중 옳지 않은 것은?

① $5^n + 5^n = 2 \times 5^n$

② $5^n \times 5^{n+1} = (5^2)^{n+1}$

③ $5^n \div 5^n = 1$

④ $(5^n)^n = 5^{n^2}$

⑤ $5^{n+1} \div 5^n = 5$

11 $4^8 \times 5^{20}$은 n자리의 자연수이다. 이때 n의 값은?

① 17   ② 18

③ 19   ④ 20

⑤ 21

서술형

12 $A = 5^5 + 5^5 + 5^5 + 5^5 + 5^5$,

$B = \dfrac{1}{5^5} + \dfrac{1}{5^5} + \dfrac{1}{5^5} + \dfrac{1}{5^5} + \dfrac{1}{5^5}$일 때,

AB의 값을 구하여라.

(단, 풀이 과정을 자세히 써라.)

13 다음 중 옳은 것은?

① $3x^2 \times 4x^5 = 12x^{10}$

② $(3a^2)^3 = 9a^8$

③ $4x^2 \times 6y^3 = 24xy^6$

④ $32a^2x^3 \div 8ax^2 = 4ax$

⑤ $16a^3 \div 2a^2 = 8a^4$

14 다음 중 옳지 <u>않은</u> 것은?

① $2a^3 \times (-4a^2) = -8a^5$

② $(-2a^2b)^3 \times (2ab)^2 = 32a^8b^5$

③ $-4(x^2)^2 \div 2x^4 = -2$

④ $16x^2y \div 2xy \times 3x = 24x^2$

⑤ $(-a^2b^3)^2 \div \left(\dfrac{1}{3}ab\right)^2 = 9a^2b^4$

15 오른쪽 그림과 같이 가로의 길이가 $2a$, 세로의 길이가 $3b$, 높이가 $4ab$인 직육면체의 부피를 구하여라.

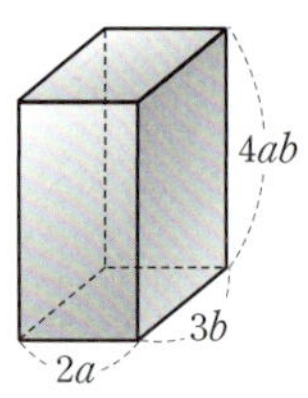

16 $\{(xy^3)^2 \div (xy^2)^3\}^2$을 간단히 하면?

① x^2 ② xy^2

③ x^2y ④ $\dfrac{1}{x}$

⑤ $\dfrac{1}{x^2}$

17 $(-24ab^2) \div 6ab \div \boxed{} = -12a^2b$일 때, $\boxed{}$ 안에 알맞은 식은?

① $\dfrac{1}{a^2}$ ② $\dfrac{1}{2a^2}$

③ $\dfrac{1}{3a^2}$ ④ $\dfrac{1}{4a^2}$

⑤ $\dfrac{1}{5a^2}$

서술형

18 다음 그림의 직사각형과 삼각형의 넓이가 서로 같다. 삼각형의 높이를 구하여라.

（단, 풀이 과정을 자세히 써라.）

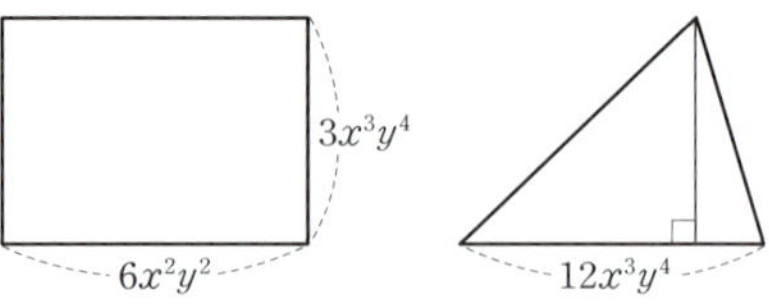

19 $8x^4y^A \div (x^2y)^2 \times \dfrac{Bx^2}{2y^3} = \dfrac{16x^C}{y^2}$일 때,

세 상수 A, B, C에 대하여 $A+B+C$의 값은?

① 7   ② 9

③ 11   ④ 13

⑤ 15

20 오른쪽 그림과 같이 밑면의 반지름의 길이가 $3a$인 원기둥의 부피가 $36\pi a^2 b$일 때, 원기둥의 높이 h를 a, b를 사용하여 나타내면?

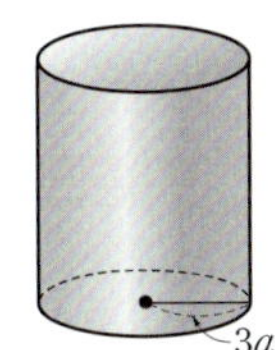

① $2b$ ② $2ab$

③ $3b$ ④ $3ab$

⑤ $4b$

21 어떤 단항식에 $3y^2$을 곱해야 할 것을 잘못 하여 나누었더니 $4x^2y$가 되었다. 이때 바르게 계산한 식을 구하여라.

(단, 풀이 과정을 자세히 써라.)

22 부피가 $45x^4y^6$인 직육면체의 밑면의 가로의 길이와 세로의 길이가 각각 $3xy^3$, $5xy^2$일 때, 이 직육면체의 높이를 구하여라.

23 밑면의 반지름의 길이가 r이고 높이가 h인 원기둥 A와 밑면의 반지름의 길이가 $2r$인 원기둥 B가 있다. 두 원기둥 A, B의 부피가 서로 같을 때, 원기둥 B의 높이는 kh이다. 상수 k의 값을 구하여라.

24 오른쪽 그림과 같이 $\angle B = 90°$, $\overline{AB} = 2a$, $\overline{BC} = \dfrac{3}{2}a$인 직각삼각형 ABC가 있다. 삼각형 ABC를 변 AB를 축으로 하여 1회전시킬 때 생기는 회전체의 부피를 V_1, 변 $\overline{BC}$를 축으로 하여 1회전시킬 때 생기는 회전체의 부피를 V_2라고 할 때 $\dfrac{V_1}{V_2}$의 값을 구하여라. (단, 풀이 과정을 자세히 써라.)

유형 01

$3^2 \times 5^{13} \times 8^4$은 n자리의 자연수이다. 이때 n의 값은?

① 12   ② 13   ③ 14

④ 15   ⑤ 16

해결포인트 $2^n \times 5^n = 10^n$임을 이용하여 주어진 수를 $A \times 10^n$ (A는 10의 배수가 아닌 수)의 꼴로 고치면
➡ $A \times 10^n$은 {(A의 자릿수)$+n$}자리의 자연수이다.

유형 02

다음 그림과 같이 밑면이 한 변의 길이가 $3x^2y^2$인 정사각형이고, 높이가 $\dfrac{\pi x^2}{y}$인 직육면체 모양의 찰흙 덩어리가 있다. 이 찰흙으로 반지름의 길이가 $\dfrac{1}{2}x^2y$인 구 모양의 구슬을 몇 개까지 만들 수 있는지 구하여라.

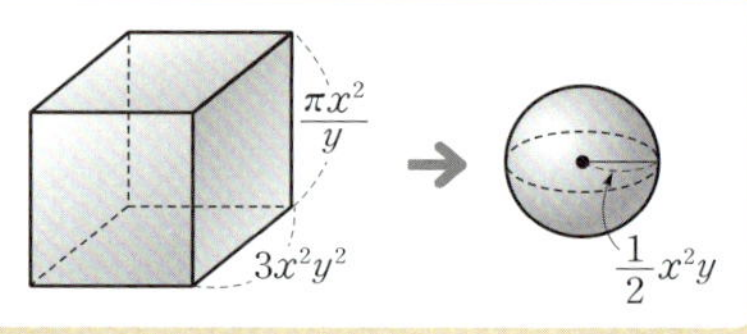

해결포인트 (직육면체의 부피)=(가로)×(세로)×(높이),
(구의 부피)=$\dfrac{4}{3}\pi$(반지름)^{3}임을 이용한다.

확인문제

1-1 $2^{15} \times 5^{17}$은 n자리의 자연수이다. 이때 n의 값을 구하여라.

1-2 $\dfrac{2^{45} \times 45^{20}}{18^{20}}$은 n자리의 자연수이다. 이때 n의 값을 구하여라.

확인문제

2-1 밑면의 반지름의 길이가 $6a^3b$, 높이가 $4ab^2$인 원뿔의 부피를 구하여라.

2-2 오른쪽 그림과 같은 직사각형 ABCD와 반원 O를 $\overline{AB}$를 축으로 하여 1회전 시킬 때 생기는 회전체의 부피를 각각 V_1, V_2라 한다. 이때 $\dfrac{V_1}{V_2}$의 값을 구하여라.

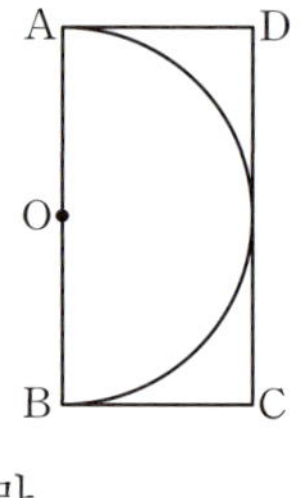

1 $2\times3\times4\times5\times6\times7\times8\times9\times10$
$=2^a\times3^b\times5^c\times7^d$일 때, 자연수 a, b, c, d에 대하여 $a+b+c+d$의 값을 구하여라. (단, 풀이 과정을 자세히 써라.)

2 $A=3^{x-2}$, $B=5^{x+1}$일 때, 225^x을 A, B를 사용하여 나타내어라.
(단, 풀이 과정을 자세히 써라.)

3 $3x^3y^5\div\left(-\dfrac{3}{4}y^2\right)\times\left(-\dfrac{1}{2}x\right)^2=Ax^By^C$ 일 때, 세 상수 A, B, C에 대하여 $A+B+C$의 값을 구하여라.
(단, 풀이 과정을 자세히 써라.)

4 밑면의 가로, 세로의 길이가 각각 $2x^2$, $6xy$인 직육면체의 부피가 $144x^5y^3$일 때, 이 직육면체의 높이를 구하여라.
(단, 풀이 과정을 자세히 써라.)

정답 p. 14

1 일차식의 덧셈과 뺄셈

[01~10] 다음 식을 계산하여라.

01 $(5x+7)+(3x-2)$

02 $(x-6)-(8x+5)$

03 $(3x-11y)-(8x-5y)$

04 $(5a+6b)+(2a-3b)$

05 $\left(\dfrac{1}{3}a+\dfrac{2}{5}b\right)-\left(\dfrac{5}{6}a-\dfrac{8}{15}b\right)$

06 $(-2x+y-2)+(x-2y+3)$

07 $(2a+b-3)-(3a-b-1)$

08 $(-2x+y+4)-(x+2y+2)$

09 $3x-[2x-4y-\{x-2y+(2x-5y)\}]$

10 $x-2y-[y-\{2y-(x+3y)\}+4x]$

2 이차식의 덧셈과 뺄셈

11 한 문자에 대한 차수가 2인 다항식을 그 문자에 대한 □□□□□이라고 한다.

[12~22] 다음 식을 계산하여라.

12 $(5x^2+6x-7)+(-3x^2+x-5)$

13 $(-2x^2+7x-3)+(3x^2-6x+5)$

14 $(3x^2-4x+1)+(-4x^2+x-5)$

15 $(x^2-7x+1)+(-2x^2-x+3)$

16 $(6x^2-3x+4)-(3x^2-4x-8)$

17 $(-3x^2+5x+3)-(2x^2-x-7)$

18 $(10x^2-9x-2)-(7x-2-6x^2)$

19 $(3x^2-4x+1)-(-4x^2+x-5)$

20 $\dfrac{2x^2-x+1}{3}-\dfrac{x^2-3x}{2}$

21 $(4x^2-xy-y^2)+(5x^2+xy-4y^2)$

22 $2x^2-\{3x^2-4x-(5x+3)\}$

3 (단항식)×(다항식)의 계산

23 다항식의 곱을 괄호를 풀어 하나의 다항식으로 나타내는 것을 [　　　]한다고 한다.

[24~31] 다음 식을 전개하여라.

24 $2(3a+b)$

25 $-5(-3x+4y)$

26 $\dfrac{3}{2}(2a-5b+4)$

27 $(6x-7y-2)\times(-4)$

28 $2a(3a-5b)$

29 $-3x(x-2y+5)$

30 $-5x^2(2x^2-x-3)$

31 $(2x^2-x+2)\times(-4x)$

4 (다항식)÷(단항식)의 계산

[32~39] 다음 식을 계산하여라.

32 $(27a+6b)\div9$

33 $(8a^2-6a)\div2a$

34 $(x^3y^2+x^2y^3)\div xy$

35 $(24x^2y-16x^3)\div(-8x^2)$

36 $(12ab+3ab^2-6a^2b)\div3ab$

37 $(3x^3+2x^2y-xy^2)\div\left(-\dfrac{1}{3}x\right)$

38 $(xy^3-y^2+ax^2y^2)\div\dfrac{y^2}{a}$

39 $(2a^2bc-3ab^2c+abc^2)\div\left(-\dfrac{abc}{3}\right)$

5 사칙연산의 혼합 계산

[40~49] 다음 식을 계산하여라.

40 $2(x-2y)+3(2x-y)$

41 $3(x+y+2)-2(3x-y-5)$

42 $x(2x^2-2x)+x^2(1-x)$

43 $2x(x-y)-3x(x+2y)$

44 $2a(a+b-1)+(a+2b)\times(-a)$

45 $-ab^2(5a^2-2ab+3b^2)+ab^2(2a^2-ab-4b^2)$

46 $(4ab-6b^2)\div2+(9ab^2-12b^3)\div(-3b)$

47 $(24x^2-15xy)\div3x+(-10xy-25y^2)\div(-5y)$

48 $(4x^2+6xy)\div2x-(12y^2-15xy)\div3y$

49 $(4x^2y+6xy^2)\div(2xy)^3\times12x^2y^3$

6 (다항식)×(다항식)의 계산

[50~59] 다음 식을 전개하여라.

50 $(2a+b)(c+3d)$

51 $(a+3)(2b-1)$

52 $(2x-3)(3y+2)$

53 $(-x+3)(x-5)$

54 $(x+y)(3x+4y)$

55 $(3a-4b)(-a+3b)$

56 $(x-y)(x+y-2)$

57 $(a-b-1)(2a-1)$

58 $(2x-3)(x^2-2x+3)$

59 $(4a-3)(a^2-a+1)$

7 곱셈공식[1] : $(a+b)^2$, $(a-b)^2$, $(a+b)(a-b)$

[60~72] 다음 식을 전개하여라.

60 $(x+3)^2$

61 $(3x+2)^2$

62 $(4x+5y)^2$

63 $\left(4x+\dfrac{1}{2}y\right)^2$

64 $(x-2)^2$

65 $(2x-5)^2$

66 $(-2a+3b)^2$

67 $\left(\dfrac{1}{2}x-\dfrac{3}{5}y\right)^2$

68 $(x+5)(x-5)$

69 $(4+a)(4-a)$

70 $(3x+2)(3x-2)$

71 $(-2x+3)(-2x-3)$

72 $(x-2)(x+2)(x^2+4)$

8 곱셈 공식[2] : $(x+a)(x+b)$, $(ax+b)(cx+d)$

[73~82] 다음 식을 전개하여라.

73 $(x+2)(x+3)$

74 $(x+0.2)(x+0.3)$

75 $(x-2)(x-9)$

76 $(x+1)(x-5)$

77 $(x-10)(x+4)$

78 $(x+12)(x-3)$

79 $(2x+1)(3x+4)$

80 $(2x-7)(2x+1)$

81 $(3x+5)(4x-3)$

82 $(2x-3)(3x-5)$

9 곱셈 공식의 활용

[83~92] 곱셈 공식을 써서 다음을 계산하여라.

83 103^2

84 1.05^2

85 98^2

86 399^2

87 81×79

88 102×98

89 50.3×49.7

90 6.2×5.8

91 91×92

92 103×105

10 식의 값

[93~96] 다음 식의 값을 구하여라.

93 $x=3$, $y=-1$일 때, $xy^3 \times (-4xy^3) \div 2y^5$ 의 값

94 $x=-2$, $y=-1$일 때, $x^2y^3 \div \dfrac{1}{2}xy^4 \times \dfrac{1}{10}xy^2$ 의 값

95 $x=3$, $y=-5$, $z=10$일 때, $(x-y)z+(y-z)x-(z-x)y$의 값

96 $x=2$, $y=3$, $z=4$일 때, $\dfrac{2xy-3yz+4xz}{xyz}$ 의 값

11 등식의 변형

[97~102] 다음 등식을 [ ]안의 문자에 대하여 풀어라.

97 $2x-a=6$ [a]

98 $S=a(1+rn)$ [n]

99 $A=2\pi r(r+h)$ [h]

100 $S=\dfrac{1}{2}(a+b)h$ [a]

101 $4:a=3:(2a-3b)$ [a]

102 $(3x-2y):(x-4y)=3:5$ [y]

103 $y=2x-1$일 때, $3x-y+3$을 x에 대한 식으로 나타내어라.

104 $y=-3x+2$일 때, $-4x+5y+3$을 x에 대한 식으로 나타내어라.

[105~106] $2x-3y=3x-2y+1$일 때, 다음 물음에 답하여라.

105 $3x+2y-2$를 x에 대한 식으로 나타내어라.

106 $2(x+y)-3y$를 y에 대한 식으로 나타내어라.

[107~108] $x+y=5$, $xy=-2$일 때, 다음 식의 값을 구하여라.

107 x^2+y^2

108 $(x-y)^2$

[109~110] $x-y=1$, $xy=4$일 때, 다음 식의 값을 구하여라.

109 x^2+y^2

110 $(x+y)^2$

111 $x-y=4$, $x^2+y^2=20$일 때, xy의 값을 구하여라.

112 $x+y=5$, $x^2+y^2=17$일 때, xy의 값을 구하여라.

113 $a+\dfrac{1}{a}=3$일 때, $a^2+\dfrac{1}{a^2}$의 값을 구하여라.

114 $a-\dfrac{1}{a}=6$일 때, $a^2+\dfrac{1}{a^2}$의 값을 구하여라.

01 $(3x^2-3x+5)+2(6-2x+9x^2)$을 계산하여라.

02 $3a-5b-[6a-3b-\{2a-3(a+5b)\}]$를 계산하여라.

03 $5x^2-4x+9$에 어떤 식을 더해야 할 것을 잘못하여 빼었더니 $7x^2-9x+12$가 되었다. 바르게 계산한 식을 구하여라.

04 $(12a-8b+6ab)\times\dfrac{1}{2}a^2b$를 전개하여라.

05 $(6x^2y-14xy^2+4xy)\div2xy=ax+by+c$ 일 때, 상수 a, b, c에 대하여 abc의 값을 구하여라.

06 $2x^2-3x+5+\boxed{}=5(x^2+x+1)$일 때, $\square$ 안에 알맞은 식을 구하여라.

07 $(-10x^2+15x)\div(-5x)$ $+(2xy-3y)\div(-y)$를 계산하여라.

08 $(5x-8)\times x-(3x^3-6x^2)\div3x=ax^2+bx$ 일 때, 상수 a, b의 값을 각각 구하여라.

09 $(x-y)(x-2y)$를 전개한 식에서 xy의 계수를 구하여라.

10 $(x-2y)^2=x^2-\square xy+4y^2$에서 $\square$ 안에 알맞은 수를 구하여라.

11 $\left(a+\dfrac{1}{4}\right)^2=a^2+\square a+\dfrac{1}{16}$에서 $\square$ 안에 알맞은 수를 구하여라.

12 $(x+5)(x-2)$를 전개한 식은?

① $x^2+3x-10$ ② $x^2+7x-10$
③ $x^2-3x+10$ ④ $x^2-7x+10$
⑤ $x^2-3x-10$

13 $(2x-3y)(x+4y)=2x^2+axy+by^2$일 때, 상수 a, b의 값을 각각 구하여라.

14 다음 $\square$ 안의 ㈎, ㈏, ㈐에 알맞은 수를 구하여라.

$$49\times51=(50-1)\times\left(50+\boxed{\text{㈎}}\right)$$
$$=2500-\boxed{\text{㈏}}$$
$$=\boxed{\text{㈐}}$$

15 $x=3$, $y=1$일 때, $(3x+2y-1)-(5x-y+2)$의 값을 구하여라.

16 $b=3a-2$일 때, $2a-3b+4$를 b에 대한 식으로 나타내어라.

17 등식 $4x-3y-5=2x-y+7$을 y에 대하여 풀어라.

18 $x+y=-3$, $xy=1$일 때, $(x-y)^2$의 값을 구하여라.

19 $x+\dfrac{1}{x}=2$일 때, $x^2+\dfrac{1}{x^2}=2$의 값을 구하여라.

01 $\dfrac{3a-4b}{2}-\dfrac{2a-5b}{3}-a+2b$를 계산하면?

① $-\dfrac{1}{6}a+\dfrac{5}{3}b$ ② $-\dfrac{1}{6}a+\dfrac{2}{3}b$

③ $-\dfrac{5}{6}a-\dfrac{5}{3}b$ ④ $\dfrac{1}{6}a-\dfrac{5}{3}b$

⑤ $\dfrac{5}{6}a+\dfrac{5}{3}b$

02 어떤 다항식에서 $2x^2-3x+4$를 빼야 할 것을 잘못하여 더했더니 $5x^2+3x-1$이 되었다. 바르게 계산한 식은?

① x^2+9x-9 ② x^2-9x+9

③ x^2-9x-9 ④ $-x^2+9x-9$

⑤ $-x^2+9x+9$

03 $4x-[4x+3y-\{2x+4y-(x+2y)\}]$
$=ax+by$일 때, 상수 a, b에 대하여 ab의 값은?

① -2 ② -1

③ 0 ④ 1

⑤ 2

04 다음 중 옳은 것은?

① $5a(a-b)=5a^2-5b$

② $3ab(a-2b^2)=3a^2b-3ab^2$

③ $\dfrac{1}{4}a(8a^2-12a+4)=2a^3-3a^2+a$

④ $-a(a^2+2a-1)=-a^3-2a^2-a$

⑤ $(3a^2b-6ab+9b^2)\times\dfrac{1}{3}b=a^2b^2-2ab+3b^3$

05 $(14xy-35x^2y^2+21x^2y)\div7x^2y$를 계산하면?

① $2x+5y-3$ ② $2x-5y+3$

③ $\dfrac{2}{x}+5y-3$ ④ $\dfrac{2}{x}-5y+3$

⑤ $\dfrac{1}{2x}+5y-3$

06 $(16x^2y-6xy^2)\div2x-(12xy^2-9y^3)\div3y$
를 계산하여라.

07 $\boxed{} \times(-3x)=9x^3-12x^2+6x$일 때, 안에 알맞은 식은?

① $-3x^2-4x+2$ ② $-3x^2+4x-2$
③ $-3x^2+4x+2$ ④ $3x^2-4x+2$
⑤ $3x^2+4x-2$

08 가로의 길이가 x^2, 세로의 길이가 $x+1$, 높이가 $3x$인 직육면체의 겉넓이를 구하여라.

09 다음 중 옳지 <u>않은</u> 것은?

① $(x+5)(x-5)=x^2-25$
② $(-6+x)(-6-x)=x^2-36$
③ $(3x+7)(-3x+7)=-9x^2+49$
④ $(x-y)(-x-y)=-x^2+y^2$
⑤ $\left(2x+\dfrac{1}{3}\right)\left(2x-\dfrac{1}{3}\right)=4x^2-\dfrac{1}{9}$

10 다음 중 전개식이 나머지 넷과 <u>다른</u> 하나는?

① $(x-y)^2$ ② $(y-x)^2$
③ $\{-(x-y)\}^2$ ④ $-(-x+y)^2$
⑤ $(x+y)^2-4xy$

서술형

11 $\left(x+\dfrac{3}{4}\right)(x-4a)$를 전개한 식에서 상수항이 x의 계수의 3배일 때, 상수 a의 값을 구하여라. (단, 풀이 과정을 자세히 써라.)

12 $ax^2+12x+b=(3x+c)^2$일 때, 상수 a, b, c에 대하여 $a+b+c$의 값을 구하여라.

13 정수 a, b, c에 대하여 $(x+a)(x+b)=x^2+cx+8$일 때, 다음 중 c의 값이 될 수 <u>없는</u> 것은?

① -9 ② -6
③ -4 ④ 6
⑤ 9

14 $(ax+5)(-2x+b)$의 전개식에서 일차항의 계수가 11일 때, 한 자리의 자연수 a, b의 값을 각각 구하여라. (단, $a<b$)

15 $(x-1)(x+1)(x^2+1)(x^4+1)(x^8+1)=x^a+b$일 때, 상수 a, b에 대하여 $a+b$의 값을 구하여라.

16 다음 중 $\left(-\dfrac{1}{3}x-2y\right)^2$과 전개식이 같은 것은?

① $\dfrac{1}{3}(x+6y)^2$ ② $\dfrac{1}{3}(x-6y)^2$

③ $-\dfrac{1}{3}(x+6y)^2$ ④ $\dfrac{1}{9}(x+6y)^2$

⑤ $\dfrac{1}{9}(x-6y)^2$

17 $(x^2+ax+b)(x^2+2x-3)$의 전개식에서 x와 x^3의 계수가 모두 0일 때, 상수 a, b에 대하여 $a+b$의 값을 구하여라.
(단, 풀이 과정을 자세히 써라.)

18 $4(x+2)^2+(3x+4)(2x-5)$를 계산한 식에서 x의 계수는?

① -9 ② -6

③ 6 ④ 9

⑤ 12

19 윤아는 $(x+4)(x-5)$를 전개하는데 -5를 a로 잘못 보아 x^2+9x-b로 전개하였고, 유리는 $(x+4)(2x-7)$을 전개하는데 2를 c로 잘못 보아 $cx^2+5x-28$로 전개하였다. 이때 상수 a, b, c에 대하여 $a+b-c$의 값을 구하여라. (단, 풀이 과정을 자세히 써라.)

20 다음 계산 중 곱셈 공식 $(x+a)(x+b)=x^2+(a+b)x+ab$를 이용하면 가장 편리한 것은?

① 79^2 ② 205^2

③ 79×81 ④ 297×303

⑤ 405×403

21 오른쪽 그림과 같이 세로의 길이가 $3x$, 세로의 길이가 $2x$인 토지에 폭이 y인 길을 만들었다. 길이 아닌 부분의 넓이를 구하여라. (단, 풀이 과정을 자세히 써라.)

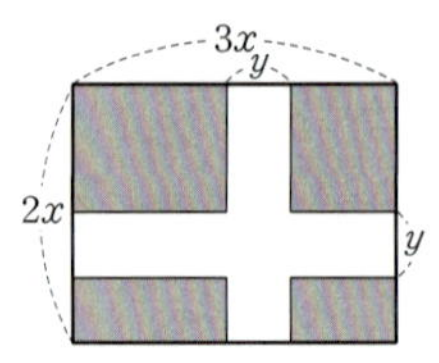

22 다음 보기 중 수의 계산에 필요한 곱셈 공식을 바르게 짝지은 것을 모두 고른 것은?

┃ 보기 ┃

(ㄱ) $2002^2 \Rightarrow (a+b)^2 = a^2+2ab+b^2$

(ㄴ) $1997^2 \Rightarrow (a-b)^2 = a^2-2ab+b^2$

(ㄷ) $88 \times 71 \Rightarrow (a+b)(a-b) = a^2+b^2$

(ㄹ) $201 \times 205 \Rightarrow (x+a)(x+b) = x^2+(a+b)x+ab$

① (ㄱ), (ㄴ) ② (ㄱ), (ㄴ), (ㄷ)

③ (ㄱ), (ㄴ), (ㄹ) ④ (ㄱ), (ㄷ), (ㄹ)

⑤ (ㄴ), (ㄷ), (ㄹ)

23 세 모서리의 길이가 각각 $3x+2$, $2x-1$, $x+5$인 직육면체의 겉넓이를 ax^2+bx+c라 할 때, 상수 a, b, c에 대하여 $-a+b+c$의 값을 구하여라.

24 곱셈 공식을 이용하여 20.5×19.5를 계산하여라.

25 $x=1$, $y=-2$일 때, $xy(x-y)-y(xy+x^2)$의 값을 구하여라.

$\boxed{\text{서술형}}$

26 $\dfrac{2a^3bc - 3ab^2c + 4abc^2}{abc}$에 대하여 다음 물음에 답하여라.

(단, 풀이 과정을 자세히 써라.)

(1) 주어진 식을 계산하여라.

(2) $a=1$, $b=2$, $c=-3$일 때, 식의 값을 구하여라.

27 $y=x-1$일 때, $\dfrac{1}{2}(x+y)$를 x에 관한 식으로 나타내면?

① $\dfrac{1}{2}x - 1$ ② $\dfrac{1}{2}x + 1$

③ $x - \dfrac{1}{2}$ ④ $x + \dfrac{1}{2}$

⑤ $x - 1$

28 $A=\dfrac{x-y}{2}$, $B=\dfrac{2x-y+2}{3}$일 때, $8A+6B-3$을 x, y에 대한 식으로 나타내어라.

29 다음 중 나머지 넷과 식이 <u>다른</u> 하나는?

① $S=a(1+rn)$ ② $a=\dfrac{S}{1+rn}$

③ $\dfrac{S}{a}=1+rn$ ④ $r=\dfrac{1}{n}\left(\dfrac{S}{a}-1\right)$

⑤ $n=\dfrac{1}{r}\left(\dfrac{S-1}{a}\right)$

30 $\dfrac{1}{x}+\dfrac{1}{y}=\dfrac{1}{z}$을 x에 대하여 풀면?

① $x=\dfrac{y-z}{yz}$ ② $x=\dfrac{yz}{y-z}$

③ $x=\dfrac{z-y}{yz}$ ④ $x=\dfrac{yz}{z-y}$

⑤ $x=\dfrac{yz}{y+z}$

31 $(2x+y):(3x-2y)=7:5$일 때, $\dfrac{x}{y}$의 값을 구하여라.

32 오른쪽 그림의 직사각형에서 어두운 부분의 넓이를 S라 할 때, a를 S와 b에 대한 식으로 나타내어라.

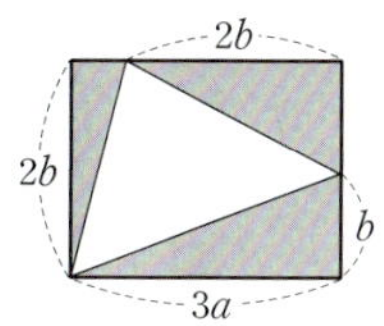

33 $x+y=5$, $xy=-2$일 때, x^2+xy+y^2의 값을 구하여라.

34 $x-\dfrac{1}{x}=5$일 때, $\left(x+\dfrac{1}{x}\right)^2$의 값을 구하여라.

유형 01

$3x(-x+2y)-(12x^3y-4x^2y^2)\div 4xy$를 계산한 식에서 x^2의 계수를 a, xy의 계수를 b라 할 때, ab의 값을 구하여라.

> **해결포인트** 다항식의 계산은 분배법칙을 이용하여 곱셈, 나눗셈을 먼저 계산한 후 동류항이 있으면 동류항끼리 덧셈, 뺄셈을 한다.

유형 02

$(2+1)(2^2+1)(2^4+1)(2^8+1)=2^x-y$일 때, $x+y$의 값을 구하여라.

> **해결포인트** 곱셈 공식을 이용하면 수의 계산을 편리하게 할 수 있다. 두 개 이상의 수의 곱을 계산 할 때는 곱셈 공식 $(a+b)(a-b)=a^2-b^2$ 또는 $(x+a)(x+b)=x^2+(a+b)x+ab$를 이용한다.

확인문제

1-1 $(2x+y)(x-5y+1)$의 전개식에서 xy의 계수를 구하여라.

1-2 $(4x^2y-4x^3)\div(-2x)+(5y-x)\times(-3x)$ $=Axy+Bx^2$일 때, 상수 A, B에 대하여 $B-A$의 값을 구하여라.

확인문제

2-1 $(5-1)(5+1)(5^2+1)(5^4+1)(5^8+1)$ $=5^a+b$일 때, $a+b$의 값을 구하여라.

2-2 $\dfrac{2018}{2018^2-2017\times 2019}$의 값을 구하여라.

유형 03

다음 그림의 사다리꼴과 넓이가 같은 직사각형의 가로의 길이가 $3a^2b$일 때, 이 직사각형의 세로의 길이를 구하여라.

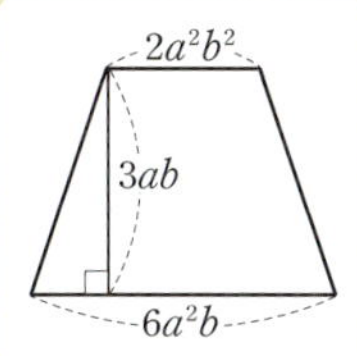

해결포인트 (사다리꼴의 넓이)
＝{(윗변의 길이)＋(아랫변의 길이)}×(높이)÷2임을 이용한다.

확인문제

3-1 가로, 세로, 높이가 각각 4, 3, x인 직육면체의 겉넓이를 S라 할 때, x를 S에 대한 식으로 나타내어라.

3-2 오른쪽 그림의 삼각형 ABC에서 $\angle A = 90°$, $\overline{BC} = a$, $\overline{AC} = b$, $\overline{AB} = c$, $\overline{AH} = h$일  때, h를 a, b, c에 대한 식으로 나타내어라. (단, 점 H는 점 A에서 $\overline{BC}$에 내린 수선의 발이다.)

유형 04

$(2a+b) : (a-2b) = 3 : 1$일 때, $\dfrac{2a+b}{a-2b}$ 의 값을 구하여라.

해결포인트 주어진 비례식에서 내항의 곱과 외항의 곱이 같음을 이용하여 a, b에 대한 등식을 얻은 후 이 등식을 한 문자에 대하여 푼다.

확인문제

4-1 $x : y = 2 : 3$일 때, $x^2 + 3xy - 4y^2$을 x에 대한 식으로 나타내어라.

4-2 $(x+y) : (x-y) = 2 : 1$일 때, $(2x+7y) \div (x-2y)$를 구하여라.

1 어떤 식에서 $3x^2-2x$를 빼야 할 것을 잘못하여 더했더니 $5x^2+2x-1$이 되었다. 이때 바르게 계산한 식을 구하여라.

(단, 풀이 과정을 자세히 써라.)

3 $\dfrac{1}{x}+\dfrac{1}{y}=2$일 때, $\dfrac{x+4xy+y}{x+xy+y}$ 의 값을 구하여라. (단, 풀이 과정을 자세히 써라.)

2 오른쪽 그림과 같이 가로의 길이가 $6a$, 세로의 길이가 $3b$인 직사각형이 있다. 이때 어두운 부분의 넓이를 a, b에 대한 식으로 나타내어라.

(단, 풀이 과정을 자세히 써라.)

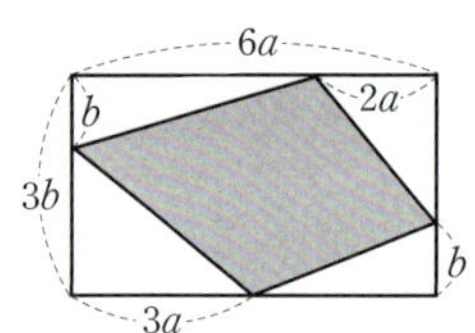

4 $x^2-3x+1=0$일 때, $x^2+\dfrac{1}{x^2}+x+\dfrac{1}{x}$의 값을 구하여라.

(단, 풀이 과정을 자세히 써라.)

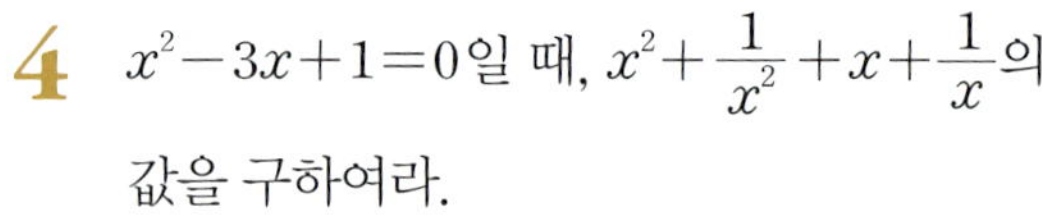

Step 6 도전 1등급

정답 p. 21

01 순환소수 $2.7\dot{0}$을 분수로 나타내면 $\dfrac{a}{90}$이고, 기약분수로 나타내면 $\dfrac{b}{c}$가 된다. 이때 $a+b+c$의 값을 구하여라.

> $0.\dot{a}\dot{b}=\dfrac{ab}{99}$, $0.a\dot{b}=\dfrac{ab-a}{90}$, $0.a\dot{b}\dot{c}=\dfrac{abc-a}{990}$ 등의 공식을 이용하여 순환소수를 분수로 나타낸다.

02 분수 $\dfrac{b}{2\times3\times5\times a}$를 소수로 나타내면 순환소수가 된다. a, b가 모두 7 이하의 자연수일 때, 순서쌍 $(a,\ b)$의 개수를 구하여라.

> 분수를 기약분수로 나타내었을 때 분모의 소인수 중 2 또는 5 이외의 소인수가 있으면 순환소수로 나타내어짐을 이용한다.

03 분수 $\dfrac{1}{7}$을 소수로 나타내었을 때 소수점 아래 n번째 자리의 숫자를 $f(n)$이라 하자. 이때 $f(1)+f(2)+f(3)+\cdots+f(50)$의 값을 구하여라.

> $\dfrac{1}{7}$을 소수로 나타내면 순환소수가 되므로 되풀이되는 숫자의 배열을 생각해 본다.

04 분수 $\dfrac{a}{450}$를 소수로 나타내면 유한소수가 되고, 이 분수를 기약분수로 나타내면 $\dfrac{7}{b}$이다. a가 $50<a<80$인 자연수일 때, $a-b$의 값을 구하여라.

> 분수를 기약분수로 나타내었을 때 분모의 소인수가 2나 5 뿐이면 유한소수로 나타낼 수 있음을 이용한다.

05 $2^{12} \div 2^{10} \div A = \dfrac{1}{32}$, $(3^4)^3 \div 3^9 = B$일 때, $A+B$의 값을 구하여라.

지수법칙을 이용하여 A, B의 값을 구한다.

06 $(5^5 + 5^5 + 5^5 + 5^5 + 5^5)(2^7 + 2^7 + 2^7 + 2^7 + 2^7 + 2^7)$은 몇 자리의 자연수인가?

① 6자리 ② 7자리 ③ 8자리
④ 9자리 ⑤ 10자리

주어진 식을 정리하여 $A \times 10^n$의 꼴로 나타낸 후 몇 자리의 자연수인지 생각해 본다.

07 $x = -3$, $y = -5$일 때, $4x^2 - (-xy)^2 \div y^2 + x(y-x)$의 값을 구하여라.

식의 값을 구할 때는 먼저 주어진 식을 계산한 후 문자 대신 수를 대입한다. 이때 음수를 대입하는 경우 부호에 주의한다.

08 $4x - 3y + 2 = 2x - 4y + 6$일 때, $2x - 3y + 10$을 x에 대한 식으로 나타내면 $Ax + B$가 된다. 이때 상수 A, B에 대하여 $A+B$의 값을 구하여라.

주어진 등식을 y에 대하여 푼 후 이 식을 $2x - 3y + 10$에 대입하면 x에 대한 식으로 나타낼 수 있다.

09 두 다항식 $A=x|y-x|+3y(y+3x)$,
$B=3y|x-y|-7(4-y^2)$에 대하여 $A-B$를 계산한 식에서
y^2의 계수를 a, xy의 계수를 b라고 할 때, $a-b$의 값을 구하여라. (단, $x<y$)

$|x|=\begin{cases} x & (x\geq0) \\ -x & (x<0) \end{cases}$ 임을 이용하여 두 다항식 A, B를 정리해 본다.

10 $5^{2x}=a$일 때, $\dfrac{5^{5x}}{5^{3x}+5^x}$을 a를 사용하여 바르게 나타낸 것은?

① a ② a^2 ③ $\dfrac{1}{a+1}$

④ $\dfrac{a^2}{a+1}$ ⑤ $\dfrac{a^2}{a^2+1}$

지수법칙을 이용하여 주어진 식을 a에 대한 식으로 나타내 본다.

11 $2a+7b=15$일 때, $8^{2b-\frac{2a-3b}{5}+\frac{2a-5b}{3}}$의 값을 구하여라.

지수 부분의 다항식을 계산하여 간단히 나타내 본다.

12 오른쪽 그림은 직사각형 모양의 정원에 각각 폭이 $x\,$m, $y\,$m인 길을 만든 것이다. 길이 아닌 어두운 부분의 넓이가 $S\,$m^{2}일 때, y를 x와 S에 대한 식으로 나타내어라.

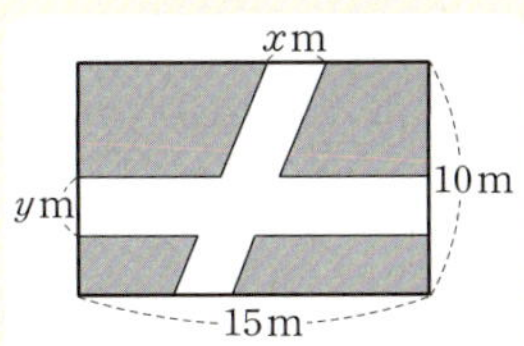

직사각형의 넓이에서 길의 넓이를 빼어 어두운 부분의 넓이를 구해 본다.

대단원 성취도 평가

Step **7**

나의 점수 _______점 / 100점 만점

정답 p. 22

객관식 [각 5점]

01 다음 분수 중 유한소수로 나타낼 수 <u>없는</u> 것은?

① $\dfrac{7}{2^2 \times 5^3}$

② $\dfrac{54}{2^2 \times 3^3 \times 5}$

③ $\dfrac{12}{2^2 \times 5 \times 7}$

④ $\dfrac{36}{2^3 \times 3^2 \times 5^2}$

⑤ $\dfrac{57}{2 \times 5^3 \times 19}$

02 다음 중 옳지 <u>않은</u> 것은?

① $0.0\dot{1} = \dfrac{1}{90}$

② $0.\dot{0}\dot{2} = \dfrac{2}{99}$

③ $0.\dot{7}\dot{2} = \dfrac{8}{11}$

④ $0.2\dot{7} = \dfrac{5}{18}$

⑤ $1.2\dot{4} = \dfrac{57}{45}$

03 다음 중 옳은 것은?

① 0은 유리수가 아니다.

② 순환소수 $1.432432432\cdots$의 순환마디는 143이다.

③ $\dfrac{27}{48}$ 은 유한소수로 나타낼 수 없다.

④ 순환소수는 모두 유리수이다.

⑤ 정수가 아닌 유리수는 모두 유한소수로 나타낼 수 있다.

04 다음 중 나머지 넷과 <u>다른</u> 하나는?

① $a^8 \div a^2$

② $a^{12} \div a^6$

③ $(a^3)^2$

④ $a \times a^5$

⑤ $a \times a \times a$

05 $3a^2 \times 2a^3 \times (-2a^3)^3$을 계산하면 Aa^B이 된다. 이때 상수 A, B에 대하여 $A+B$의 값은?

① -48
② -34
③ -20
④ 12
⑤ 18

06 $(-24xy^2) \div 12xy \times \boxed{} = -6x^2y$에서 $\boxed{}$ 안에 알맞은 식은?

① x^2
② $-x^2$
③ $3x^2$
④ $-3x^2$
⑤ $6x^2$

07 $(-10)^4 = A \times 5^4$일 때, A의 값은?

① -16 ② -8 ③ -4 ④ 8 ⑤ 16

08 다음 중 옳지 않은 것은?

① $(a-b)^2 = (b-a)^2$ ② $(-a-b)^2 = (a+b)^2$

③ $(-a+b)(-a-b) = -a^2-b^2$ ④ $(a-b)^2 = (a+b)^2-4ab$

⑤ $a^2+b^2 = (a-b)^2+2ab$

09 $(x-3y)(x+y-2)$의 전개식에서 xy의 계수를 a, y의 계수를 b라 할 때, $a+b$의 값은?

① -4 ② -2 ③ 0 ④ 2 ⑤ 4

10 $x=5$, $y=2$일 때, $\dfrac{8x^2-6xy}{2x} - \dfrac{10xy+5y}{5y}$ 의 값은?

① -1 ② 0 ③ 1 ④ 2 ⑤ 3

11 $2x-3y = 3x-2y+1$일 때, $3x+y-2$를 x에 대한 식으로 나타내면?

① $2x-3$ ② $2x-1$ ③ $2x+1$ ④ $4x-1$ ⑤ $4x+1$

12 $a+b=7$, $ab=12$일 때, $a^2+3ab+b^2$의 값은?

① 25 ② 37 ③ 61 ④ 73 ⑤ 85

주관식 [각 8점]

13 분수 $\dfrac{14 \times a}{2 \times 27 \times 56}$ 를 소수로 나타내면 유한소수가 된다고 한다.

이때 가장 작은 자연수 a의 값을 구하여라.

14 $xy\left(\dfrac{1}{x} + \dfrac{1}{y}\right) + (x^2y - xy^2) \div xy = Ax + By$일 때, 상수 A, B에 대하여 $A + B$의 값을 구하여라.

15 $(3x - 4)(5x + m)$을 전개한 식에서 x의 계수가 10이다. 이때 m의 값을 구하여라..

16 $(x + 3y) : (3x - 2y) = 3 : 2$일 때, $\dfrac{2x - 4y}{5x + 3y}$의 값을 구하여라.

서술형 주관식

17 오른쪽 그림과 같이 직사각형 모양의 잔디밭에 폭이 일정한 산책로를 만들었다. 산책로를 제외한 잔디밭의 넓이를 T라고 할 때, x를 a, b, T에 대한 식으로 나타내어라.

(단, 풀이 과정을 자세히 써라.) [8점]

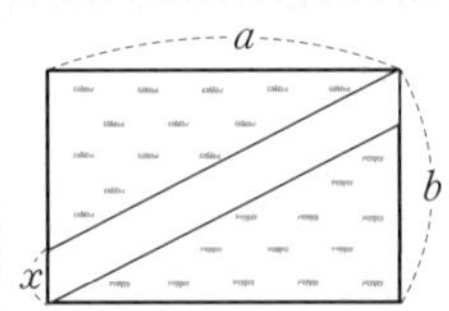

II

방정식과 부등식

1 미지수가 2개인 일차방정식

01 보기에서 미지수가 2개인 일차방정식을 모두 골라라.

▌ 보기 ▐

(ㄱ) $x+y=0$ (ㄴ) $xy-x+y=0$

(ㄷ) $y=2x^2-3$ (ㄹ) $2x-3y-4=0$

(ㅁ) $2x=-y+6$ (ㅂ) $3x-y^2=0$

02 보기에서 미지수가 2개인 일차방정식이 <u>아</u> <u>닌</u> 것을 모두 골라라.

▌ 보기 ▐

(ㄱ) $x-3y-5=0$ (ㄴ) $x-xy+5=0$

(ㄷ) $3x-4y=0$ (ㄹ) $x^2-xy+y^2=0$

(ㅁ) $y=3x-3$ (ㅂ) $x=2y-3$

2 미지수가 2개인 일차방정식 만들기

[03~06] 다음을 미지수가 2개인 일차방정식으로 나타내어라.

03 1200원 짜리 사과 x개와 1500원 짜리 배 y개를 사고, 그 값으로 15000원을 지불하였다.

04 5 %인 소금물 x g과 15 %인 소금물 y g 속에 들어 있는 소금의 양의 합이 30 g이다.

05 수학 시험에서 4점짜리 문제 x개와 6점짜리 문제 y개를 맞혀서 80점을 받았다.

06 한 자루에 500원인 연필 x자루와 한 권에 1000원인 공책 y권을 사고 10000원을 지불하였다.

3 일차방정식의 해

07 x, y가 자연수일 때, 방정식 $x+y=6$을 다음과 같이 풀었다. □ 안에 알맞은 수를 써넣어라.

> x가 자연수이므로 방정식 $x+y=6$의 x 대신 1, 2, 3, $\cdots$을 차례로 대입하여 y의 값을 구해 보면
>
> | x | 1 | 2 | 3 | 4 | 5 | 6 | 7 | $\cdots$ |
> |---|---|---|---|---|---|---|---|---|
> | y | □ | □ | □ | □ | □ | □ | □ | $\cdots$ |
>
> 이때 y도 자연수이므로 방정식 $x+y=6$이 참이 되는 x, y의 값을 순서쌍으로 나타내면
>
> $(1, \Box)$, $(2, \Box)$, $(3, \Box)$, $(4, \Box)$, $(5, \Box)$
> 이다.

[08~11] 다음에서 순서쌍이 주어진 방정식의 해인 것은 ○, 해가 아닌 것은 ×를 표시하여라.

08 $2x+y=2$: $(1, 1)$ ( )

09 $x+2y=9$: $(3, 3)$ ( )

10 $3x-2y-6=0$: $(2, 0)$ ( )

11 $3x+4y+6=0$: $(-2, 3)$ ( )

[12~14] x, y가 자연수일 때, 다음 방정식을 풀어라.

12 $x+y=9$

13 $4x+y=10$

14 $x+3y=16$

4 미지수가 2개인 연립일차방정식

15 두 개 이상의 방정식을 한 쌍으로 묶어서 나타낸 것을 □□□□□이라 하며, 각각의 방정식이 미지수가 2개인 일차방정식인 연립방정식을 미지수가 2개인 □□□□□이라고 한다.

16 보기에서 해가 $x=2$, $y=1$인 연립방정식을 모두 골라라.

> ┤ 보기 ├
>
> (ㄱ) $\begin{cases} x+y=3 \\ x+2y=4 \end{cases}$　　(ㄴ) $\begin{cases} 2x-y=3 \\ x+3y=6 \end{cases}$
>
> (ㄷ) $\begin{cases} x-y=1 \\ 3x+y=6 \end{cases}$　　(ㄹ) $\begin{cases} 2x+y=5 \\ 3x-4y=2 \end{cases}$

5 연립방정식의 풀이 ; 대입법

17 연립방정식을 풀 때 한 방정식을 한 미지수에 대하여 풀어 다른 방정식에 대입하여 푸는 방법을 ☐ 이라고 한다.

18 다음은 연립방정식 $\begin{cases} x=1+y & \cdots\cdots ㉠ \\ 2x+5y=9 & \cdots\cdots ㉡ \end{cases}$ 를 푸는 과정이다. ☐ 안에 알맞은 수를 써 넣어라.

> ㉠을 ㉡에 대입하면
> $2(1+y)+5y=9,\ 7y=\boxed{}$
> $\therefore y=\boxed{}$
> $y=\boxed{}$ 을 ㉠에 대입하면 $x=\boxed{}$
> 따라서 주어진 연립방정식의 해는
> $x=\boxed{},\ y=\boxed{}$ 이다.

[19~23] 다음 연립방정식을 대입법으로 풀어라.

19 $\begin{cases} y=2x+3 & \cdots\cdots ㉠ \\ 3x-y=4 & \cdots\cdots ㉡ \end{cases}$

20 $\begin{cases} 3x+2y=15 & \cdots\cdots ㉠ \\ y=-7x+2 & \cdots\cdots ㉡ \end{cases}$

21 $\begin{cases} y=3x-5 & \cdots\cdots ㉠ \\ y=-4x+9 & \cdots\cdots ㉡ \end{cases}$

22 $\begin{cases} x=4y+11 & \cdots\cdots ㉠ \\ 2x-5y=16 & \cdots\cdots ㉡ \end{cases}$

23 $\begin{cases} 2x+5y=-1 & \cdots\cdots ㉠ \\ x=3y+5 & \cdots\cdots ㉡ \end{cases}$

6 연립방정식의 풀이 ; 가감법

24 연립방정식을 풀 때 한 미지수를 없애기 위해 두 방정식의 양변에 적당한 수를 곱한 후, 변끼리 더하거나 빼서 푸는 방법을 ☐ 이라고 한다.

25 다음은 연립방정식 $\begin{cases} 2x+3y=6 & \cdots\cdots ㉠ \\ x+2y=5 & \cdots\cdots ㉡ \end{cases}$ 를 푸는 과정이다. ☐ 안에 알맞은 수를 써 넣어라.

> ㉡의 양변에 2를 곱하면
> $2x+4y=\boxed{}\qquad \cdots\cdots ㉢$
> ㉠에서 ㉢을 변끼리 빼면
> $-y=\boxed{}\qquad \therefore y=\boxed{}$
> $y=\boxed{}$ 를 ㉡에 대입하면 $x=\boxed{}$
> 따라서 주어진 연립방정식의 해는
> $x=\boxed{},\ y=\boxed{}$

[26~33] 다음 연립방정식을 가감법으로 풀어라.

26 $\begin{cases} 2x - y = 3 & \cdots\cdots ㉠ \\ 5x + 3y = 1 & \cdots\cdots ㉡ \end{cases}$

27 $\begin{cases} 5x - 3y = 3 & \cdots\cdots ㉠ \\ 10x + 2y = 4 & \cdots\cdots ㉡ \end{cases}$

28 $\begin{cases} 3x - 5y = 4 & \cdots\cdots ㉠ \\ 6x + 4y = -20 & \cdots\cdots ㉡ \end{cases}$

29 $\begin{cases} x - 3y = 5 & \cdots\cdots ㉠ \\ 2x + y = 16 & \cdots\cdots ㉡ \end{cases}$

30 $\begin{cases} 3x + 7y = 15 & \cdots\cdots ㉠ \\ 4x + 3y = 5 & \cdots\cdots ㉡ \end{cases}$

31 $\begin{cases} 4m - 3n = 20 & \cdots\cdots ㉠ \\ 3m - 5n = 12 & \cdots\cdots ㉡ \end{cases}$

32 $\begin{cases} 5x + 3y = -5 & \cdots\cdots ㉠ \\ 3x + 7y = 23 & \cdots\cdots ㉡ \end{cases}$

33 $\begin{cases} 3x - 5y = -9 & \cdots\cdots ㉠ \\ 2x - 3y = 13 & \cdots\cdots ㉡ \end{cases}$

7 여러 가지 연립방정식

[34~41] 다음 방정식을 풀어라.

34 $\begin{cases} 0.3x + 0.2y = 1.1 & \cdots\cdots ㉠ \\ \dfrac{1}{3}x + y = 2 & \cdots\cdots ㉡ \end{cases}$

35 $\begin{cases} 5(x-1) + y = 0 & \cdots\cdots ㉠ \\ x - (y+3) = 3 & \cdots\cdots ㉡ \end{cases}$

36 $\begin{cases} \dfrac{3}{2}x + \dfrac{1}{4}y = 3 & \cdots\cdots ㉠ \\ -\dfrac{1}{3}x + \dfrac{5}{6}y = 2 & \cdots\cdots ㉡ \end{cases}$

37 $x - 2y = 2x + y = 5$

38 $\begin{cases} x + 2y = 4 & \cdots\cdots ㉠ \\ 2x + 4y = 8 & \cdots\cdots ㉡ \end{cases}$

39 $\begin{cases} 2x - 3y = 3 & \cdots\cdots ㉠ \\ 6x - 9y = 6 & \cdots\cdots ㉡ \end{cases}$

40 $\begin{cases} x + 3y = 2 & \cdots\cdots ㉠ \\ 4x + 12y = 8 & \cdots\cdots ㉡ \end{cases}$

41 $\begin{cases} 3x + 2y = 4 & \cdots\cdots ㉠ \\ 9x + 6y = -6 & \cdots\cdots ㉡ \end{cases}$

01 다음 중 x, y에 대한 일차방정식이 <u>아닌</u> 것은?

① $3x-2y+6=0$

② $xy+x+y=0$

③ $2x-y=0$

④ $y=2x+3$

⑤ $3x=4y-3$

02 다음 중 방정식 $x+2y=12$의 해는?

① $(1,\ 4)$ ② $(2,\ 5)$

③ $(3,\ 5)$ ④ $(4,\ 3)$

⑤ $(5,\ 3)$

03 다음 중 방정식 $x+2y=10$의 해가 <u>아닌</u> 것은?

① $(2,\ 4)$ ② $(4,\ 3)$

③ $(6,\ 2)$ ④ $(8,\ 1)$

⑤ $(9,\ 5)$

04 일차방정식 $2x+5y-20=0$의 해가 $(a,\ 2)$일 때, a의 값을 구하여라.

05 다음을 미지수가 2개인 일차방정식으로 나타낸 것은?

> 한 권에 1000원인 공책 x권과 한 개에 300원인 지우개 y개를 사고 3200원을 지불하였다.

① $1000x+1000y=3200$

② $1000x+300y=3200$

③ $300x+1000y=3200$

④ $300x+300y=3200$

⑤ $1000x-300y=3200$

06 x, y가 자연수일 때, 방정식 $2x+y=7$의 해인 순서쌍 $(x,\ y)$의 개수를 구하여라.

07 다음 중 미지수가 2개인 연립일차방정식은?

① $2x+3y=10$ ② $x+y+z=5$

③ $x^2-y^2=0$ ④ $\begin{cases} 2x-y=3 \\ x+3y=5 \end{cases}$

⑤ $\begin{cases} x+y=0 \\ x^2+y-2=0 \end{cases}$

08 다음 중 연립방정식 $\begin{cases} x+y=7 \\ 5x+2y=23 \end{cases}$ 의 해는?

① $(2,\ 5)$ ② $(1,\ 6)$

③ $(3,\ 4)$ ④ $(4,\ 3)$

⑤ $(-1,\ 8)$

09 다음을 x, y에 대한 연립방정식으로 나타내어라.

> 형의 나이는 x살, 동생의 나이는 y살이고, 형과 동생의 나이의 차는 3살, 둘의 나이의 합은 27살이다.

10 연립방정식 $\begin{cases} x+y=2 \\ 4x+3y=8 \end{cases}$ 을 풀어라.

11 연립방정식 $\begin{cases} x+ay=8 \\ bx+y=11 \end{cases}$ 의 해가 $x=3$, $y=5$일 때, 상수 a, b에 대하여 $a+b$의 값을 구하여라.

12 연립방정식 $\begin{cases} 3x+4y=a \\ 5x-4y=6 \end{cases}$ 의 해가 $x=2$, $y=b$일 때, ab의 값을 구하여라.

13 연립방정식 $\begin{cases} x-2y=5 \\ 3x+ky=15 \end{cases}$ 의 해가 무수히 많을 때, 상수 k의 값을 구하여라.

01 다음 중 미지수가 2개인 일차방정식을 모두 고르면? (정답 2개)

① $2x - y^2 = 3$ ② $x = 3y + 4$

③ $y = xy + x - 5$ ④ $3(x-1) + y = 0$

⑤ $x^2 + y^2 = 3$

02 x, y가 10보다 작은 자연수일 때, 일차방정식 $2x - y = 3$을 참이 되게 하는 순서쌍 (x, y)의 개수를 구하여라.

03 $x = 3a$, $y = 2a$가 일차방정식 $4x + y = -28$의 해일 때, a의 값은?

① -2 ② -1

③ 0 ④ 1

⑤ 2

04 다음 중 방정식 $5x - 2y = 10$의 해는?

① $(2, -1)$ ② $(4, 5)$

③ $(0, 5)$ ④ $(-2, 10)$

⑤ $(6, 11)$

05 다음 방정식 중 $x = 2$, $y = 1$을 해로 갖는 것은?

① $2x + y = 15$ ② $3x + 5y = 10$

③ $4x - 2y = 5$ ④ $3x - y = 6$

⑤ $4y = 6 - x$

06 다음 중 방정식 $x - 5y = 7$의 해가 <u>아닌</u> 것은?

① $(12, 1)$ ② $(7, 0)$

③ $(2, -1)$ ④ $(-8, -3)$

⑤ $(0, 7)$

07 $(-2,\ 1)$, $(a,\ 5)$가 모두 방정식 $2x-by=7$의 해일 때, $a+b$의 값은?

① -35 ② -13

③ 3 ④ 11

⑤ 35

08 연립방정식 $\begin{cases} 2x-y=5 \\ ax+5y=-10 \end{cases}$ 을 만족시키는 x의 값이 -1일 때, 상수 a의 값은?

① -35 ② -30

③ -25 ④ -20

⑤ -15

09 연립방정식 $\begin{cases} 2x+y=5 & \cdots\cdots\ ㉠ \\ 7x-5y=9 & \cdots\cdots\ ㉡ \end{cases}$ 를 대입법을 이용하여 풀기 위해 ㉠을 ㉡에 대입하였더니 $ax+b=9$가 되었다. 이때 상수 a, b에 대하여 $a+b$의 값을 구하여라.

10 연립방정식 $\begin{cases} 2ax-y=4 \\ ax+2by=1 \end{cases}$ 의 해가 $x=1$, $y=2$일 때, 상수 a, b의 값은?

① $a=-3$, $b=-\dfrac{1}{2}$

② $a=-3$, $b=\dfrac{1}{2}$

③ $a=3$, $b=-\dfrac{1}{2}$

④ $a=-2$, $b=\dfrac{1}{3}$

⑤ $a=2$, $b=-\dfrac{1}{3}$

서술형

11 연립방정식 $\begin{cases} 2x+ay=7 \\ 5x-2y=8 \end{cases}$ 의 해가 $x=2$, $y=b$일 때, ab의 값을 구하여라.

(단, 풀이 과정을 자세히 써라.)

12 연립방정식 $\begin{cases} x-2y=-5 \\ x+2y=11 \end{cases}$ 의 해가 일차방정식 $2x+ay=3$을 만족시킬 때, 상수 a의 값은?

① -3 ② $-\dfrac{4}{3}$

③ $-\dfrac{3}{4}$ ④ $\dfrac{4}{3}$

⑤ $\dfrac{3}{4}$

13 연립방정식 $\begin{cases} 2x+3y=6 & \cdots\cdots ㉠ \\ x-2y=4 & \cdots\cdots ㉡ \end{cases}$ 를 풀기 위해 y를 없애려고 할 때, 다음 중 필요한 식은?

① ㉠×2−㉡ ② ㉠×2+㉡
③ ㉠×2+㉡×3 ④ ㉠×2−㉡×3
⑤ ㉠×(−2)+㉡×3

서술형

14 연립방정식 $\begin{cases} 3x-4y=-15 \\ 2x+3y=7 \end{cases}$ 의 해가 $x=a$, $y=b$일 때, $4a-b$의 값을 구하여라.
(단, 풀이 과정을 자세히 써라.)

15 연립방정식 $\begin{cases} ax+by=10 \\ bx+ay=-11 \end{cases}$ 에서 잘못하여 a와 b를 바꾸어 놓고 풀었더니 해가 $x=-2$, $y=1$이었다. 처음의 연립방정식을 풀어라.
(단, a, b는 상수이다.)

16 연립방정식 $\begin{cases} ax-3y=12 \\ 4x-y=6 \end{cases}$ 을 만족시키는 x와 y의 값의 비가 $1:3$일 때, 상수 a의 값은?

① 7 ② 9
③ 11 ④ 13
⑤ 15

서술형

17 연립방정식 $\begin{cases} 2x-y=3 \\ 9x-a(2y-x)=18 \end{cases}$ 의 해가 무수히 많을 때, 상수 a의 값을 구하여라.
(단, 풀이 과정을 자세히 써라.)

18 연립방정식 $\begin{cases} 3x+ay=-1 \\ ax+by=2 \end{cases}$ 의 해가 $x=-3$, $y=2$일 때, 상수 a, b에 대하여 $b-a$의 값은?

① 1 ② 2
③ 3 ④ 4
⑤ 5

19 연립방정식 $\begin{cases} 7x+3y=26 \\ -4x+5y=12 \end{cases}$ 의 해가 $x=a$, $y=b$일 때, a^2+b^2의 값은?

① 5　　　　　　② 8

③ 10　　　　　　④ 13

⑤ 20

20 다음 방정식을 풀어라.

$$\frac{x+y+2}{7}=\frac{x-y+10}{4}=\frac{x+1}{3}$$

서술형

21 연립방정식 $\begin{cases} 2(x-2y)+7=y-1 \\ 4x=5y-a \end{cases}$ 을 만족 시키는 y의 값이 x의 값의 2배일 때, 상수 a의 값을 구하여라.

(단, 풀이 과정을 자세히 써라.)

22 다음 두 연립방정식의 해가 같을 때, 상수 a, b에 대하여 ab의 값을 구하여라.

$$\begin{cases} 2x-y=3 \\ ax-4y=6 \end{cases} \qquad \begin{cases} y=3x-5 \\ y=-4x+b \end{cases}$$

23 다음 중 방정식 $y=2x-1$과 연립하여 풀었을 때, 그 해가 무수히 많은 것은?

① $2x+y=0$　　　　② $x+2y=0$

③ $2x-y=1$　　　　④ $2y-4x=2$

⑤ $-4x+y=5$

24 다음 중 연립방정식 $\begin{cases} x+2y=2 \\ ax+4y=b \end{cases}$ 의 해가 없을 조건은?

① $a=2$, $b=2$　　　　② $a=2$, $b\neq2$

③ $a=2$, $b=4$　　　　④ $a=2$, $b\neq4$

⑤ $a\neq2$, $b\neq4$

25 연립방정식 $\begin{cases} (k-1)x+2y-7=0 \\ 5x-y+3=0 \end{cases}$ 의 해가 없을 때, 상수 k의 값은?

① -9　　　　　② -7

③ -5　　　　　④ 5

⑤ 9

유형 01

두 연립방정식 $\begin{cases} ax+3y=6 \\ x-2y=0 \end{cases}$ 과

$\begin{cases} 2x+y=5 \\ x-by=8 \end{cases}$ 의 해가 같을 때, 상수 a, b에

대하여 ab의 값을 구하여라.

해결**포인트** 두 연립방정식의 해가 같을 때
➡ 네 개의 일차방정식 중에서 계수와 상수항이 문자가 아닌
두 일차방정식을 연립하여 해를 구한다.
➡ 구한 해를 나머지 두 일차방정식에 대입하여 문자의 값을
구한다.

유형 02

연립방정식 $\begin{cases} 3x+2y=a \\ bx+4y=3+a \end{cases}$ 의 해가 무수히

많을 때, 상수 a, b에 대하여 ab의 값을 구

하여라.

해결**포인트** 연립방정식의 한 일차방정식을 변형하여
① 나머지 한 일차방정식과 일치하면 ➡ 해가 무수히 많다.
② 미지수의 계수가 각각 같고, 상수항만 다르면 ➡ 해가 없다.

확인문제 

1-1 두 연립방정식 $\begin{cases} x+y=4 \\ 3x-2y=7 \end{cases}$ 과

$\begin{cases} ax+by=3 \\ bx-ay=5 \end{cases}$ 의 해가 같을 때, 상수 a, b
의 값을 구하여라.

확인문제

2-1 연립방정식 $\begin{cases} -\dfrac{1}{3}x+\dfrac{1}{6}y=a \\ 2x-y=3 \end{cases}$ 의 해가 없

을 때, 다음 중 상수 a의 값이 될 수 <u>없는</u>
것은?

① $-\dfrac{1}{2}$ ② $-\dfrac{1}{3}$

③ $-\dfrac{1}{6}$ ④ $\dfrac{1}{3}$

⑤ $\dfrac{1}{2}$

1-2 다음 두 연립방정식의 해가 같을 때, 상수
a, b에 대하여 $a-b$의 값을 구하여라.

$$\begin{cases} 4x+3y=5 \\ ax+by=13 \end{cases} \qquad \begin{cases} ax-2by=-2 \\ 3x-5y=11 \end{cases}$$

2-2 연립방정식 $\begin{cases} 2x+3y=0 \\ 3x+y=kx \end{cases}$ 가 $x=0$, $y=0$

이외의 해를 가질 때, 상수 k의 값을 구하
여라.

서술형 만점대비

정답 p. 29

1 연립방정식 $\begin{cases} x+2y=5 \\ ax-2y=-1 \end{cases}$ 을 만족시키는 x와 y의 값의 비가 $1:2$일 때, 상수 a의 값을 구하여라.

(단, 풀이 과정을 자세히 써라.)

2 연립방정식 $\begin{cases} \dfrac{x}{4}-\dfrac{y}{2}=-1 \\ \dfrac{x}{6}+\dfrac{y}{4}=4 \end{cases}$ 의 해가 일차방정식 $ax+y=-16$을 만족시킬 때, 상수 a의 값을 구하여라.

(단, 풀이 과정을 자세히 써라.)

3 방정식 $2x-y-3=3x+4y+3=x$의 해가 일차방정식 $x+ay+3=0$을 만족시킬 때, 상수 a의 값을 구하여라.

(단, 풀이 과정을 자세히 써라.)

4 다음 네 일차방정식이 서로 같은 해를 가질 때, 상수 a, b에 대하여 $a-b$의 값을 구하여라. (단, 풀이 과정을 자세히 써라.)

$$ax+3y=36, \quad 2x-3y=-9$$
$$3x-y=4, \quad bx+y=-7$$

Step 1

교과서 이해

1 수, 나이에 관한 문제

[01~03] 두 자리의 자연수가 있다. 각 자리의 숫자의 합은 13이고, 일의 자리의 숫자와 십의 자리의 숫자를 바꾼 수는 처음 수보다 9가 작다. 다음 물음에 답하여라.

01 처음 수의 십의 자리의 숫자를 x, 일의 자리의 숫자를 y라 할 때, 다음 표를 완성하여라.

	두 자리의 자연수
처음 수	
바꾼 수	

02 x, y에 대한 연립방정식을 세워라.

03 x, y의 값을 구하여라.

[04~06] 현재 아버지와 아들의 나이의 차는 31살이고, 지금부터 18년 후에 아버지의 나이는 아들의 나이의 2배가 된다고 한다. 다음 물음에 답하여라.

04 올해 아버지의 나이를 x세, 아들의 나이를 y세라고 할 때, 다음 표를 완성하여라.

	아버지	아들
올해의 나이(세)		
18년 후의 나이(세)		

05 x, y에 대한 연립방정식을 세워라.

06 x, y의 값을 구하여라.

[07~09] K중학교의 작년의 전체 학생 수는 900명이었다. 올해는 작년에 비하여 남학생은 20 % 증가하고, 여학생은 10 % 감소하여 전체 학생 수가 30명이 증가하였다. 다음 물음에 답하여라.

07 작년의 남학생 수를 x명, 여학생 수를 y명이라고 할 때, 다음 표를 완성하여라.

	작년	올해 증가 또는 감소한 학생 수
남학생 수(명)		
여학생 수(명)		

08 x, y에 대한 연립방정식을 세워라.

09 x, y의 값을 구하여라.

2 개수, 값에 관한 문제

[10~12] 1개에 1000원인 과자와 1개에 600원인 사탕을 섞어서 12개를 사고 10000원을 지불하였다. 다음 물음에 답하여라.

10 과자의 개수를 x개, 사탕의 개수를 y개라고 할 때, 다음 표를 완성하여라.

	과자	사탕
개수(개)		
가격(원)		

11 x, y에 대한 연립방정식을 세워라.

12 x, y의 값을 구하여라.

3 거리, 속력, 시간에 관한 문제

[13~15] 어떤 사람이 자동차로 A지점에서 210 km 떨어진 B지점까지 가는데 처음에는 시속 80 km로, 나머지는 시속 50 km의 속력으로 갔더니 모두 3시간이 걸렸다. 다음 물음에 답하여라.

13 시속 80 km로 달린 거리를 x km, 시속 50 km로 달린 거리를 y km라 할 때, 다음 표를 완성하여라.

	시속 80 km	시속 50 km
거리(km)		
걸린 시간(시간)		

14 x, y에 대한 연립방정식을 세워라.

15 x, y의 값을 구하여라.

4 농도에 관한 문제

[16~18] 12 %의 소금물과 9 %의 소금물을 섞어서 10 %의 소금물 300 g을 만들었다. 다음 물음에 답하여라.

16 12%의 소금물을 x g, 9 %의 소금물을 y g 섞었다고 할 때, 다음 표를 완성하여라.

	12 %의 소금물	9 %의 소금물
소금물의 양(g)		
소금의 양(g)		

17 x, y에 대한 연립방정식을 세워라.

18 x, y의 값을 구하여라.

01 어떤 농장에서 토끼 x마리와 오리 y마리를 기르고 있다. 토끼와 오리는 모두 12마리이고, 다리의 개수의 합은 32개이다. 이것을 x, y에 대한 연립방정식으로 나타내어라.

02 두 정수가 있다. 큰 수는 작은 수의 3배와 같고, 큰 수와 작은 수의 합은 28이다. 다음은 두 정수 중 작은 수를 구하는 과정이다. □ 안에 알맞은 것을 써넣어라.

> 두 정수 중 작은 수를 x, 큰 수를 y라고 하면
> 큰 수가 작은 수의 3배와 같으므로
> $$y = \boxed{} \qquad \cdots\cdots ㉠$$
> 또, 큰 수와 작은 수의 합이 28이므로
> $$x + y = 28 \qquad \cdots\cdots ㉡$$
> ㉠을 ㉡에 대입하면
> $$x + \boxed{} = 28 \qquad \therefore x = \boxed{}$$

03 S중학교의 작년의 전체 학생 수는 1000명이었다. 올해는 작년에 비해 남학생은 5% 감소하고, 여학생은 7% 증가하여 전체 학생 수는 2명이 감소하였다. 다음은 올해의 남학생 수를 구하는 과정이다. □ 안에 알맞은 것을 써넣어라.

> 작년의 남학생 수를 x명, 여학생 수를 y명이라고 하면
> $$\begin{cases} x + y = 1000 & \cdots\cdots ㉠ \\ -\dfrac{5}{100}x + \dfrac{7}{100}y = -2 & \cdots\cdots ㉡ \end{cases}$$
> ㉡의 양변에 100을 곱하면
> $$-5x + 7y = -200 \qquad \cdots\cdots ㉢$$
> ㉠$\times 7 - ㉢$을 하여 방정식을 풀면
> $$x = \boxed{}, \ y = \boxed{}$$
> 따라서 올해의 남학생 수는 $\boxed{}$명이다.

05 2%의 소금물과 10%의 소금물을 섞어서 8%의 소금물 200 g을 만들었다. 이때 2%의 소금물의 양을 x g, 10%의 소금물의 양을 y g이라고 할 때 x, y의 값을 구하는 연립방정식을 세워라.

01 두 자연수의 합은 352이고, 큰 수를 작은 수로 나누면 몫이 10, 나머지가 11이다. 두 자연수 중 큰 수를 구하여라.

02 다음 표에서 가로, 세로, 대각선의 합이 모두 같을 때, x, y의 값을 순서쌍 (x, y)로 나타내면?

4	x	$3x-y$
$3x$	$x+2y$	y
$2y$	7	$2x$

① $(2, 1)$ ② $(3, 1)$
③ $(1, 2)$ ④ $(1, 3)$
⑤ $(2, 2)$

03 어떤 자연수의 십의 자리의 숫자의 2배는 일의 자리의 숫자보다 1이 크고, 일의 자리의 숫자와 십의 자리의 숫자를 바꾼 자연수는 처음 수보다 9가 크다. 처음 자연수를 구하여라.

04 세 자리의 자연수에서 십의 자리의 숫자는 3이고, 각 자리의 숫자의 합은 백의 자리의 숫자의 6배이다. 또, 백의 자리의 숫자와 일의 자리의 숫자를 서로 바꾸어서 만든 자연수는 처음의 수보다 495만큼 크다고 한다. 처음 수를 구하여라.

05 어느 국립공원의 입장료는 어른은 1000원, 청소년은 700원이라고 한다. 어느 날 이 국립공원에 총 150명이 입장하였을 때 입장료의 총액이 132000원이었다. 이 날 입장한 청소년의 수는?

① 50명   ② 60명
③ 70명   ④ 80명
⑤ 90명

서술형
06 현재 아버지와 아들의 나이의 합은 58세이고, 15년 후에는 아버지의 나이가 아들의 나이의 2배보다 2세가 적다고 한다. 현재 아버지의 나이를 구하여라.

(단, 풀이 과정을 자세히 써라.)

07 20문제가 출제된 시험에서 한 문제를 맞히면 5점을 얻고, 틀리면 2점이 감점된다고 한다. 형식이는 20문제를 모두 풀어서 51점을 얻었다. 형식이가 틀린 문제의 개수는?

① 5개   ② 6개
③ 7개   ④ 8개
⑤ 9개

08 갑, 을 두 사람이 가위바위보를 하여 이긴 사람은 2계단을 올라가고, 진 사람은 1계단을 내려가기로 하였다. 얼마 후 갑은 처음 위치보다 14계단을, 을은 2계단을 올라가 있었다. 이때 갑이 이긴 횟수는?

(단, 비기는 경우는 없다.)

① 7회   ② 8회
③ 9회   ④ 10회
⑤ 11회

09 세로의 길이가 가로의 길이보다 $10\,cm$ 더 긴 직사각형이 있다. 이 직사각형의 둘레의 길이가 $36\,cm$일 때, 가로의 길이와 세로의 길이를 각각 구하여라.

10 A중학교에서는 매주 토요일마다 근처의 양로원과 고아원으로 전체 학생의 $\dfrac{1}{9}$이 교대로 봉사활동을 하러 간다. 지난 주에는 남학생의 $\dfrac{1}{7}$과 여학생의 $\dfrac{1}{13}$이 봉사활동에 참여했다고 한다. 전체 학생 수가 540명일 때, 남학생의 수를 구하여라.

서술형

11 쌀과 보리를 합하여 $200\,kg$이 있다. 쌀의 양을 $10\,\%$ 늘리고, 보리의 양을 $5\,\%$ 줄였더니 전체 무게가 $4\,\%$ 늘어났다. 처음에 있었던 쌀과 보리의 무게를 각각 구하여라.

(단, 풀이 과정을 자세히 써라.)

12 현진이가 등산을 하는데 올라갈 때는 시속 $3\,km$로 걷고, 내려올 때는 올라갈 때보다 $4\,km$ 더 먼 길을 시속 $5\,km$로 걸어서 모두 4시간이 걸렸다고 한다. 이때 내려온 거리는?

① $8\,km$ ② $8.5\,km$
③ $9\,km$ ④ $9.5\,km$
⑤ $10\,km$

13 둘레의 길이가 800 m인 트랙을 갑, 을 두 사람이 같은 지점에서 동시에 출발하여 서로 반대 방향으로 돌면 1분 20초 후에 처음 만나고, 같은 방향으로 돌면 3분 20초 후에 처음 만난다고 한다. 갑이 을보다 더 빠르다고 할 때, 갑의 속력은 초속 몇 m인지 구하여라.

14 속력이 일정한 보트를 타고 5 km의 강을 거슬러 올라가는 데 1시간, 내려오는 데 30분이 걸렸다. 정지한 강물에서의 보트의 속력을 구하여라.

서술형
15 일정한 속력으로 달리는 열차가 길이가 1400 m인 철교를 완전히 통과하는 데 60초가 걸리고, 길이가 2150 m인 터널을 완전히 통과하는 데 90초가 걸렸다. 이 열차의 길이를 구하여라. (단, 풀이 과정을 자세히 써라.)

16 농도가 다른 두 소금물 A, B가 있다. 소금물 A를 200 g, 소금물 B를 100 g 섞으면 10 %의 소금물이 되고, 소금물 A를 300 g, 소금물 B를 300 g 섞으면 11 %의 소금물이 되었다. 두 소금물 A, B의 농도는?

① A : 8 %, B : 12 %
② A : 8 %, B : 14 %
③ A : 9 %, B : 12 %
④ A : 9 %, B : 14 %
⑤ A : 12 %, B : 10 %

17 갑, 을 두 사람이 같이 하면 4일 만에 완성할 수 있는 일을 갑이 2일 동안 하고 나머지를 을이 8일 동안 하여 완성하였다. 이 일을 을이 혼자 완성하려면 며칠이 걸리겠는가?

① 8일　　　　② 10일
③ 12일　　　　④ 14일
⑤ 16일

18 A는 구리를 15 %, 주석을 15 % 포함한 합금이고, B는 구리를 10 %, 주석을 30 % 포함한 합금이다. 이 두 종류의 합금을 녹여서 구리를 250 g, 주석을 450 g 얻으려면 A, B는 각각 몇 g씩 필요한가?

① A : 1000 g, B : 800 g
② A : 800 g, B : 1000 g
③ A : 1000 g, B : 1000 g
④ A : 1200 g, B : 800 g
⑤ A : 800 g, B : 1200 g

19 6 %의 설탕물과 10 %의 설탕물이 있다. 이들을 섞은 후 물을 200 g 더 넣어서 7 %의 설탕물 1200 g을 만들었다. 이때 6 %의 설탕물은 몇 g을 섞어야 하는가?

① 200 g　　　　② 300 g
③ 400 g　　　　④ 500 g
⑤ 600 g

유형 01

두 소금물 A, B를 각각 100 g씩 섞으면 10 %의 소금물이 되고, 소금물 A 300 g과 소금물 B 100 g을 섞으면 9 %의 소금물이 된다. 소금물 A, B의 농도를 각각 구하여라.

해결포인트 농도가 다른 두 소금물을 섞거나 소금물에 물을 더 넣어도 전체 소금의 양은 변하지 않는다.

$$(\text{소금물의 농도})(\%) = \frac{(\text{소금의 양})}{(\text{소금물의 양})} \times 100$$

$$(\text{소금의 양}) = \frac{(\text{소금물의 농도})}{100} \times (\text{소금물의 양})$$

유형 02

어느 학교의 작년의 전체 학생 수는 1050명이고, 올해는 작년보다 남학생의 수는 4 % 증가하고, 여학생의 수는 2 % 감소하여 전체적으로 9명이 증가하였다. 올해의 여학생의 수를 구하여라.

해결포인트 ① x가 $a\,\%$ 증가했다면 증가한 양은 $\frac{a}{100} \times x$이고, 증가한 후의 양은 $\left(1+\frac{a}{100}\right)x$이다.
② y가 $a\,\%$ 감소했다면 감소한 양은 $\frac{a}{100} \times y$이고, 감소한 후의 양은 $\left(1-\frac{a}{100}\right)y$이다.

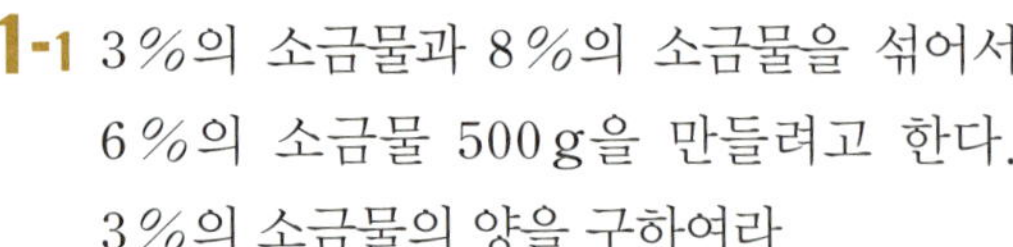

확인문제

1-1 3 %의 소금물과 8 %의 소금물을 섞어서 6 %의 소금물 500 g을 만들려고 한다. 3 %의 소금물의 양을 구하여라.

1-2 5 %의 소금물과 10 %의 소금물을 섞은 후 물을 증발시켜 농도가 12.5 %인 소금물 320 g을 만들었다. 5 %의 소금물과 증발시킨 물의 양의 비가 10 : 9일 때 증발시킨 물의 양을 구하여라.

확인문제

2-1 A, B 두 마을이 작년에 추수한 곡식은 200 t이었다. 올해 A 마을은 작년보다 10 % 더 늘었고, B마을은 5 % 줄어서 전체적으로는 추수한 곡식의 양이 4 % 증가하였다. 작년에 A마을이 추수한 곡식의 양을 x t, B마을이 추수한 곡식의 양을 y t이라고 할 때, x, y의 값을 구하기 위한 연립방정식을 세워라.

2-2 어느 공장에서 지난 주에 두 제품 A, B를 합하여 500개를 생산하였다. 이번 주의 생산량은 지난 주에 비하여 A제품은 5 % 감소, B제품은 10 % 증가하여 전체 생산량은 4 % 증가하였다. 이번 주에 생산한 A, B 제품의 개수를 각각 구하여라.

서술형 만점대비

정답 p. 34

1 세로의 길이가 가로의 길이보다 20 cm 긴 직사각형이 있다. 이 직사각형의 둘레의 길이가 72 cm일 때, 넓이를 구하여라.

(단, 풀이 과정을 자세히 써라.)

3 집에서 5 km 떨어져 있는 역까지 가기 위하여 오전 7시에 집에서 출발하여 시속 4 km의 속력으로 걸어가다가 도중에 시속 6 km의 속력으로 달려 오전 8시에 역에 도착하였다. 달린 거리를 구하여라.

(단, 풀이 과정을 자세히 써라.)

2 어느 학급에서 공원으로 소풍을 가서 입장료를 내려고 한 사람당 1000원씩 걷었더니 16000원이 부족하고 2000원씩 걷었더니 24000원이 남았다. 학생 수와 한 사람의 입장료를 각각 구하여라.

(단, 풀이 과정을 자세히 써라.)

4 어떤 일을 완성하는데 갑이 혼자서 하면 8일, 을이 혼자서 하면 12일이 걸린다. 이 일을 갑이 며칠 일한 후에 을이 교대하여 총 10일 만에 완성하였다. 을이 일한 기간은 며칠인지 구하여라.

(단, 풀이 과정을 자세히 써라.)

중간고사 대비
내신 만점 테스트

정답 p. 35

1회

_____ 반   이름 _________________

01 다음 분수를 소수로 나타낼 때, 유한소수로 나타낼 수 <u>없는</u> 것은 모두 몇 개인가? [3점]

$$\frac{2}{3} \qquad \frac{3}{4} \qquad \frac{3}{15} \qquad \frac{5}{2} \qquad \frac{5}{7}$$

① 1개　　　　② 2개
③ 3개　　　　④ 4개
⑤ 5개

02 다음 중 옳지 <u>않은</u> 것은? [4점]

① 순환소수는 유리수이다.
② 유한소수는 분수로 나타낼 수 있다.
③ 유리수는 모두 유한소수로 나타낼 수 있다.
④ 기약분수는 유한소수나 순환소수로 나타낼 수 있다.
⑤ 기약분수의 분모가 2나 5 이외의 소인수를 가지면 그 분수는 순환소수로 나타내어진다.

03 순환소수 $x=0.3\dot{9}$를 분수로 나타낼 때, 다음 중 필요한 계산식은? [3점]

① $10x-x$　　　② $100x-x$
③ $1000x-x$　　④ $100x-10x$
⑤ $1000x-10x$

04 다음 중 옳은 것은? [4점]

① $a^2 \times a^4 = a^8$
② $(-a) \times (-a^2) \times a^5 = -a^8$
③ $(a^5)^2 \div (a^2)^3 \div a = 1$
④ $\left(\dfrac{a}{b}\right)^4 \times \left(\dfrac{a^3}{b}\right)^2 = \dfrac{a^{10}}{b^2}$
⑤ $a^2 b^3 \times (-2a^3 b^2) \div \dfrac{b^2}{4} = -8a^5 b^3$

05 $4y-[x-\{5x+2y-(3y-2x)\}]=ax+by$일 때, 상수 a, b에 대하여 $a+b$의 값은? [4점]

① -6　　　　② -3
③ 3　　　　④ 6
⑤ 9

06 $x+y=4$, $x^2+y^2=10$일 때, xy의 값은? [3점]

① -3　　　　② -2
③ 3　　　　④ 4
⑤ 6

07 $3x^2y \times \square \div \left(\dfrac{x}{y}\right)^3 = xy^2$일 때, $\square$ 안에 알맞은 것은? [3점]

① $\left(\dfrac{x}{3y}\right)^2$ ② $\dfrac{x^2}{3y^2}$

③ $\dfrac{x^2}{3y}$ ④ $\dfrac{3x^2}{y^2}$

⑤ $\dfrac{3x^2}{y}$

08 어떤 식에 $2x^2-3x+6$을 더해야 할 것을 잘못하여 빼었더니 $3x^2+5x-3$이 되었다. 바르게 계산한 결과는? [4점]

① $x^2-11x+15$ ② $2x^2-8x+17$

③ $3x^2-5x+15$ ④ $3x^2-5x+17$

⑤ $7x^2-x+9$

09 연립방정식 $\begin{cases} 3x+2y=5 & \cdots\cdots\ ㉠ \\ 4x-3y=7 & \cdots\cdots\ ㉡ \end{cases}$ 에서 x를 없애려고 할 때, 다음 중 필요한 계산은? [3점]

① ㉠$\times3+$㉡$\times2$ ② ㉠$\times3-$㉡$\times2$

③ ㉠$\times4+$㉡$\times3$ ④ ㉠$\times4-$㉡$\times3$

⑤ ㉠$\times3-$㉡$\times4$

10 다음 두 연립방정식의 해가 같을 때, 상수 a, b에 대하여 $a+b$의 값은? [4점]

$$\begin{cases} 6x-15=-3y \\ 6y-6=-2ax \end{cases} \quad \begin{cases} 6x-24=2by \\ x+y=1 \end{cases}$$

① 1 ② 2

③ 3 ④ 4

⑤ 5

11 연립방정식 $\begin{cases} x+3y=8 \\ ax-y=-3 \end{cases}$ 의 해가 없을 때, 상수 a의 값은? [4점]

① $-\dfrac{1}{3}$ ② $-\dfrac{1}{2}$

③ $\dfrac{1}{2}$ ④ $\dfrac{2}{3}$

⑤ 1

12 $\dfrac{36}{7}=5.\dot{1}4285\dot{7}$임을 이용하여 $\dfrac{104}{91}$를 소수로 나타내었을 때 소수점 아래 30번째 자리의 수를 구하면? [3점]

① 2 ② 4

③ 5 ④ 7

⑤ 8

13 연립방정식 $\begin{cases} 2x+3y=k+6 \\ 3x-2y=2k \end{cases}$ 의 해가 일차방정식 $x+y=5$의 해일 때, 상수 k의 값은? [4점]

① 3 ② 4

③ 5 ④ 6

⑤ 7

14 $a=\dfrac{0.\dot{1}00\dot{0}}{3}$, $b=\dfrac{0.\dot{0}01\dot{5}}{5}$ 일 때, $0.\dot{1}01\dot{5}$를 a, b를 사용하여 나타내면? [4점]

① $10a+10b$ ② $6a+10b$

③ $6a+6b$ ④ $5a+3b$

⑤ $3a+5b$

15 둘레의 길이가 $1600\,\text{m}$인 호수를 A, B 두 학생이 같은 지점에서 출발하여 서로 반대 방향으로 걸으면 10분 후에 처음으로 만나고, 서로 같은 방향으로 걸으면 40분 후에 A가 B보다 2바퀴를 앞지르게 된다. 두 학생 A, B가 1분 동안 걷는 거리는 각각 몇 m인가? [4점]

① $80\,\text{m}$, $40\,\text{m}$ ② $90\,\text{m}$, $50\,\text{m}$

③ $100\,\text{m}$, $40\,\text{m}$ ④ $110\,\text{m}$, $60\,\text{m}$

⑤ $120\,\text{m}$, $40\,\text{m}$

16 분수 $\dfrac{a}{72}$ 를 소수로 나타내면 유한소수가 되고 $\dfrac{a}{72}$의 값은 $0.\dot{2}$보다 크고 $0.\dot{8}$보다 작다고 한다. 이때 자연수 a의 개수를 구하여라. [6점]

17 $a=-\dfrac{1}{3}$, $b=\dfrac{3}{7}$일 때, $\dfrac{6a^2b-8ab^2}{a^2b^2}$의 값을 구하여라. [6점]

18 $(2x+3)^2-(4-x)(4+x)=ax^2+bx+c$ 일 때, 상수 a, b, c에 대하여 $a+b+c$의 값을 구하여라. [6점]

19 연립방정식 $\begin{cases} 2x=y+3 \\ ax+\dfrac{1}{3}y=-2 \end{cases}$ 의 해가 $x=3$, $y=b$일 때, $a+b$의 값을 구하여라. [6점]

20 900원짜리 빵 x개와 700원짜리 우유 y개를 모두 합하여 15개를 사고, 11900원을 지불하였다. 빵과 우유는 각각 몇 개씩 샀는지 구하여라. [6점]

서술형 주관식

21 다음 조건을 만족하는 A의 값을 구하여라.
(단, 풀이 과정을 자세히 써라.) [8점]

> ㈎ A는 세 자리의 홀수이다.
>
> ㈏ $\dfrac{A}{630}$ 는 소수로 나타내면 유한소수가 된다.
>
> ㈐ $\dfrac{A}{630} \times 40 = B$일 때, B는 어떤 자연수의 제곱이다.

22 T 중학교의 작년의 신입생 수는 모두 600명이었다. 올해는 작년에 비해 남학생의 수는 2 % 감소하였고, 여학생의 수는 6 % 증가하여 전체적으로는 8명이 증가하였다. 올해의 남학생과 여학생 수를 각각 구하여라.
(단, 풀이 과정을 자세히 써라.) [8점]

만점도전
중간고사 대비
내신 만점 테스트

정답 p. 38

2회

_____ 반   이름 _______________

01 다음 분수를 소수로 나타낼 때, 유한소수로 나타낼 수 없는 것은? [3점]

① $\dfrac{3}{40}$　　　② $\dfrac{15}{96}$

③ $\dfrac{42}{3 \times 5^2 \times 7}$　　　④ $\dfrac{273}{2 \times 3^2 \times 5 \times 7}$

⑤ $\dfrac{2 \times 3^3 \times 5 \times 7^3}{2^2 \times 3^2 \times 5^2 \times 7^2}$

02 다음 중 순환소수를 분수로 고치는 과정을 바르게 나타낸 것은? [3점]

① $0.3\dot{1} = \dfrac{31}{90}$　　　② $0.5\dot{3} = \dfrac{53-5}{99}$

③ $3.\dot{6}\dot{4} = \dfrac{364}{99}$　　　④ $0.2\dot{4}\dot{5} = \dfrac{245-2}{99}$

⑤ $7.3\dot{5}\dot{1} = \dfrac{7351-73}{990}$

03 다음 중 옳지 <u>않은</u> 것은? [4점]

① $(-2x) \times 3xy = -6x^2y$

② $(a^4b^3)^2 \div (a^2b^3)^3 = \dfrac{a^2}{b^3}$

③ $a \div a^3 \times a^2 = 1$

④ $8a^3b \times (-6ab^2) = -48a^4b^3$

⑤ $\left(-\dfrac{2b}{a^2}\right)^3 = -\dfrac{6b^3}{a^6}$

04 $x=3$, $y=-2$일 때, $\dfrac{5x^2+3xy}{x} - \dfrac{xy-2y^2}{y}$ 의 값은? [4점]

① 2　　　② 4

③ 6　　　④ 8

⑤ 10

05 $7x+2y+1=5x+y-2$일 때, $-2x+y+2$ 를 y에 대한 식으로 나타내면? [3점]

① $3y+5$　　　② $3y-3$

③ $2y-4$　　　④ $2y+5$

⑤ $y+2$

06 연립방정식 $\begin{cases} ax-by=-1 \\ bx-ay=-8 \end{cases}$ 의 해가 $x=2$, $y=5$

일 때, 상수 a, b에 대하여 ab의 값은? [4점]

① -2 ② -1

③ 1 ④ 2

⑤ 3

07 연립방정식 $\begin{cases} 3(x-2y)+ay=2 \\ 4x+2(x-5y)=1-b \end{cases}$ 의 해가 무

수히 많을 때, 상수 a, b에 대하여 $a-b$의 값은? [4점]

① 1 ② 2

③ 3 ④ 4

⑤ 5

08 6%의 소금물 $x\,\mathrm{g}$과 9%의 소금물 $y\,\mathrm{g}$을 섞어서 농도가 $z\%$인 소금물을 $300\,\mathrm{g}$ 얻었다. 이때 x를 y, z에 대한 식으로 바르게 나타낸 것은? [4점]

① $x=50z+\dfrac{3}{2}y$

② $x=50z-\dfrac{3}{2}y$

③ $x=\dfrac{3}{2}y-50z$

④ $x=50y+\dfrac{3}{2}z$

⑤ $x=\dfrac{3}{2}z-50y$

09 다음 중 옳은 것은? [3점]

① $(-x+y)^2=-x^2-2xy+y^2$

② $(3x-5y)^2=9x^2-25y^2$

③ $(x+5)(x-3)=x^2+2x-15$

④ $(x-y)^2=-(y-x)^2$

⑤ $(x+y)^2-(y-x)^2=0$

10 다음 중 옳지 <u>않은</u> 것은? [3점]

① $5a(3a-2b)-2a(a+4b)=13a^2-18ab$

② $(6x^2y-9xy^2)\div 3xy-(6xy-10y^2)\div 2y$
$=-x+2y$

③ $5x-[y-\{3y-(x-2y)\}]=4x+4y$

④ $\dfrac{2a+b}{2}-\dfrac{a-2b}{3}=\dfrac{4a-b}{6}$

⑤ $(-3a)^2\times\dfrac{5}{3}a\div(-5a)=-3a^2$

11 $(ax-4)(5x+b)=cx^2-11x-12$일 때, 상수 a, b, c에 대하여 $a+b+c$의 값은?
[4점]

① 17 ② 19

③ 21 ④ 23

⑤ 25

12 $x - \dfrac{1}{x} = 2$일 때, $x^2 - 5x + \dfrac{5}{x} + \dfrac{1}{x^2}$ 의 값은?

[3점]

① -4 ② -2

③ -1 ④ 1

⑤ 2

13 $(x+1)(y+1) = 9$, $xy = 3$일 때, 다음 중 옳은 것은? [4점]

① $(x-y)^2 = 15$ ② $x^2 + y^2 = 17$

③ $\dfrac{1}{x} + \dfrac{1}{y} = \dfrac{4}{3}$ ④ $\dfrac{x}{y} + \dfrac{y}{x} = \dfrac{19}{3}$

⑤ $(x+y)^2 = 20$

14 연립방정식 $\begin{cases} 3x - ay = -6 \\ \dfrac{x}{2} - \dfrac{y}{3} = 5 \end{cases}$ 를 만족시키는 x, y의 값이 절댓값이 같고 부호가 반대일 때, 상수 a의 값은? [4점]

① -4 ② -1

③ 2 ④ 4

⑤ 8

15 어느 중학교 2, 3학년 학생 100명이 수학경시대회에 참가한 결과 점수의 평균이 100점이었다. 2학년 학생 수는 3학년 학생 수보다 50 %가 많고 3학년의 점수의 평균은 2학년의 점수의 평균보다 50 % 높을 때, 3학년의 점수의 평균은? [4점]

① 115점   ② 120점

③ 125점   ④ 130점

⑤ 135점

주관식

16 어떤 기약분수를 소수로 나타내는데 갑은 분모를 잘못 보아 $0.58\dot{3}$으로 나타내고, 을은 분자를 잘못 보아 $0.8\dot{1}$로 나타내었다. 처음의 기약분수를 소수로 바르게 나타내어라. [6점]

17 $-3x^2 \times A = 12x^5$, $32x^7 \div B = 2x^5$, $(4^6 + 4^6 + 4^6 + 4^6) \div C = 4^8$일 때, $A \times B \times C$ 를 구하여라. [6점]

18 $(4x+3)(x-6)=4x^2-(2a+3)x+ab$일 때, 상수 a, b의 값을 구하여라. [6점]

19 $(x+y):(x-y)=5:2$일 때, $\dfrac{x}{x+y}+\dfrac{y}{x-y}$의 값을 구하여라. [6점]

20 x, y에 대한 방정식 $$\dfrac{x-y+1}{3}=\dfrac{x+y+1}{4}-k=\dfrac{x-6}{5}$$ 의 해가 일차방정식 $2x+3y=1$을 만족시킬 때, 상수 k의 값을 구하여라. [6점]

21 $a+b=5$, $ab=3$, $x+y=-3$, $xy=-5$, $m=ax+by$, $n=bx+ay$일 때, m^2+n^2의 값을 구하여라.

(단, 풀이 과정을 자세히 써라.) [8점]

22 x, y에 대한 연립방정식 $\begin{cases} ax+by=-2 \\ cx-2y=18 \end{cases}$을 푸는데 갑은 바르게 풀어서 $x=-2$, $y=-6$을 얻었고, 을은 c를 잘못 보고 풀어서 $x=-4$, $y=-14$를 얻었다. 이때 상수 a, b, c에 대하여 abc의 값을 구하여라.

(단, 풀이 과정을 자세히 써라.) [8점]

1 부등식과 그 해

01 부등호 $<$, $>$, $\leq$, $\geq$를 사용하여 수 또는 식의 대소 관계를 나타낸 것을 ☐이라고 한다.

[02~04] 다음 문장을 부등식으로 나타내어라.

02 x에서 3을 뺀 것은 x의 2배보다 크다.

03 한 자루에 x원인 연필 5자루의 값은 1000원 이상이다.

04 한 자루에 300원인 연필 3자루의 값과 한 권에 x원인 공책 2권의 값의 합은 2000원 미만이다.

[05~08] x의 값이 -2, -1, 0, 1, 2일 때, 다음 부등식을 풀어라.

05 $3x-1>2$

06 $2x+1\geq 3x$

07 $1-2x<x+4$

08 $x+1\leq 1$

2 부등식의 성질

[09~12] $a<b$일 때, 다음 ☐ 안에 알맞은 부등호를 써넣어라.

09 $a-3$ ☐ $b-3$

10 $a-6$ ☐ $b-6$

11 $a+(-5)$ ☐ $b+(-5)$

12 $a-(-9)$ ☐ $b-(-9)$

[13~17] 다음 ☐ 안에 알맞은 부등호를 써넣어라.

13 $a+6>b+6$일 때 a☐b이다.

14 $a+10\leq b+10$일 때 a☐b이다.

15 $a-2<b-2$일 때 a☐b이다.

16 $a-12\geq b-12$일 때 a☐b이다.

17 $a-(-5)<b-(-5)$일 때 a☐b이다.

[18~21] $a\geq b$일 때, 다음 ☐ 안에 알맞은 부등호를 써넣어라.

18 $a\times 3$☐$b\times 3$

19 $6a$☐$6b$

20 $a\div 5$☐$b\div 5$

21 $\dfrac{a}{8}$☐$\dfrac{b}{8}$

[22~25] 다음 ☐ 안에 알맞은 부등호를 써넣어라.

22 $3a>3b$일 때 a☐b이다.

23 $5a\geq 5b$일 때 a☐b이다.

24 $\dfrac{a}{3}<\dfrac{b}{3}$일 때 a☐b이다.

25 $\dfrac{3}{2}a\leq\dfrac{3}{2}b$일 때 a☐b이다.

[26~29] $a>b$일 때, 다음 ☐ 안에 알맞은 부등호를 써넣어라.

26 $a\times(-5)$☐$b\times(-5)$

27 $-7a$☐$-7b$

28 $a\div(-9)$☐$b\div(-9)$

29 $-\dfrac{a}{10}$☐$-\dfrac{b}{10}$

[30~31] 다음 ☐ 안에 알맞은 부등호를 써넣어라.

30 $-\dfrac{a}{2}>-\dfrac{b}{2}$일 때 a☐b이다.

31 $-\dfrac{3}{8}a\leq-\dfrac{3}{8}b$일 때 a☐b이다.

32 $-5a > -5b$일 때 $a\ \square\ b$이다.

33 $-9a \leq -9b$일 때 $a\ \square\ b$이다.

[34~38] $a \leq b$일 때, 다음 $\square$ 안에 알맞은 부등호를 써넣어라.

34 $2a+5\ \square\ 2b+5$

35 $-3a-7\ \square\ -3b-7$

36 $5a-8\ \square\ 5b-8$

37 $-\dfrac{a}{7}+2\ \square\ -\dfrac{b}{7}+2$

38 $-3a+5\ \square\ -3b+5$

3 일차부등식의 풀이

39 부등식에서 우변에 있는 항을 좌변으로 이항하여 정리하였을 때
(일차식)< 0, (일차식)> 0, (일차식)≤ 0,
(일차식)≥ 0
중 하나의 꼴로 나타나는 부등식을 $\square$ 이라고 한다.

[40~48] 다음 부등식을 풀고, 그 해를 수직선 위에 나타내어라.

40 $x-3 < 5$

41 $x+5 \leq -10$

42 $x+8 > 1$

43 $x-4 \geq 2$

44 $\dfrac{1}{3}x > -1$

45 $-\dfrac{2}{3}x \leq -6$

46 $-\dfrac{1}{4}x \geq 2$

47 $3x < 12$

48 $-2x > 10$

[49~52] 다음 부등식을 풀어라.

49 $4x-8 < 3x+2$

50 $7x+4 \leq 5x-10$

51 $12-5x>2x+12$

52 $5x-10\geq 8x+5$

4 복잡한 일차부등식의 풀이

[53~73] 다음 부등식을 풀어라.

53 $2(x-1)<5$

54 $2x-(5x-4)\geq -5$

55 $-2(x+8)\leq 3(x-2)$

56 $3(x-2)>5x-2$

57 $x-5(x+4)\leq 2(x-5)$

58 $0.5-0.1x<0.24x$

59 $0.6x-3.5>0.2x+1.3$

60 $3(0.3x-4)\leq 0.2(5x+0.5)$

61 $5x+7.5\geq 2.5(6-4x)$

62 $\dfrac{x-2}{3}\leq x-1$

63 $\dfrac{x+4}{2}>x-3$

64 $2x-\dfrac{3x-1}{3}<1$

65 $x-\dfrac{5x-8}{4}>-1$

66 $\dfrac{x+2}{6}-x\geq \dfrac{x}{3}-3$

67 $\dfrac{1}{2}x-\dfrac{1}{10}>\dfrac{1}{10}x-\dfrac{3}{5}$

68 $\dfrac{5x-1}{2}-\dfrac{x+1}{3}\leq -\dfrac{1}{6}$

69 $\dfrac{2}{3}x-\dfrac{1}{2}>\dfrac{3}{4}x$

70 $0.5(2x-5)>\dfrac{1}{3}(x+3)$

71 $0.3x-1\leq \dfrac{1}{2}(0.2x+7)$

72 $\dfrac{2x+3}{3}-\dfrac{3x-5}{4}<1$

73 $2-\dfrac{x+2}{6}\geq \dfrac{x}{3}-1$

정답 p. 42

01 다음 중 부등식인 것을 모두 고르면?

(정답 2개)

① $3x+5 \geq 10$ ② $-2x+3=5$

③ $5-3x$ ④ $-2<3$

⑤ $2x-3(x+1)$

02 다음 문장을 부등식으로 나타내어라.

한 개에 x원인 빵 6개의 값은 5500원보다 적다.

03 '어떤 수 x에서 7을 뺀 값은 x의 2배보다 크거나 같다.'를 부등호를 사용하여 바르게 나타낸 것은?

① $x-7>2x$ ② $x-7<2x$

③ $x-7 \geq 2x$ ④ $x-7 \leq 2x$

⑤ $x-7=2x$

04 다음 보기 중 $x=3$일 때 참이 되는 부등식을 모두 골라라.

┃ 보기 ┃

(ㄱ) $x-1<0$ (ㄴ) $4x-3 \geq 0$

(ㄷ) $2x \leq -4$ (ㄹ) $2x+1>-x$

05 x의 값이 -1, 0, 1, 2일 때, 부등식 $2x-1 \leq 1$의 해는?

① 0, 1 ② -1, 1

③ -1, 2 ④ -1, 0, 1

⑤ -1, 0, 1, 2

06 x가 자연수일 때, 부등식 $x+3 \leq 8$의 해의 개수는?

① 1 ② 2

③ 3 ④ 4

⑤ 5

07 $a<b$일 때, 다음 □ 안에 알맞은 부등호를 써넣어라.

(1) $2a-3$ □ $2b-3$

(2) $-5a+1$ □ $-5b+1$

(3) $\dfrac{a}{4}-2$ □ $\dfrac{b}{4}-2$

(4) $-\dfrac{a}{3}+2$ □ $-\dfrac{b}{3}+2$

08 $a\geq b$일 때, 다음 □ 안에 알맞은 부등호를 써넣어라.

(1) $1-2a$ □ $1-2b$

(2) $\dfrac{a}{2}-3$ □ $\dfrac{b}{2}-3$

(3) $-(a+2)$ □ $-(b+2)$

09 부등식의 성질을 이용하여 부등식을 푼 것 중 옳지 <u>않은</u> 것은?

① $x-3>2$ ➡ $x>5$

② $x+4<-3$ ➡ $x<-7$

③ $\dfrac{1}{2}x>3$ ➡ $x>6$

④ $8x\leq-24$ ➡ $x\geq-3$

⑤ $-4x>16$ ➡ $x<-4$

10 다음 중 일차부등식인 것은?

① $2x+3<2x-1$

② $3x=2-x$

③ $x^2+x<5$

④ $5-x=2x+3$

⑤ $3x>8+2x$

11 다음은 일차부등식 $-2x+3\leq7$을 푸는 과정이다. □ 안에 알맞은 수 또는 식을 써넣어라.

$-2x+3\leq7$의 양변에 -3을 더하면
$-2x+3+$□$\leq7-3$
위의 식을 정리하면 □$x\leq$□
양변을 -2로 나누면 $x\geq-2$

[12~15] 다음 부등식을 풀어라.

12 $2x+3<10-x$

13 $5+x\geq1-3x$

14 $2x-10>-x+2$

15 $9x\leq4x-10$

01 다음 중 보기 중 부등식인 것을 모두 고른 것은?

> ┃ 보기 ┃
> (ㄱ) x^2+x+1　　(ㄴ) $\dfrac{x}{2}<3$
> (ㄷ) $2+1=3$　　(ㄹ) $1+x=x-1$
> (ㅁ) $-3<-2$　　(ㅂ) $2x+1\geq2x-1$

① (ㄱ), (ㄴ)　　　　② (ㄴ), (ㅂ)
③ (ㅁ), (ㅂ)　　　　④ (ㄱ), (ㄷ), (ㄹ)
⑤ (ㄴ), (ㅁ), (ㅂ)

02 다음 중 문장을 부등식으로 바르게 나타낸 것은?

① 어떤 수 x의 4배에 7을 더한 것은 10 이하이다. ➡ $4x+7<10$
② 어떤 수 x의 2배에 3을 뺀 것은 7보다 크다. ➡ $2x-3<7$
③ 어떤 수 x를 3배한 후 2를 더하면 x의 2배보다 작다. ➡ $3x+2<2x$
④ 5명이 1인당 x원씩 돈을 냈더니 총액이 30000원 미만이다. ➡ $5x>30000$
⑤ 한 개에 x원인 배 5개와 한 개에 700원인 사과 1개의 값은 10000원을 초과한다. ➡ $5x+700\leq10000$

03 다음 중 $x=-1$일 때, 참인 부등식은?

① $x-2<4$　　　　② $1-3x>5$
③ $3x+1\geq7$　　　④ $4-x\geq6$
⑤ $2x+5<3x$

04 x의 값이 -2, -1, 0, 1, 2일 때, 다음 부등식 중 해가 <u>없는</u> 것은?

① $x+3>1$　　　　② $-5+4x>-5$
③ $2x+3>8$　　　④ $2x-6>x-5$
⑤ $x+6<9$

05 x의 값이 -1, 0, 1, 2일 때, 다음 부등식 중 해의 개수가 3개인 것은?

① $3x-2>1$　　　　② $x+2<3$
③ $5-2x>2$　　　④ $3+4x>10$
⑤ $2x<x-3$

06 다음 부등식 중 [ ] 안의 수가 해가 되는 것은?

① $2x-1>5$ [6]

② $x>3x-2$ [3]

③ $3x+1<0$ [0]

④ $1-3x\geq5$ [-1]

⑤ $1-3x\leq1-x$ [-2]

07 $a>b$일 때, 다음 중 옳지 않은 것은?

① $3a+5>3b+5$

② $5a-8>5b-8$

③ $-4a-5<-4b-5$

④ $-5a+10<-5b+10$

⑤ $-\dfrac{a}{7}+6>-\dfrac{b}{7}+6$

08 $4a-5<4b-5$일 때, 다음 중 옳은 것은?

① $2a-3>2b-3$

② $4-3a<4-3b$

③ $-6+a>-6+b$

④ $-\dfrac{3}{2}-2a>-\dfrac{3}{2}-2b$

⑤ $\dfrac{8}{5}a+2>\dfrac{8}{5}b+2$

09 $a<b$일 때, 다음 □ 안에 들어갈 부등호의 방향이 <u>다른</u> 하나는?

① $-2+a$ □ $-2+b$

② $3a-2$ □ $3b-2$

③ $\dfrac{1}{2}a$ □ $\dfrac{1}{2}b$

④ $4-a$ □ $4-b$

⑤ $3a$ □ $3b$

10 $-1\leq x<4$일 때, 다음 중 $-2x+5$의 값의 범위는?

① $-7<-2x+5\leq-3$

② $-7\leq-2x+5<-3$

③ $-3<-2x+5\leq7$

④ $-3\leq-2x+5<7$

⑤ $3<-2x+5\leq7$

서술형

11 $-1<x<3$일 때, $a<2-3x<b$이다. 이때 상수 a, b에 대하여 ab의 값을 구하여라.

(단, 풀이 과정을 자세히 써라.)

12 $2\leq3x+2<5$일 때, 부등식의 성질을 이용하여 x의 값의 범위를 구하면?

① $-1<x\leq1$ ② $-1\leq x<1$
③ $0<x\leq1$ ④ $0\leq x<1$
⑤ $0<x\leq2$

13 $2\leq x\leq4$, $-1\leq y\leq4$일 때, $x-y$의 값의 범위를 구하면?

① $3\leq x-y\leq4$
② $1\leq x-y\leq8$
③ $-2\leq x-y\leq5$
④ $-3\leq x-y\leq4$
⑤ $-4\leq x-y\leq3$

14 다음 보기에서 일차부등식을 모두 골라 그 기호를 써라.

┃ 보기 ┃

(ㄱ) $3x-2=5x+4$
(ㄴ) $2(x-1)>3+2x$
(ㄷ) $\dfrac{1}{x}<0$
(ㄹ) $3x+2\geq5$
(ㅁ) $x(x+4)<x^2-1$
(ㅂ) $3x+1\leq3(x-2)$

15 다음 부등식 중 해가 $x>3$과 같은 것은?

① $x+5>2$ ② $x-5<2$
③ $2x>6$ ④ $-\dfrac{1}{3}x>1$
⑤ $x-1>4$

16 다음 부등식 중 해가 <u>다른</u> 하나는?

① $x+2>-1$ ② $2x>-6$
③ $-x<3$ ④ $3-x>6$
⑤ $1-2x<7$

17 부등식 $2x+3\leq8-x$를 만족하는 자연수 x의 개수를 구하여라.

18 부등식 $\dfrac{x-2}{4}-\dfrac{2x+1}{5}<0$을 만족하는 가장 작은 정수를 구하여라.

19 다음 중 부등식 $4x-1>x-7$의 해를 수직선 위에 바르게 나타낸 것은?

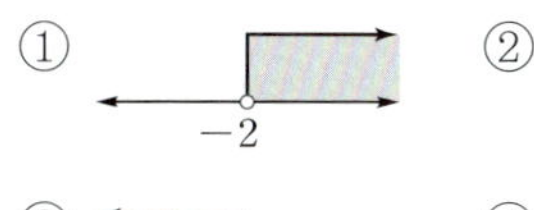
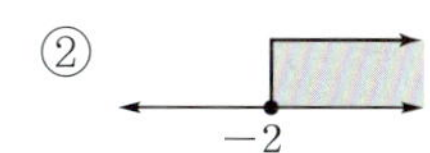
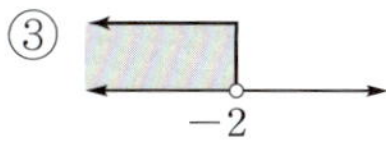
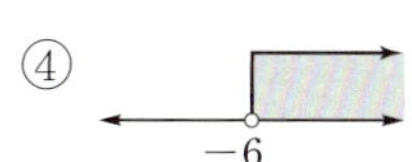
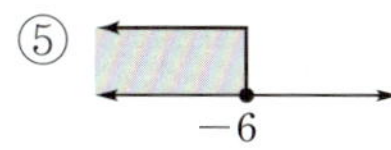

20 다음 중 그 해를 수직선 위에 나타낸 것이 오른쪽 그림과 같은 부등식은?

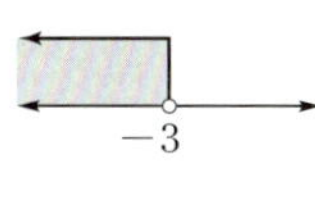

① $-2x>4$ ② $x+1<5-x$
③ $x-2>3x+4$ ④ $2x-1<5$
⑤ $3x+7>x+3$

21 $a<1$일 때, x에 대한 부등식 $1+(a-1)x>a$를 풀어라.

(단, 풀이 과정을 자세히 써라.)

22 x에 대한 일차부등식 $2x+1\leq8-a(x-1)$의 해가 $x\leq2$일 때, 상수 a의 값은?

① 1   ② 2
③ 3   ④ 4
⑤ 5

23 두 부등식 $5(x-1)-3x<2x-(x+3)$, $\dfrac{x-2}{4}-\dfrac{x+a}{5}<0$의 해가 같을 때, 상수 a의 값을 구하여라.

(단, 풀이 과정을 자세히 써라.)

24 x에 대한 일차부등식 $\dfrac{2}{9}x-\dfrac{1}{2}\leq\dfrac{a}{3}-\dfrac{1}{6}x$의 해 중 가장 큰 수가 -3일 때, 상수 a의 값은?

① -5 ② -3
③ -1 ④ 1
⑤ 3

25 부등식 $\dfrac{x-2}{3} < \dfrac{x+a}{4}$ 를 만족하는 자연수 x의 개수가 3개일 때, 상수 a의 값의 범위는?

① $-\dfrac{5}{3} < a \le -\dfrac{4}{3}$

② $-\dfrac{4}{3} \le a < 1$

③ $-1 < a \le -\dfrac{1}{3}$

④ $\dfrac{1}{3} \le a < 1$

⑤ $\dfrac{4}{3} \le a < \dfrac{5}{3}$

서술형

26 부등식 $6(4-2x) \ge 3x+a$ 를 만족하는 자연수가 1개뿐일 때, 상수 a의 값의 범위를 구하여라. (단, 풀이 과정을 자세히 써라.)

서술형

27 $a < b$일 때, x에 대한 부등식 $(a-3b)x \ge 4b-2(bx+2a)$ 를 풀어라.
(단, 풀이 과정을 자세히 써라.)

28 x에 대한 부등식 $\dfrac{x-2}{4} - \dfrac{2x-3}{5} > a$를 참이 되게 하는 가장 큰 정수 x의 값이 -5일 때, a의 값의 범위는?

① $\dfrac{7}{10} \le a < \dfrac{17}{20}$ ② $\dfrac{7}{10} < a \le \dfrac{17}{20}$

③ $\dfrac{7}{2} \le a < \dfrac{17}{4}$ ④ $\dfrac{7}{2} < a \le \dfrac{17}{4}$

⑤ $\dfrac{14}{5} \le a < \dfrac{17}{5}$

29 다음은 부등식 $\dfrac{1}{2}(x-4)-x \le 0.3(x-8)$ 을 푸는 과정이다. 처음으로 틀린 곳의 기호를 써라.

$$\dfrac{1}{2}(x-4)-x \le 0.3(x-8) \text{에서}$$
$$\dfrac{1}{2}(x-4)-x \le \dfrac{3}{10}(x-8) \quad \text{(ㄱ)}$$
$$5(x-4)-x \le 3(x-8) \quad \text{(ㄴ)}$$
$$5x-20-x \le 3x-24$$
$$5x-x-3x \le -24+20 \quad \text{(ㄷ)}$$
$$\therefore x \le -4$$

27 부등식 $\dfrac{1}{5}x - 0.3(x+2) > 7 - 0.3(2x-3)$ 을 풀어라.

유형 01

두 부등식
$3x-5(x-1)<-1,\ 5x-2>a+3x$
의 해가 같을 때, 상수 a의 값을 구하여라.

> **해결포인트** 미지수 a가 없는 부등식의 해를 먼저 구한 후 나머지 부등식을 풀어 해가 같음을 이용하여 a의 값을 구한다.

유형 02

부등식 $2(5x-3)\leq 3(3x+a)$를 만족하는 자연수 x의 개수가 12개일 때, 상수 a의 값의 범위를 구하여라.

> **해결포인트** 주어진 부등식을 먼저 풀어 $x<k$ 또는 $x\leq k$의 꼴로 나타낸 후 수직선을 이용하여 미지수 a의 값의 범위를 구한다.

 확인문제

1-1 부등식 $ax+2>0$의 해가 $x<3$일 때, 상수 a의 값을 구하여라.

1-2 다음 두 부등식의 해가 같을 때, 상수 a의 값을 구하여라.

$$\frac{1}{3}x+1<\frac{5x+3}{4}-x$$
$$2x-1>3x+a$$

 확인문제

2-1 부등식 $\dfrac{x}{3}-1<\dfrac{x-3}{4}$을 만족하는 자연수 x의 개수를 구하여라.

2-2 부등식 $\dfrac{1}{3}x+\dfrac{3}{4}>\dfrac{5}{6}x+\dfrac{1}{8}a$를 만족하는 자연수 x의 값이 1, 2, 3의 3개뿐일 때, 상수 a의 값의 범위를 구하여라.

1 $-2<x\le4$이고 $A=3-\dfrac{1}{2}x$일 때, A의 값의 범위를 구하여라.

(단, 풀이 과정을 자세히 써라.)

2 부등식 $\dfrac{3x-1}{4}\ge\dfrac{2x+1}{3}+0.5(x-3)$을 풀어라. (단, 풀이 과정을 자세히 써라.)

3 두 부등식 $0.2x+3.5<0.6x-1.3$, $\dfrac{1}{5}(5x-a)>0.3(3x+2)$의 해가 같을 때, 상수 a의 값을 구하여라.

(단, 풀이 과정을 자세히 써라.)

4 x에 대한 일차방정식 $x-4=\dfrac{x+a}{3}$의 해가 3보다 작지 않을 때, 상수 a의 값의 범위를 구하여라.

(단, 풀이 과정을 자세히 써라.)

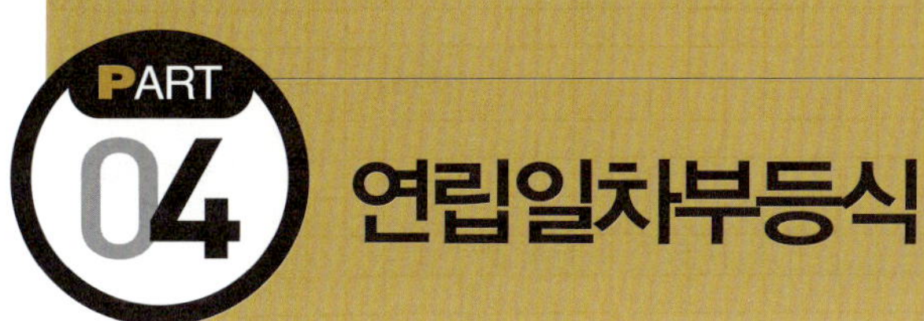

1 연립일차부등식

01 두 개 이상의 부등식을 한 쌍으로 묶어서 나타낸 것을 ☐☐☐☐☐이라고 한다. 또, 각각의 부등식이 일차부등식인 연립부등식을 ☐☐☐☐☐이라고 한다.

[02~05] 다음 연립부등식의 해를 수직선 위에 나타내어라.

02 $\begin{cases} x > 1 \\ x \geq 3 \end{cases}$ **03** $\begin{cases} x \leq -1 \\ x \leq 1 \end{cases}$

04 $\begin{cases} x \geq 1 \\ x < 5 \end{cases}$ **05** $\begin{cases} x \leq 2 \\ x \geq 0 \end{cases}$

2 연립일차부등식의 풀이

[06~11] 다음 연립부등식을 풀어라.

06 $\begin{cases} 2x - 5 \leq 3 & \cdots\cdots ㉠ \\ 2 - 3x > 8 & \cdots\cdots ㉡ \end{cases}$

07 $\begin{cases} 2x + 1 < x - 2 & \cdots\cdots ㉠ \\ 5x \leq 4x + 1 & \cdots\cdots ㉡ \end{cases}$

08 $\begin{cases} 4x - 5 < 2x - 9 & \cdots\cdots ㉠ \\ x + 4 > 2x + 3 & \cdots\cdots ㉡ \end{cases}$

09 $\begin{cases} 3x + 10 \geq -x + 2 & \cdots\cdots ㉠ \\ 2x + 5 < 5x - 4 & \cdots\cdots ㉡ \end{cases}$

10 $\begin{cases} 4x + 7 \geq 5x + 3 & \cdots\cdots ㉠ \\ -4 \leq 3x + 2 & \cdots\cdots ㉡ \end{cases}$

11 $\begin{cases} 3x + 3 < 7x + 15 & \cdots\cdots ㉠ \\ x + 14 \geq 5x - 2 & \cdots\cdots ㉡ \end{cases}$

3   복잡한 연립부등식의 풀이

[12~16] 다음 연립부등식을 풀어라.

12 $\begin{cases} 5(x+1) < 3x-4 & \cdots\cdots\ \text{㉠} \\ 2x-2 > -2(x+15) & \cdots\cdots\ \text{㉡} \end{cases}$

13 $\begin{cases} 4(x-1)+2 > 8-x & \cdots\cdots\ \text{㉠} \\ x-1 < 3(x-1) & \cdots\cdots\ \text{㉡} \end{cases}$

14 $\begin{cases} 6-4x \leq 2x+3 & \cdots\cdots\ \text{㉠} \\ \dfrac{3+x}{2} \leq \dfrac{5+x}{3} & \cdots\cdots\ \text{㉡} \end{cases}$

15 $\begin{cases} x+1 \geq \dfrac{x}{2}+3 & \cdots\cdots\ \text{㉠} \\ 2x-3 \leq \dfrac{2}{3}x+5 & \cdots\cdots\ \text{㉡} \end{cases}$

16 $\begin{cases} 0.4x-0.7x < 0.3 & \cdots\cdots\ \text{㉠} \\ 0.2(x+3) \leq 0.9 & \cdots\cdots\ \text{㉡} \end{cases}$

4   해가 특수한 연립방정식

[17~20] 다음 연립부등식을 풀어라.

17 $\begin{cases} 9x-1 \geq 3+5x & \cdots\cdots\ \text{㉠} \\ 6+7x < 5x+2 & \cdots\cdots\ \text{㉡} \end{cases}$

18 $\begin{cases} 3x+10 \geq -x+6 & \cdots\cdots\ \text{㉠} \\ 5x-2 \leq 2x-5 & \cdots\cdots\ \text{㉡} \end{cases}$

19 $\begin{cases} 3x-5 \geq -x+7 & \cdots\cdots\ \text{㉠} \\ 5x-1 \leq 4x+2 & \cdots\cdots\ \text{㉡} \end{cases}$

20 $\begin{cases} 5y-11 \geq 14 & \cdots\cdots\ \text{㉠} \\ \dfrac{4}{5}(y+5) \leq 8 & \cdots\cdots\ \text{㉡} \end{cases}$

5 $A < B < C$꼴의 부등식

[21~26] 다음 부등식을 풀어라.

21 $2x+3 \leq x+7 < 3x+3$

22 $5x+6 \geq 7x+2 > 3x-26$

23 $4x-6 < 3x+6 \leq 5x+10$

24 $4x-3 \leq 2x+8 \leq 4(5-2x)$

25 $\dfrac{2}{3}(x-1) < \dfrac{5}{3}x+2 \leq 2x$

26 $3x-8 < 2x+1 < \dfrac{10x+7}{3}$

01 다음 그림은 x에 대한 연립부등식에서 각각의 일차부등식의 해를 하나의 수직선 위에 나타낸 것이다. 이때 연립부등식의 해를 구하여라.

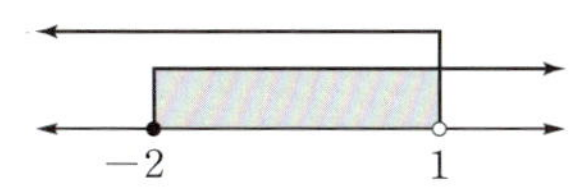

02 다음은 연립부등식 $\begin{cases} 2x+6>2 & \cdots\cdots \ \text{㉠} \\ 3-x\geq6-4x & \cdots\cdots \ \text{㉡} \end{cases}$ 를 푸는 과정이다. ☐ 안에 알맞은 것을 써넣어라.

> ㉠을 풀면 $2x>2-6$
>
> $\therefore x>\boxed{}$
>
> ㉡을 풀면 $-x+4x\geq6-3$
>
> $\therefore x\geq\boxed{}$
>
> ㉠, ㉡의 해를 수직선 위에 나타내면 오른쪽 그림과 같으므로 연립부등식의 해는 $\boxed{}$ 이다.

03 연립부등식 $\begin{cases} 3y-2>2(y-2) \\ 3-y>2y-3 \end{cases}$ 을 풀어라.

04 다음은 부등식 $12<2x+8\leq14$를 푸는 과정이다. ☐ 안에 알맞은 것을 써넣어라.

> 부등식 $12<2x+8\leq14$는 다음 연립부등식과 같다.
>
> $\begin{cases} 12<2x+8 & \cdots\cdots \ \text{㉠} \\ \boxed{}\leq14 & \cdots\cdots \ \text{㉡} \end{cases}$
>
> ㉠을 풀면 $x>\boxed{}$
>
> ㉡을 풀면 $x\leq\boxed{}$
>
> 따라서 주어진 부등식의 해는 $\boxed{}$ 이다.

01 다음 연립부등식 중 그 해가 오른쪽 수직선의 어두운 부분과 같은 것은?

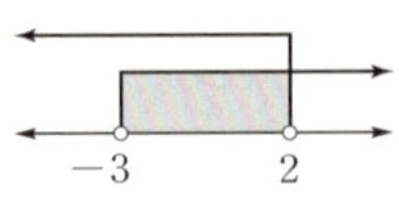

① $\begin{cases} x \le -3 \\ x \ge 2 \end{cases}$ ② $\begin{cases} x > -3 \\ x < 2 \end{cases}$

③ $\begin{cases} x < -3 \\ x > 2 \end{cases}$ ④ $\begin{cases} x > -3 \\ x > 2 \end{cases}$

⑤ $\begin{cases} x \ge -3 \\ x \le 2 \end{cases}$

02 연립부등식 $\begin{cases} 5x-8 > 3x \\ 4x-9 \le x+6 \end{cases}$ 을 풀면?

① $-5 \le x < 4$ ② $-5 < x \le 4$

③ $-4 \le x < 5$ ④ $4 < x \le 5$

⑤ $4 \le x < 5$

03 다음 중 연립부등식 $\begin{cases} 5x-1 > 7-3x \\ 4x+5 \le 6x-1 \end{cases}$ 의 해를 수직선 위에 바르게 나타낸 것은?

서술형

04 연립부등식 $\begin{cases} 5-2x < 8-x \\ 2(x-3) < x-a \end{cases}$ 의 해가 $-3 < x < 2$일 때, 상수 a의 값을 구하여라.

(단, 풀이 과정을 자세히 써라.)

05 연립부등식 $\begin{cases} 2x-6<12 \\ 24-3x \leq 3 \end{cases}$ 을 만족하는 자연수 x의 개수는?

① 1개 ② 2개
③ 3개 ④ 4개
⑤ 5개

06 연립부등식 $\begin{cases} 4x+2>x+8 \\ 2x-1 \leq 9 \end{cases}$ 를 만족하는 가장 큰 정수를 M, 가장 작은 정수를 m이라 할 때, Mm의 값을 구하여라.

07 연립부등식 $\begin{cases} 2(x-1) \leq x+1 \\ 3x+4 \geq 2(x+3) \end{cases}$ 의 해는?

① $x \leq 2$ ② $x \leq 3$
③ $2 \leq x \leq 3$ ④ $-2 \leq x \leq 3$
⑤ $-3 \leq x \leq 2$

08 연립부등식 $\begin{cases} 4-2x<12 \\ \dfrac{3x-1}{2} - \dfrac{x+2}{3} \leq x-1 \end{cases}$ 을 만족하는 정수 x의 개수를 구하여라.

(단, 풀이 과정을 자세히 써라.)

09 연립부등식 $\begin{cases} \dfrac{1}{2}x-3 \leq 2 \\ 2x-5>9 \\ 3(6-x) \leq 4 \end{cases}$ 를 풀어라.

10 연립부등식 $\begin{cases} 2x-1 \geq 9 \\ 3-4x>7 \end{cases}$ 을 풀면?

① $x<-1$ ② $x \geq 5$
③ $-1<x \leq 5$ ④ $-1 \leq x<5$
⑤ 해가 없다.

10 다음 연립부등식 중 해가 <u>없는</u> 것은?

① $\begin{cases} 2x+1>x-1 \\ x+3\geq 2x \end{cases}$ ② $\begin{cases} 3x-1\geq x-3 \\ x+2>2x-3 \end{cases}$

③ $\begin{cases} 3x+2>8 \\ 5x+2\geq 2x-1 \end{cases}$ ④ $\begin{cases} x-5\geq 3x+1 \\ x-2<3x+4 \end{cases}$

⑤ $\begin{cases} 2x+1<-5 \\ 5x\leq 3x+2 \end{cases}$

12 연립부등식 $\begin{cases} -2x\geq x-6 \\ 3x-1\geq 7-x \end{cases}$ 의 해는?

① $x\leq -2$ ② $x\leq 2$

③ $x=2$ ④ $x\geq 2$

⑤ 해가 없다.

13 연립부등식 $\begin{cases} 2x-1\leq x \\ 2x+2\leq 3x+1 \end{cases}$ 을 풀면?

① $x\leq -1$ ② $x\geq -1$

③ $x=1$ ④ $x\leq 1$

⑤ $x\geq 1$

14 보기의 일차부등식으로 연립부등식을 만들 때, 해가 하나뿐인 연립부등식이 되는 것은?

┃ 보기 ┃

(ㄱ) $2x-3<1$ (ㄴ) $x-1>1$

(ㄷ) $4-x\leq 2$ (ㄹ) $x+3\geq 3x-1$

① $\begin{cases} (ㄱ) \\ (ㄴ) \end{cases}$ ② $\begin{cases} (ㄱ) \\ (ㄷ) \end{cases}$

③ $\begin{cases} (ㄴ) \\ (ㄷ) \end{cases}$ ④ $\begin{cases} (ㄴ) \\ (ㄹ) \end{cases}$

⑤ $\begin{cases} (ㄷ) \\ (ㄹ) \end{cases}$

15 부등식 $-2x+3<x+6\leq -2x+18$을 풀면?

① $-1\leq x<4$ ② $-1<x\leq 4$

③ $1\leq x<4$ ④ $1<x\leq 4$

⑤ $2\leq x<4$

서술형

16 연립부등식 $\begin{cases} 0.2x-1.5<0.5x+0.6 \\ \dfrac{1}{2}(x-2)-\dfrac{1}{3}(x-3)<1 \end{cases}$ 의 해가 $a<x<b$일 때, 상수 a, b에 대하여 $a+b$의 값을 구하여라.

(단, 풀이 과정을 자세히 써라.)

17 연립부등식 $\begin{cases} x-3>2a \\ 2x-1<7 \end{cases}$ 의 해가 $-1<x<4$일 때, 상수 a의 값은?

① -2 ② -1

③ 0 ④ 1

⑤ 2

서술형

18 연립부등식 $\begin{cases} 3x-6\leq 0 \\ x-3<3x-5 \end{cases}$ 를 만족하는 자연수 x의 값이 x에 대한 방정식 $4x-2a=5+a$의 해일 때, 상수 a의 값을 구하여라. (단, 풀이 과정을 자세히 써라.)

19 부등식 $3x-1<2(x+2)\leq 5x-a$의 해가 $2\leq x<5$일 때, 상수 a의 값은?

① -1 ② 0

③ 1 ④ 2

⑤ 3

20 연립부등식 $\begin{cases} 5x+4\geq 3x+2 \\ 3x-2<2x+a \end{cases}$ 의 해가 없을 때, 상수 a의 값의 범위는?

① $a\leq -3$ ② $a< -3$

③ $a\leq -1$ ④ $a\leq 1$

⑤ $a\geq 1$

서술형

21 연립부등식 $\begin{cases} 4x+1\geq x+4 \\ 2x+a\geq 5 \end{cases}$ 가 해를 가질 때, 상수 a의 값의 범위를 구하여라.

(단, 풀이 과정을 자세히 써라.)

22 부등식 $6(x+a)<6-3(2-x)\leq 2(2x+1)$ 을 만족하는 정수 x의 개수가 3개일 때, 상수 a의 값의 범위는?

① $a\leq -\dfrac{1}{2}$ ② $a>0$

③ $-\dfrac{1}{2}\leq a<0$ ④ $-\dfrac{1}{2}<a\leq 0$

⑤ $0\leq 0<\dfrac{1}{2}$

유형 01

연립부등식 $\begin{cases} x-4>3a \\ 4x-5<7 \end{cases}$ 의 해가
$-2<x<3$일 때, 상수 a의 값을 구하여라.

해결포인트 연립부등식의 각 일차부등식을 풀어 주어진 해와 비교하여 미지수를 구한다.

유형 02

연립부등식 $\begin{cases} 6x-5\leq 2x+1 \\ \dfrac{1}{4}(10-x)\leq a \end{cases}$ 가 해를 가질 때
정수 a의 최솟값을 구하여라.

해결포인트 연립방정식의 각 일차부등식을 풀어 조건에 맞게 수직선 위에 나타내어 본다.

확인문제 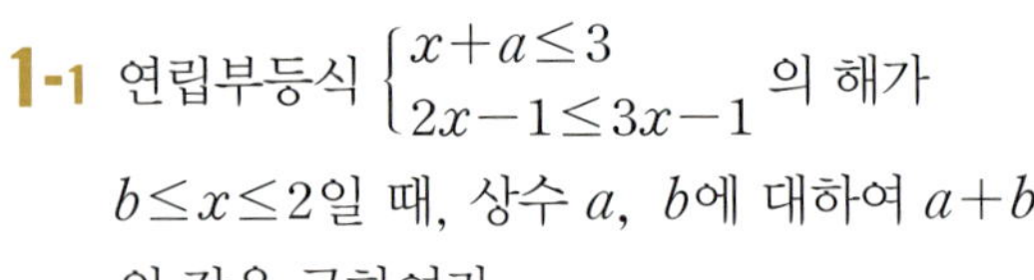

1-1 연립부등식 $\begin{cases} x+a\leq 3 \\ 2x-1\leq 3x-1 \end{cases}$ 의 해가
$b\leq x\leq 2$일 때, 상수 a, b에 대하여 $a+b$ 의 값을 구하여라.

1-2 연립부등식 $\begin{cases} x+2\geq 4 \\ x-2\geq 2x-a \end{cases}$ 의 해가
$x=2$일 때, 상수 a의 값을 구하여라.

확인문제 

2-1 연립방정식 $\begin{cases} 3x+1>x+5 \\ 2x+1\leq a \end{cases}$ 의 해가 없
을 때, 정수 a의 최댓값을 구하여라.

2-2 연립부등식 $\begin{cases} 2x-1\geq 0 \\ 2x+3\geq 3x-a \end{cases}$ 를 만족하는
정수 x의 값이 1, 2, 3의 3개일 때, a의 값의 범위를 구하여라.

1 연립부등식 $\begin{cases} 5x+2>3x-4 \\ 2x-1<-7x+26 \end{cases}$ 의 해가 $a<x<b$일 때, 상수 a, b에 대하여 $a+b$ 의 값을 구하여라.

(단, 풀이 과정을 자세히 써라.)

3 연립부등식 $\begin{cases} 3x+1\geq 2x+3 \\ 3-2x\geq -1 \end{cases}$ 을 풀어라.

(단, 풀이 과정을 자세히 써라.)

2 연립부등식 $\begin{cases} 8-3x<2x+3 \\ 3(x-2)-1<5+x \end{cases}$ 를 만족하는 가장 큰 정수를 M, 가장 작은 정수를 N이라 할 때, $M-N$의 값을 구하여라.

(단, 풀이 과정을 자세히 써라.)

4 연립부등식 $\begin{cases} 2x-3\leq 7 \\ x+1>a \end{cases}$ 를 만족하는 정수가 1개뿐일 때, 상수 a의 값의 범위를 구하여라. (단, 풀이 과정을 자세히 써라.)

정답 p. 52

1 부등식의 활용

[01~03] 한 개에 500원인 과자를 한 개에 1200원인 상자 2개에 나누어 담아 전체 금액이 15000원 이하가 되게 하려고 한다. 과자를 최대 몇 개까지 살 수 있는지 구하려고 할 때, 다음 물음에 답하여라.

01 과자를 x개 산다고 할 때, 지불해야 할 비용을 x를 사용하여 나타내어라.

02 x에 대한 부등식을 세워라.

03 문제의 뜻에 맞는 답을 구하여라.

[04~06] 현재 갑은 50000원, 을은 70000원이 저축되어 있다. 다음 달부터 매월 갑은 15000원씩, 을은 5000원씩 저축한다면 갑의 저축액이 을의 저축액보다 많아지는 것은 몇 개월 후인지를 구하려고 할 때, 다음 물음에 답하여라.

04 x개월 후에 갑의 저축액이 을의 저축액보다 많아진다고 할 때, 다음 표를 완성하여라.

	갑	을
현재 저축액(원)	50000	70000
매월 저축액(원)		5000
x개월 후의 저축액(원)		

05 x에 대한 부등식을 세워라.

06 문제의 뜻에 맞는 답을 구하여라.

[07~09] 어떤 정수의 2배에서 4를 빼면 10보다 작고, 그 정수의 3배에서 5를 빼면 7보다 크다고 한다. 처음 정수를 구하려고 할 때, 다음 물음에 답하여라.

07 어떤 정수를 라고 할 때, 다음 문장을 부등식으로 나타내어라.

(1) 어떤 정수의 2배에서 4를 빼면 10보다 작다.

(2) 어떤 정수의 3배에서 5를 빼면 7보다 크다.

08 위의 (1), (2)의 부등식으로 이루어진 연립부등식의 해를 구하여라.

09 처음 정수를 구하여라.

2 공식을 이용한 부등식의 활용

[10~11] 8 %의 소금물 100 g이 있다. 여기에 2 %의 소금물을 더 넣어 4 % 이상 6 % 이하의 소금물을 만들려고 할 때, 넣어야 할 2 %의 소금물의 양을 구하려고 한다. 다음 물음에 답하여라.

10 2 %의 소금물을 x g 더 넣는다고 할 때, 다음 표를 완성하여라.

	8 %의 소금물	2 %의 소금물
소금물의 양(g)	100 g	x g
소금의 양(g)		

11 $(\text{소금물의 농도})(\%) = \dfrac{(\text{소금의 양})}{(\text{소금물의 양})} \times 100$

임을 이용하여 x에 대한 부등식을 세우고, 문제의 뜻에 맞는 답을 구하여라.

[12~13] 어떤 사람이 등산을 하는데 올라갈 때는 시속 2 km, 내려올 때는 시속 3 km의 속력으로 걸어서 전체 걸리는 시간을 2시간 이내로 하려고 한다. 최대 몇 km까지 올라갔다가 내려오면 되는지 구하려고 할 때, 다음 물음에 답하여라.

12 x km까지 올라갔다가 내려온다고 할 때, 다음 표를 완성하여라.

	올라갈 때	내려 올 때
속력	시속 2 km	시속 3 km
걸린 시간(시간)		

13 $(\text{시간}) = \dfrac{(\text{거리})}{(\text{속력})}$ 임을 이용하여 x에 대한 부등식을 세우고, 문제의 뜻에 맞는 답을 구하여라.

3 여러 가지 활용 문제

14 20000원을 형과 동생에게 나누어 주는데, 형 몫의 3배는 동생 몫의 2배 이상이 되게 하려고 한다. 형이 받는 몫은 최소한 얼마인지 구하여라.

15 원가가 9000원인 상품을 정가의 10 %를 할인하여 팔았더니 원가의 30 % 이상의 이익을 얻었다. 이때 정가의 최솟값을 구하여라.

16 한 개에 900원인 감과 한 개에 700원인 귤을 섞어서 15개를 사고, 그 값이 11500원 이상 12000원 이하가 되게 하려고 한다. 감은 몇 개를 사야 하는지 구하여라.

17 가로의 길이가 8 cm인 직사각형을 만드는데 둘레의 길이가 120 cm 이상 180 cm 이하가 되게 하려고 한다. 직사각형의 세로의 길이의 범위를 구하여라.

18 31자루의 연필을 학생들에게 나누어 주는데 한 사람에게 4자루씩 나누어 주면 연필이 남고, 한 사람에게 5자루씩 나누어 주면 연필이 부족하다. 학생들은 모두 몇 명인지 구하여라.

19 연속하는 세 자연수의 합이 9보다 크고 15보다 작을 때, 이 세 자연수를 구하여라.

01 연속하는 세 짝수의 합이 45보다 크고 51보다 작을 때, 다음은 세 짝수 중에서 가장 작은 수를 구하는 과정이다. ☐ 안에 알맞은 것을 써넣어라.

> 연속하는 세 짝수를 x, $x+2$, ☐ 라고 하면
> ☐ $< x+(x+2)+($ ☐ $) < 51$
> 위의 부등식을 풀면 ☐ $< x <$ ☐
> 따라서 구하는 수는 ☐ 이다.

02 희철이는 두 번의 수학 시험에서 각각 75점, 90점을 받았다. 세 번째 수학 시험에서 몇 점 이상을 받아야 세 번에 걸친 수학 시험의 평균이 85점 이상이 되는지 구하여라.

03 한 송이에 2000원인 꽃 6송이와 한 송이에 3000원인 꽃 몇 송이를 섞어서 전체의 가격이 30000원 이하인 꽃다발을 만들려고 한다. 한 송이에 3000원인 꽃은 몇 송이까지 넣을 수 있는지 구하여라.

04 집에서 10 km 떨어진 지점까지 가는데 처음에는 시속 4 km로 걸어가다가 도중에 시속 5 km로 걸었다. 출발한 지 2시간 15분 이내에 목적지에 도착했다면 시속 4 km의 속력으로 걸어간 거리는 몇 km 이하인지 구하여라.

05 5 %의 소금물 200 g과 8 %의 소금물을 섞어서 농도가 6 % 이상인 소금물을 만들었다. 8 %의 소금물을 몇 g 이상 섞었는지 구하여라.

06 어떤 정수에 3을 더하여 3배 하면 25보다 크고 30보다 작다. 다음은 이 정수를 구하는 과정이다. ☐ 안에 알맞은 것을 써넣어라.

> 어떤 정수를 x라고 하면
> $25 < 3($ ☐ $) < 30$
> 위의 부등식을 풀면 ☐ $< x <$ ☐
> 따라서 구하는 정수는 ☐ 이다.

07 한 개에 1500원인 과자와 한 개에 1000원인 과자를 합하여 15개를 사고 금액은 20000원 이하가 되게 하려고 한다. 1500원짜리 과자를 1000원짜리 과자보다 더 많이 사려고 할 때, 1500원짜리 과자는 몇 개 살 수 있는지 구하여라.

08 밑변의 길이가 8 cm인 삼각형이 있다. 이 삼각형의 넓이를 20 cm^2 이상 28 cm^2 미만이 되도록 하려고 할 때, 삼각형의 높이의 범위를 구하여라.

01 어떤 수 x의 3배에서 15를 뺀 수는 x의 4배에 3을 더한 수보다 작다. 이와 같은 수 중에서 가장 작은 정수는?

① -20 ② -19
③ -18 ④ -17
⑤ -16

〔서술형〕

02 5회에 걸쳐 치른 시험에서 4회까지의 수학 성적의 평균이 82점이었다. 5회의 시험에서 수학 성적의 평균이 85점 이상이 되게 하려면 5회째의 시험에서 최소한 몇 점을 받아야 하는지 구하여라.

(단, 풀이 과정을 자세히 써라.)

03 한 자루에 450원인 연필과 한 자루에 600원인 볼펜을 합하여 20자루를 사고, 그 값이 10000원 이하가 되게 하려고 할 때, 600원짜리 볼펜은 최대 몇 자루까지 살 수 있는가?

① 3자루 ② 4자루
③ 5자루 ④ 6자루
⑤ 7자루

04 어느 박물관의 입장료는 5명까지는 1인당 2000원이고, 5명을 초과할 때는 초과된 사람 1인당 900원이다. 30000원 이하로 이 박물관에 입장하려고 할 때 최대 몇 명까지 입장할 수 있는가?

① 24명 ② 27명
③ 30명 ④ 33명
⑤ 36명

05 형은 구슬을 30개, 동생은 5개를 가지고 있다. 형이 동생에게 구슬을 몇 개 주어도 동생이 가진 구슬의 2배보다는 많게 하려고 한다. 형은 동생에게 구슬을 최대 몇 개까지 줄 수 있는가?

① 3개 ② 4개
③ 5개 ④ 6개
⑤ 7개

〔서술형〕

06 현재 형은 30000원, 동생은 45000원이 저축되어 있다. 형은 매달 7000원, 동생은 매달 3000원씩 저축한다면 형의 저축액이 동생의 저축액의 2배보다 많아지는 것은 몇 개월 후부터인지 구하여라.

(단, 풀이 과정을 자세히 써라.)

07 집 근처의 문구점에서 한 권에 500원인 공책을 도매점에서는 한 권에 420원에 판매한다. 도매점까지는 왕복 700원의 교통비가 든다고 할 때, 몇 권 이상의 공책을 사는 경우 도매점에서 사는 것이 유리한지 구하여라.

서술형

08 한 달 동안의 인터넷 이용 요금이 다음과 같은 A, B 두 회사가 있다. 한 달 인터넷 사용 시간이 몇 시간 이상이면 B회사를 선택하는 것이 유리한지 구하여라.

(단, 풀이 과정을 자세히 써라.)

A회사		B회사	
기본 요금	시간당 사용 요금	기본 요금	시간당 사용 요금
2000원	900원	20000원	없음

09 다음 표는 어느 통신 회사에서 적용하는 2가지 종류의 이동전화 요금 계산 방식을 나타낸 것이다.

	A요금제	B요금제
기본 요금(원)	17000	10000
1분당 전화 요금(원)	105	145

민혁, 동재, 찬혁이의 한 달 평균 이동전화 사용 시간이 각각 200분, 180분, 150분일 때, A요금제를 선택하는 것이 유리한 사람을 모두 말하여라.

10 어떤 전시회의 1인당 관람 요금은 5000원이고 45명 이상의 단체에 대해서는 30 %를 할인해 준다고 한다. 몇 명 이상이면 45명의 단체 요금을 지불하고 입장하는 것이 유리한가?

① 30명　　　　② 32명
③ 34명　　　　④ 36명
⑤ 38명

11 어떤 운동화의 원가에 40 %의 이익을 붙여 정가를 정하였다. 이 운동화를 정가의 20 %를 할인하여 판매하였더니 이익이 7200원 이상이었다. 이때 이 운동화의 원가의 최솟값은?

① 50000원　　　　② 55000원
③ 60000원　　　　④ 65000원
⑤ 70000원

12 A지점에서 20 km 떨어진 B지점까지 가는데 처음에는 시속 5 km로 걷다가 도중에 30분 휴식하고, 나머지는 시속 4 km로 걸으려고 한다. 출발한 지 5시간 이내에 B지점에 도착하려면 시속 5 km로 걸어야 할 거리는 몇 km 이상인가?

① 8 km　　　　② 8.5 km
③ 9 km　　　　④ 9.5 km
⑤ 10 km

13 역에서 열차를 기다리는데 출발 시각까지 1시간 20분의 여유가 있다. 이 시간을 이용하여 상점에 가서 물건을 사려고 하는데 걷는 속력은 시속 $3\,\text{km}$이고, 상점에서 물건을 사는 데는 20분이 걸린다. 이때 역에서 몇 km 이내에 있는 상점을 이용해야 하는가?

① $0.8\,\text{km}$ ② $1\,\text{km}$
③ $1.2\,\text{km}$ ④ $1.5\,\text{km}$
⑤ $1.8\,\text{km}$

14 $6\,\%$ 소금물 $200\,\text{g}$에서 물을 증발시켜 농도가 $8\,\%$ 이상인 소금물을 만들려고 할 때, 몇 g 이상의 물을 증발시켜야 하는가?

① $20\,\text{g}$ ② $30\,\text{g}$
③ $40\,\text{g}$ ④ $50\,\text{g}$
⑤ $60\,\text{g}$

15 농도가 $30\,\%$인 설탕물 $500\,\text{g}$에 물을 넣어서 설탕물의 농도를 $20\,\%$ 이하로 만들려면 최소한 몇 g의 물을 넣어야 하는가?

① $150\,\text{g}$ ② $200\,\text{g}$
③ $250\,\text{g}$ ④ $300\,\text{g}$
⑤ $350\,\text{g}$

16 $35\,\text{g}$의 소금이 녹아 있는 소금물 $985\,\text{g}$에 소금을 더 넣어 농도가 $5\,\%$ 이상인 소금물이 되게 하려고 할 때, 소금은 몇 g 넣어야 하는지 구하여라.

17 삼각형의 세 변의 길이가 $a\,\text{cm}$, $(a+3)\,\text{cm}$, $(a+6)\,\text{cm}$일 때, a의 값의 범위를 구하여라. (단, 풀이 과정을 자세히 써라.)

18 윗변의 길이가 $x\,\text{cm}$, 아랫변의 길이가 $10\,\text{cm}$, 높이가 $7\,\text{cm}$인 사다리꼴의 넓이가 $56\,\text{cm}^2$ 이상일 때, x의 값의 범위는?

① $x \geq 6$ ② $x \leq 6$
③ $x \geq 7$ ④ $x \leq 7$
⑤ $x \geq 8$

19 연속하는 세 홀수의 합이 30보다 크고 40보다 작을 때, 세 홀수 중에서 가장 큰 수를 구하여라.

서술형

20 두 정수의 합은 84이고 한 쪽이 다른 쪽의 3배에서 7을 뺀 것보다 작고, 2배에 13을 더한 것보다는 크다. 이 두 정수를 각각 구하여라. (단, 풀이 과정을 자세히 써라.)

21 자연수 x에 대하여 $\dfrac{x-1}{4}$ 의 값을 소수점 아래 첫째 자리에서 반올림하면 5가 된다. 다음 중 x의 값이 될 수 없는 것은?

① 19   ② 20
③ 21   ④ 22
⑤ 23

22 한 개 1500원인 배와 한 개 1000원인 사과를 합하여 15개를 사서 3000원짜리 바구니에 담으려고 한다. 전체 금액이 23000원 이하가 되도록 하고, 배를 사과보다 더 많이 사려고 할 때, 배는 최대 몇 개까지 살 수 있는지 구하여라.

23 다음 표는 어떤 놀이 공원의 놀이 기구 A와 B의 요금과 타는 시간을 나타낸 것이다. 20분 이내에 A, B 두 종류의 놀이 기구를 합하여 5번 타려고 할 때, 요금의 합계가 19000원보다 적게 하고 싶다면 놀이 기구 A는 최대한 몇 번 탈 수 있는지 구하여라. (단, 움직이는 시간과 대기 시간은 무시한다.)

	놀이 기구 A	놀이 기구 B
요금(원)	4000	3000
타는 시간(분)	5	2

24 등산을 하는데 올라갈 때는 시속 2 km로, 내려올 때는 같은 길을 시속 4 km로 걸어서 전체 걸리는 시간을 3시간 45분 이상 4시간 30분 이하가 되도록 하려고 한다. 몇 km까지 올라갔다가 내려오면 되는가?

① 2 km 이상 3 km 이하
② 3 km 이상 4 km 이하
③ 4 km 이상 5 km 이하
④ 5 km 이상 6 km 이하
⑤ 6 km 이상 7 km 이하

25 4 %의 소금물과 6 %의 소금물을 섞어 농도가 6 % 이상 8 % 이하인 소금물 600 g을 얻었다. 처음에 있었던 4 %의 소금물의 양은?

① 150 g 이상 300 g 이하
② 200 g 이상 300 g 이하
③ 200 g 이상 400 g 이하
④ 300 g 이상 400 g 이하
⑤ 300 g 이상 500 g 이하

26 5%의 소금물 200 g에 소금을 더 넣어서 농도가 10% 이상 12% 이하가 되게 하려고 한다. 다음 중 더 넣어야 할 소금의 양으로 적당하지 <u>않은</u> 것은?

① 11 g   ② 12 g

③ 13 g   ④ 14 g

⑤ 15 g

27 n각형의 내각의 크기의 합이 $500°$ 이상 $700°$ 이하일 때, n의 값을 구하여라.

28 밑변의 길이가 6 cm, 높이가 x cm인 삼각형의 넓이가 24 cm^2 이상 30 cm^2 이하일 때, x의 값의 범위는?

① $5 \leq x < 10$ ② $5 \leq x \leq 10$

③ $8 \leq x < 10$ ④ $8 \leq x \leq 10$

⑤ $8 < x \leq 10$

29 가로의 길이가 세로의 길이보다 50 m 더 긴 직사각형 모양의 운동장이 있다. 운동장의 둘레의 길이를 400 m 이상 500 m 미만이 되게 하려고 할 때, 운동장의 세로의 길이의 범위를 구하여라.

30 75개의 사탕을 어느 모둠의 학생들에게 12개씩 나누어 주면 사탕이 남고, 13개씩 나누어 주면 사탕이 부족하다. 이 모둠의 학생 수를 구하여라.

31 어느 중학교 2학년 학생들이 모두 긴 의자에 앉으려고 한다. 한 의자에 5명씩 앉으면 학생이 13명 남고, 한 의자에 6명씩 앉으면 의자가 2개 남는다고 할 때, 의자의 개수의 범위는?

① 15개 이상 20개 이하

② 20개 이상 25개 이하

③ 25개 이상 30개 이하

④ 30개 이상 35개 이하

⑤ 35개 이상 40개 이하

32 다음 표는 두 식품 A, B에 대하여 각각 100 g에 들어 있는 열량과 단백질의 양을 나타낸 것이다. 두 식품 A, B를 합하여 400 g의 식품에서 열량은 500 cal 이상, 단백질은 75 g 이상 얻기 위해 섭취해야 하는 A식품의 양의 범위를 구하여라.

식품	열량(cal)	열량(g)
A	150	12
B	350	6

유형 01

연속한 세 정수의 합이 24 이상이고, 세 수 중 작은 두 수의 합에서 큰 수를 빼면 8보다 작다. 세 수 중에서 가장 큰 수를 구하여라.

> **해결포인트** ① 연속한 세 정수 ➡ x, $x+1$, $x+2$ 또는 $x-1$, x, $x+1$로 놓는다.
> ② 연속한 세 짝수(홀수) ➡ x, $x+2$ $x+4$ 또는 $x-2$, x, $x+2$로 놓는다.
> ③ 차가 n인 두 정수 ➡ x, $x+n$ 또는 $x-n$, x로 놓는다.

유형 02

자동차 영업 사원인 K씨는 기본급 100만 원에 한 달 동안 자신이 판매한 자동차의 판매 금액의 3%를 수당으로 합하여 월급을 받는다. 자동차 한 대의 가격이 1000만 원일 때, K씨가 월급을 250만 원 이상 받기 위해서 매달 자동차를 몇 대 판매해야 하는지 구하여라.

> **해결포인트** 일차부등식이나 연립부등식의 활용 문제는 다음 순서에 따라 해결한다.
> ① 문제의 뜻을 파악하여 구하려고 하는 것을 미지수 x로 놓는다.
> ② 문제에서 주어진 수나 식 사이의 대소 관계를 부등식으로 나타낸다.
> ③ 부등식을 풀어 x의 값의 범위를 구한다.
> ④ 구한 해가 문제의 뜻에 맞는지 확인한다.

확인문제

1-1 차가 4인 두 정수의 합이 20 이하이다. 두 정수 중 작은 수를 x라고 할 때, x의 최댓값을 구하여라.

1-2 주사위를 던져 나온 눈의 수를 3배하면 12 이하이고, 2배하면 나온 눈의 수에 2를 더한 것보다 크다고 한다. 나온 눈의 수를 구하여라.

확인문제

2-1 학생들에게 연필을 나누어 주는데 한 사람에게 2자루씩 나누어 주면 연필이 23자루 남고, 4자루씩 나누어 주면 연필이 3자루 미만으로 남는다. 이때 학생 수는 모두 몇 명인지 구하여라.

2-2 어떤 사람이 달걀을 2000개 구입하여 운반하다가 도중에 100개를 깨트렸다. 남은 달걀을 판매하여 구입한 가격의 14% 이상의 이익이 남게 하려면 한 개에 몇 % 이상의 이익을 붙여서 팔아야 하는지 구하여라.

1 어떤 정수에서 2를 뺀 후 3으로 나눈 수는 1보다 크고, 이 정수의 $\dfrac{1}{2}$배에 1을 더한 수는 이 수의 $\dfrac{2}{3}$배보다 작지 않다. 이러한 정수의 개수를 구하여라.

(단, 풀이 과정을 자세히 써라.)

3 어느 동호회의 작년 회원 수가 200명 이하이고, 남자 회원과 여자 회원 수의 비가 5 : 2였다. 올해 남녀 신입 회원이 각각 5명씩 가입하였더니 전체 회원 수가 200명을 초과하였다. 올해 동호회의 남자 회원의 수를 구하여라.

(단, 풀이 과정을 자세히 써라.)

2 8 %의 소금물 990 g에 소금을 더 넣어서 농도가 10 % 이상 12 % 이하가 되도록 하려고 할 때, 더 넣어야 하는 소금의 양의 범위를 구하여라.

(단, 풀이 과정을 자세히 써라.)

4 물통에 들어 있는 물을 5 L 사용한 후 남은 물의 $\dfrac{2}{3}$를 사용하였다. 이때 남아 있는 물의 양이 3 L 이상이라면 처음 물통에 들어 있던 물의 양의 최솟값을 구하여라.

(단, 풀이 과정을 자세히 써라.)

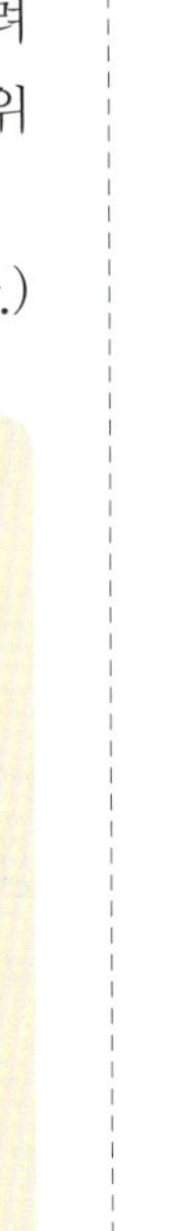

Step **6**

도전 1등급

정답 p. 59

01 연립방정식 $\begin{cases} x-y=2a \\ 3x+2y=7-2a \end{cases}$ 를 만족하는 y의 값이 x의 값의 3배일 때, 상수 a의 값을 구하여라.

> y의 값이 x의 값의 3배이므로 $y=3x$와 같이 나타낼 수 있다.

02 다음 두 연립방정식의 해가 같을 때, 상수 a, b에 대하여 $a+b$ 의 값을 구하여라.

$$\begin{cases} ax-by=-6 \\ 2x+7y=34 \end{cases} \qquad \begin{cases} x-3y=-9 \\ 6x+ay=10 \end{cases}$$

> 네 개의 일차방정식이 공통인 해를 가지므로 네 개의 일차방정식 중 어떤 두 개를 연립하여 풀어도 같 은 해를 가짐을 이용한다.

03 연립방정식 $\begin{cases} x+|y|=10 \\ x-|y|=4 \end{cases}$ 를 만족하는 x, y의 값이 $x+y+z=9$를 만족할 때, z의 값은?

① -5 또는 1 　　　② -3 또는 1
③ -1 또는 3 　　　④ -1 또는 5
⑤ 1 또는 5

> 주어진 연립방정식은 x, $|y|$에 대한 연립방정식이다.
> $|a|=\begin{cases} a & (a \geq 0) \\ -a & (a<0) \end{cases}$ 임을 이용 한다.

04 x, y에 대한 연립방정식 $\begin{cases} 6x-5y=12 \\ (a^2+5a-6)x+5y=a-7 \end{cases}$ 의 해가 무수히 많을 때, a^2+a의 값을 구하여라. (단, a는 상수이다.)

> 연립방정식 중 한 일차방정식을 변 형한 식이 나머지 일차방정식과 일 치하면 해가 무수히 많다.

05 농도가 다른 두 소금물 A, B가 있다. A소금물 $100\,g$과 B소금물 $200\,g$을 섞으면 $8\,\%$의 소금물이 되고, A소금물 $200\,g$과 B소금물 $100\,g$을 섞으면 $9\,\%$의 소금물이 된다. 이때 A소금물과 B소금물의 농도를 각각 구하여라.

(소금물의 농도)$(\%)$
$= \dfrac{(소금의 \ 양)}{(소금물의 \ 양)} \times 100$임을 이용한다.

06 어떤 일을 완성하는데 갑, 을, 병 세 사람이 함께 하면 5일이 걸리고, 갑, 을 두 사람이 함께 하면 6일, 을, 병 두 사람이 함께 하면 10일이 걸린다. 이 일을 을이 혼자서 한다면 완성하는 데 며칠이 걸리는지 구하여라.

갑, 을, 병 세 사람이 하루에 하는 일의 양을 각각 x, y, z로 놓고 주어진 조건을 등식으로 나타내 본다.

07 $b<0<a$, $c<0$일 때, 보기에서 옳은 것을 모두 골라 기호를 써라.

a는 양수 b, c는 음수이므로 보기의 각 부등식에서 양변의 부호를 비교해 본다.

┌─┤ 보기 ├──────────────────────┐

(ㄱ) $-b>c$ (ㄴ) $abc<0$

(ㄷ) $a-b<c$ (ㄹ) $a+b+c>0$

(ㅁ) $1-bc<1-ac$ (ㅂ) $ab+ac<0$

└─────────────────────────────┘

08 $-2<x<3$일 때, $a<\dfrac{1}{3}x-2<b$이다. 이때 상수 a, b에 대하여 $3a-b$의 값은?

부등식의 성질을 이용하여 $\dfrac{1}{3}x-2$의 범위를 구한다.

① -9 ② -7 ③ -5

④ -3 ⑤ -1

09 연립부등식 $\begin{cases} \dfrac{x}{4}+\dfrac{a}{6}\leq\dfrac{x}{3} \\ 2x+1\geq4x-7 \end{cases}$ 을 만족하는 x의 값 중 음의 정수가 2개일 때, 정수 a의 값을 구하여라.

각 일차부등식의 해의 공통 부분을 구하여 그 범위에 음의 정수가 2개 포함될 조건을 구해 본다.

10 연립부등식 $\begin{cases} 5x-4\geq2x-1 \\ 4x-3<3x+a \end{cases}$ 의 해가 없을 때, 상수 a의 값의 범위는?

① $a\geq-2$　　② $a\leq-2$　　③ $a>-2$
④ $a\geq2$　　⑤ $a\leq2$

연립부등식의 해가 없다는 것은 각 일차부등식의 해의 공통 부분이 없다는 뜻이다.

11 M중학교 2학년 학생 전체가 긴 의자에 앉을 때, 한 의자에 7명씩 앉으면 10명이 앉지 못하고, 8명씩 앉으면 의자가 2개 남는다. 이때 학생 수는 최대 몇 명인가?

① 234명　　② 237명　　③ 241명
④ 245명　　⑤ 249명

의자의 개수를 x로 놓고 학생 수를 x에 대한 식으로 나타내 본다.

12 역에서 열차를 기다리는데 출발 시각까지 50분의 여유를 이용하여 서점에서 책을 사오려고 한다. 시속 3 km로 걸어가서 10분 동안 책을 사고, 시속 4 km로 걸어서 돌아온다면 역에서 몇 km 이내에 있는 서점을 이용해야 하는지 구하여라.

$(시간)=\dfrac{(거리)}{(속력)}$ 이므로 서점까지 왕복한 시간이 40분 이내가 되어야 함을 이용하여 부등식을 세운다.

나의 점수 _______ 점 / 100점 만점

객관식 [각 5점]

01 다음 중 미지수가 2개인 일차방정식이 <u>아닌</u> 것은?

① $2x+y=-3$ ② $3x+2y+15=0$ ③ $2x-xy+3=0$

④ $x=3y-2$ ⑤ $y=8-5x$

02 x, y가 자연수일 때, 다음 일차방정식 중 해가 무수히 많은 것은?

① $x+2y=10$ ② $5x+7y=12$ ③ $x-y=2$

④ $2x+y=3$ ⑤ $3x+2y=5$

03 일차방정식 $2(x-y)=2-3x$의 한 해가 $x=a$, $y=5a$일 때, 상수 a의 값은?

① -2 ② $-\dfrac{2}{5}$ ③ $-\dfrac{1}{5}$ ④ $\dfrac{1}{5}$ ⑤ $\dfrac{2}{5}$

04 다음 연립방정식 중 해가 $x=3$, $y=2$인 것은?

① $\begin{cases} y=x+1 \\ 2x+3y=-1 \end{cases}$ ② $\begin{cases} 3x-2y=5 \\ y=2x+3 \end{cases}$ ③ $\begin{cases} 5x-2y=11 \\ x+2y=3 \end{cases}$

④ $\begin{cases} x+2y=7 \\ x-y=4 \end{cases}$ ⑤ $\begin{cases} 2x+3y=12 \\ 2x+y=8 \end{cases}$

05 연립방정식 $\begin{cases} 8x-5y=5 \\ \dfrac{1}{2}x-\dfrac{3}{4}y=-\dfrac{11}{4} \end{cases}$ 의 해를 $x=a$, $y=b$라 할 때 $2a+b$의 값은?

① 11 ② 13 ③ 15 ④ 17 ⑤ 19

06 연립방정식 $\begin{cases} ax-by=-1 \\ bx+ay=7 \end{cases}$ 의 해가 $x=-1$, $y=2$일 때, 상수 a, b의 값은?

① $a=1$, $b=-1$ ② $a=3$, $b=-1$ ③ $a=-1$, $b=-1$

④ $a=-3$, $b=-1$ ⑤ $a=3$, $b=1$

07 다음 중 옳은 것은?

① $ac<bc$이면 $\dfrac{a}{c}<\dfrac{b}{c}$ ② $a<b$이면 $a^2<b^2$

③ $a<b$이면 $a^2>b^2$ ④ $a<b$이면 $\dfrac{1}{a}<\dfrac{1}{b}$

⑤ $c-a<c-b$이면 $a<b$

08 다음 부등식 중 해가 $x\leq-2$인 것은?

① $3x+2\leq5$ ② $x+3\leq5$ ③ $5\geq-x+3$

④ $-3x\geq6$ ⑤ $-\dfrac{1}{2}x\leq-1$

09 부등식 $16+x>4+3x$를 만족하는 자연수의 개수는?

① 3개   ② 4개   ③ 5개   ④ 6개   ⑤ 7개

10 연립부등식 $\begin{cases} 4x+3\leq7x-a \\ 2(5-3x)+1\geq5-2x \end{cases}$ 의 해가 없을 때, 정수 a의 최솟값은?

① -2 ② -1 ③ 0 ④ 1 ⑤ 2

11 연립부등식 $\begin{cases} 5-2x<8-x \\ 2(x-3)<x-a \end{cases}$ 의 해가 $-3<x<2$일 때, 상수 a의 값은?

① $\dfrac{1}{4}$ ② $\dfrac{1}{2}$ ③ 1   ④ 2   ⑤ 4

12 연립부등식 $\begin{cases} 2(2x+1)<2x+3 \\ \dfrac{1}{4}(x-2)\le\dfrac{2}{3}x+1 \end{cases}$ 을 만족하는 정수 x의 최댓값을 M, 최솟값을 m이라 할 때, $M-m$의 값은?

① 1   ② 2   ③ 3   ④ 4   ⑤ 5

13 자연수 x를 3배하여 5를 뺀 것은 x를 $\dfrac{3}{5}$배하여 4를 더한 것보다 크고, 50보다는 작다고 한다. 이를 만족하는 자연수 x 중에서 3의 배수인 것의 개수는?

① 1개   ② 2개   ③ 3개   ④ 4개   ⑤ 5개

주관식 [각 7점]

14 연립방정식 $\begin{cases} 5(x-1)+4y=13 \\ x-2=\dfrac{4}{3}(y+4) \end{cases}$ 의 해가 $x=a$, $y=b$일 때, $a+4b$의 값을 구하여라.

15 다음 두 연립방정식의 해가 같을 때, 상수 a, b의 값을 구하여라.

$$\begin{cases} 2x-y=a \\ 3x+2y=7 \end{cases} \qquad \begin{cases} 5x+by=4 \\ -x+2y=3 \end{cases}$$

16 부등식 $2x-1 \le \dfrac{1}{5}(2x+3) < \dfrac{1}{2}(x+2)$를 만족하는 정수 x의 개수를 구하여라.

17 연립부등식 $\begin{cases} 2x-a \le 3x-4 \\ \dfrac{1}{3}x-1 < 3-\dfrac{2}{3}x \end{cases}$ 를 만족하는 정수 x의 개수가 3개일 때, 상수 a의 값의 범위를 구하여라.

18 부등식 $-3x+1 < -5$의 해는 $x>a$이고, 부등식 $2x-1 \le x-\dfrac{1}{3}$의 해는 $x \le b$일 때, 연립부등식 $\begin{cases} ax+b>0 \\ bx-a \le 0 \end{cases}$ 을 풀어라. (단, 풀이 과정을 자세히 써라.) [7점]

III

일차함수

1 일차함수의 뜻

01 함수 $y=f(x)$에서 $y=ax+b$ (a, b는 상수, $a\neq0$)와 같이 y가 x에 대한 일차식으로 나타낼 때, 이 함수를 x에 대한 [   ]라고 한다.

[02~17] 다음 중 일차함수인 것은 ○, 일차함수가 아닌 것은 ×를 표시하여라.

02 $y=x-5$ （   ）

03 $y=x(x-1)$ （   ）

04 $y=2$ （   ）

05 $y=\dfrac{1}{x}$ （   ）

06 $y=\dfrac{1}{3}x+5$ （   ）

07 $y=2(x-3)$ （   ）

08 $y=-5$ （   ）

09 $y=1.5x$ （   ）

10 $y=\dfrac{2}{x}+1$ （   ）

11 $y+5=\dfrac{2}{3}x$ （   ）

12 $y=2(x-10)$ （   ）

13 $xy=3$ （   ）

14 $y=\dfrac{x-1}{3}$ （   ）

15 $y=\dfrac{x}{2}+(x-3)$ （   ）

16 $y-5=x^2$ （   ）

17 $x+y=5$ （   ）

[18~23] 다음 문장에서 y를 x에 대한 식으로 나타내고, 일차함수인 것은 ○, 일차함수가 아닌 것은 ×를 표시하여라.

18 한 변의 길이가 $x\,\text{cm}$인 정삼각형의 둘레의 길이는 $y\,\text{cm}$이다.

19 밑변의 길이와 높이가 모두 $x\,\text{cm}$인 삼각형의 넓이는 $y\,\text{cm}^2$이다.

20 시속 $60\,\text{km}$의 속력으로 달리는 자동차가 x시간 동안 달린 거리는 $y\,\text{km}$이다.

21 한 변의 길이가 $x\,\text{cm}$인 정사각형의 둘레의 길이는 $y\,\text{cm}$이다.

22 반지름의 길이가 $x\,\text{cm}$인 원의 넓이는 $y\,\text{cm}^2$이다.

23 가로의 길이가 $5\,\text{cm}$, 세로의 길이가 $x\,\text{cm}$인 직사각형의 넓이는 $y\,\text{cm}^2$이다.

2 일차함수 $y=ax+b$의 그래프

24 한 도형을 일정한 방향으로 일정한 거리만큼 이동하는 것을 ☐이라고 한다.

25 일차함수 $y=ax+b\,(a\neq 0)$의 그래프는 일차함수 $y=ax$의 그래프를 ☐의 방향으로 ☐만큼 평행이동한 직선이다.

[26~28] 다음 ☐ 안에 알맞은 수를 써넣어라.

26 일차함수 $y=2x+5$의 그래프는 일차함수 $y=2x$의 그래프를 y축의 방향으로 ☐만큼 평행이동한 직선이다.

27 일차함수 $y=-3x+\dfrac{3}{2}$의 그래프는 일차함수 $y=-3x$의 그래프를 y축의 방향으로 ☐만큼 평행이동한 직선이다.

28 일차함수 $y=-4x(x+8)$의 그래프는 일차함수 $y=-4x$의 그래프를 y축의 방향으로 ☐만큼 평행이동한 직선이다.

29 다음 그림에서 직선 l은 일차함수 $y=2x$의 그래프이다. 직선 (ㄱ), (ㄴ)은 일차함수 $y=2x$의 그래프를 y축의 방향으로 얼마만큼 평행이동한 것인지 구하여라.

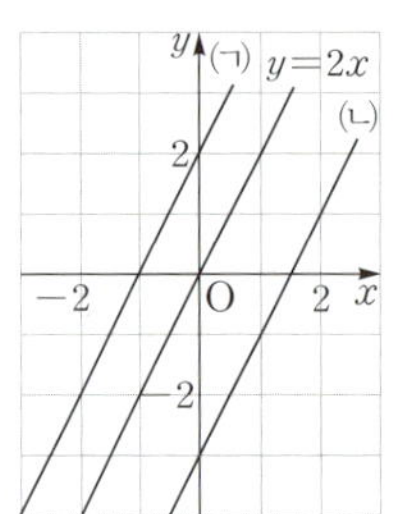

[30~31] 일차함수 $y=-\dfrac{1}{2}x$의 그래프가 다음 그림과 같을 때, 평행이동을 이용하여 주어진 일차함수의 그래프를 좌표평면 위에 그려라.

30 $y=-\dfrac{1}{2}x+1$ **31** $y=-\dfrac{1}{2}x-2$

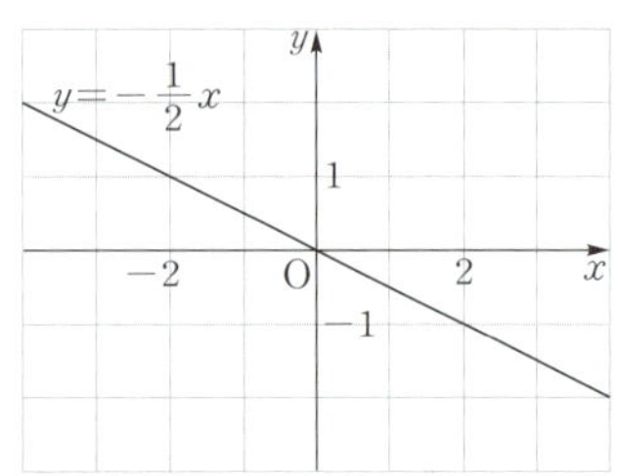

[32~35] 다음 일차함수의 그래프를 y축의 방향으로 [ ] 안의 수만큼 평행이동한 직선을 그래프로 하는 일차함수의 식을 구하여라.

32 $y=-3x$ [1]

33 $y=3x$ [-5]

34 $y=-2x$ [-3]

35 $y=\dfrac{2}{3}x$ [3]

36 일차함수 $y=2x-3$의 그래프를 y축의 방향으로 $\boxed{}$ 만큼 평행이동하면 $y=2x+5$의 그래프가 된다.

[37~40] 다음 일차함수의 그래프가 [ ] 안의 점을 지나면 ○, 지나지 않으면 ×를 표시하여라.

37 $y=x-4$ [(0, 4)] (   )

38 $y=-2x+\dfrac{5}{2}$ $\left[\left(-\dfrac{1}{2},\ \dfrac{7}{2}\right)\right]$ (   )

39 $y=3x+4$ [(-1, 1)] (   )

40 $y=-\dfrac{1}{3}x-2$ [(3, 3)] (   )

41 일차함수 $y=-2x+5$의 그래프가 점 $(1,\ k)$를 지날 때, k의 값을 구하여라.

42 일차함수 $y=3x+a$의 그래프가 점 $(1,\ 5)$를 지날 때, a의 값을 구하여라.

3 일차함수의 그래프의 x절편과 y절편

43 함수의 그래프가 x축과 만나는 점의 x좌표를 그 그래프의 □□□□, y축과 만나는 점의 y좌표를 그 그래프의 □□□□이라고 한다.

44 일차함수 $y=ax+b$의 그래프의 x절편은 □□□, y절편은 □□□이다.

[45~48] 오른쪽 그림의 일차함수의 그래프에 대하여 다음을 구하여라.

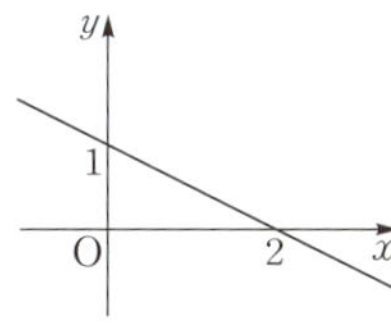

45 x축과의 교점의 좌표

46 y축과의 교점의 좌표

47 x절편

48 y절편

[49~51] x축 및 y축과 만나는 점의 좌표가 다음과 같은 일차함수의 그래프의 x절편과 y절편을 구하여라.

49 $(2,\,0),\,(0,\,-3)$

50 $(-1,\,0),\,(0,\,5)$

51 $(-3,\,0),\,(0,\,-6)$

[52~55] 다음 일차함수의 그래프의 x절편과 y절편을 구하여라.

52 $y=-2x+6$

53 $y=\dfrac{4}{5}x+\dfrac{1}{2}$

54 $y=-\dfrac{3}{4}x-1$

55 $y=2(x-3)$

4 일차함수의 그래프의 기울기

56 일차함수 $y=ax+b$에서 x의 값의 증가량에 대한 y의 값의 증가량의 비율을 나타내는 x의 계수 a를 일차함수 $y=ax+b$의 그래프의 □□□□라고 한다.

57 일차함수 $y=-\dfrac{3}{2}x+2$의 그래프의 기울기는 □□이다. 이것은 x의 값이 2만큼 증가할 때, y의 값은 □□만큼 증가한다는 뜻이다.

[58~60] 다음 일차함수의 그래프의 기울기를 구하여라.

58 $y=-5x+3$

59 $y=\dfrac{2}{3}x-4$

60 $y=-\dfrac{3}{4}x+2$

[61~63] 다음 일차함수의 그래프에서 x의 값의 증가량의 4일 때, y의 값의 증가량을 구하여라.

61 $y=-3x+4$

62 $y=2x-10$

63 $y=\dfrac{1}{2}x+3$

[64~66] 다음 두 점을 지나는 일차함수의 그래프의 기울기를 구하여라.

64 $(2,\ 0),\ (5,\ 3)$

65 $(3,\ 0),\ (0,\ 3)$

66 $(2,\ 3),\ (4,\ -5)$

---

5 일차함수의 그래프 그리기

67 일차함수 $y=2x+1$ 의 그래프는 두 점 $(1,\ \square),(\square,\ -1)$ 을 지나므로 오른쪽 그림과 같다.

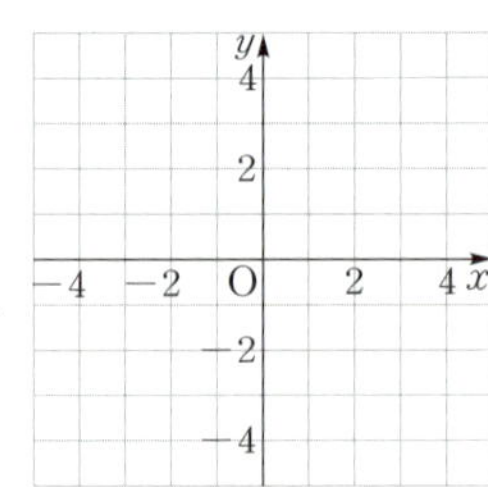

68 일차함수 $y=-2x-1$의 그래프는 두 점 $(1,\ \square),(-1,\ \square)$ 을 지나므로 오른쪽 그림과 같다.

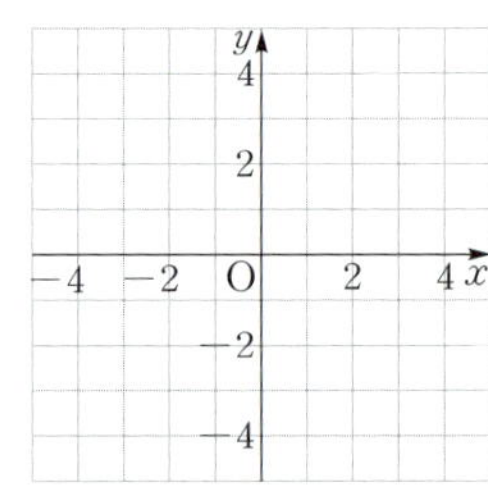

69 일차함수 $y=-x+3$의 그래프의 x절편은 $\square$, y절편은 $\square$이므로 그래프는 오른쪽 그림과 같다.

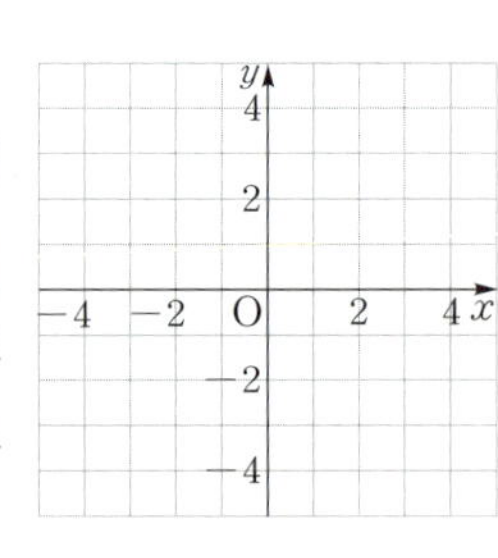

70 일차함수 $y=\dfrac{3}{2}x-3$ 의 그래프의 x절편은 $\square$, y절편은 $\square$이므로 그래프는 오른쪽 그림과 같다.

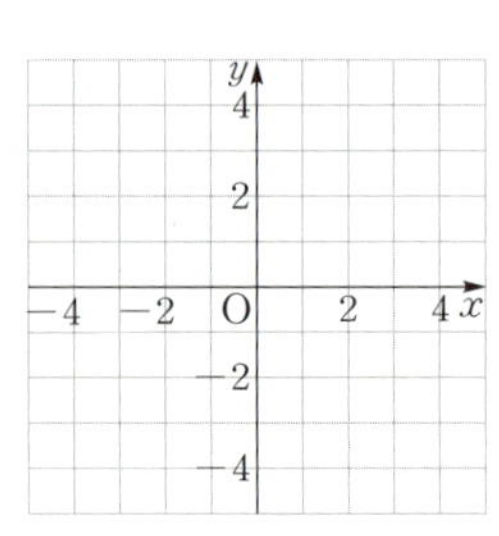

[71~72] 다음 일차함수의 그래프의 기울기와 y절편을 각각 구하고, 이를 이용하여 그래프를 그려라.

71 $y=3x-2$

기울기 : ☐ ,

y절편 : ☐

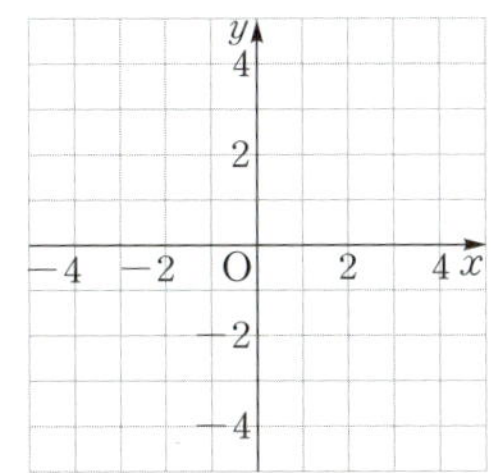

72 $y=-\dfrac{2}{3}x+1$

기울기 : ☐ ,

y절편 : ☐

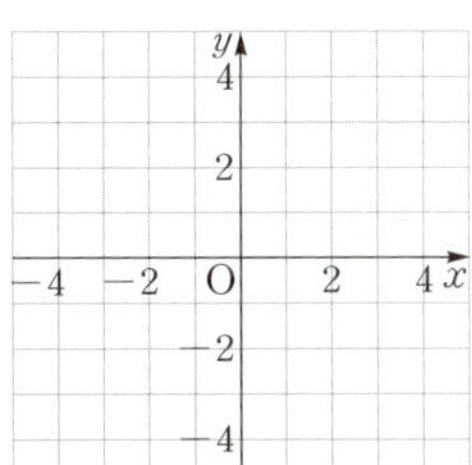

6 일차함수의 그래프의 성질

73 일차함수 $y=ax+b$의 그래프는 ☐ 이면 오른쪽 위로 향하는 직선이고, ☐ 이면 오른쪽 아래로 향하는 직선이다.

74 기울기가 같은 두 일차함수의 그래프는 ☐ 하거나 ☐ 한다. 또, 평행한 두 일차함수의 그래프의 기울기는 같다.

75 다음 일차함수의 그래프 중에서 서로 평행한 것끼리 짝지어라.

> (ㄱ) $y=x+2$　　　(ㄴ) $y=-2x$
>
> (ㄷ) $y=\dfrac{1}{2}x-2$　　(ㄹ) $y=x-3$
>
> (ㅁ) $y=-2x+5$　　(ㅂ) $y=\dfrac{1}{2}x+6$

76 다음 일차함수의 그래프 중에서 서로 평행한 것끼리 짝지어라.

> (ㄱ) $y=3x+2$　　　(ㄴ) $y=-3x-1$
>
> (ㄷ) $y=3x-1$　　　(ㄹ) $y=0.1x+3$
>
> (ㅁ) $y=-3x+10$　　(ㅂ) $y=\dfrac{2}{3}x-1$

7 일차함수의 활용

77 다음은 주어진 문제를 일차함수를 활용하여 해결하는 과정이다. ☐ 안에 알맞은 것을 써넣어라.

> 길이가 25 cm인 양초가 있다. 불을 붙이면 10분마다 4 cm씩 짧아진다고 한다. 몇 분 후에 양초의 길이가 5 cm가 되는지 구하여라.
>
> **[풀이]** 양초가 10분에 4 cm씩 짧아지므로 1분에 ☐ cm씩 짧아진다. 즉, x분 후에는 ☐ cm 짧아지므로 x분 후의 양초의 길이를 y cm라고 하면
>
> $y=$ ☐ 　　…… ㉠
>
> 양초의 길이가 5 cm가 되어야 하므로 $y=5$를 ㉠의 식에 대입하면
>
> $x=$ ☐
>
> 따라서 ☐ 분 후에 양초의 길이가 5 cm가 된다.

01 다음 중 일차함수인 것을 모두 고르면?

(정답 2개)

① $\dfrac{x}{3}-y=1$ 　　② $y=x(x+1)$

③ $xy=5$ 　　④ $y+2x=2(x+1)$

⑤ $y=3-0.2x$

02 다음 중 y가 x에 대한 일차함수가 <u>아닌</u> 것을 모두 고르면?

① 하루 중 낮의 길이를 x시간이라 하면 밤의 길이는 y시간이다.

② 밑변의 길이가 $x\,\mathrm{cm}$, 높이가 $y\,\mathrm{cm}$인 삼각형의 넓이는 $6\,\mathrm{cm}^2$이다.

③ 한 변의 길이가 $x\,\mathrm{cm}$인 정사각형의 넓이는 $y\,\mathrm{cm}^2$이다.

④ 500원짜리 사탕 x개와 1000원짜리 과자 y개의 값은 10000원이다.

⑤ 농도가 $20\,\%$인 소금물 $x\,\mathrm{g}$ 속에 들어 있는 소금의 양은 $y\,\mathrm{g}$이다.

03 다음 중 일차함수 $y=2x$의 그래프 위에 있는 점의 개수를 구하여라.

$$(-1,\ 2)\qquad (0,\ 0)\qquad (-2,\ -4)$$
$$(2,\ 4)\qquad (-3,\ 6)$$

04 일차함수 $y=ax\,(a\neq0)$의 그래프에 대한 설명이 옳지 <u>않은</u> 것은?

① 원점을 지난다.

② 직선이다.

③ 점 $(1,\ a)$를 지난다.

④ $a>0$이면 제 1, 3사분면을 지난다.

⑤ 점 $(-a,\ -1)$을 지난다.

05 일차함수 $y=-2x$의 그래프를 y축의 방향으로 k만큼 평행이동하였더니 점 $(2,\ 1)$을 지났다. 이때 k의 값을 구하여라.

06 다음 중 일차함수 $y=3x-2$의 그래프 위에 있는 점은?

①$(1,\ -1)$ ②$(2,\ 3)$
③$(-1,\ -3)$ ④$(-2,\ -5)$
⑤$(0,\ -2)$

07 일차함수 $y=2x$의 그래프를 y축의 방향으로 -4만큼 평행이동한 그래프의 x절편과 y절편을 각각 구하여라.

08 일차함수 $y=ax+6$의 그래프의 x절편이 -3일 때, 상수 a의 값을 구하여라.

09 일차함수 $y=-\dfrac{2}{3}x+1$의 그래프는 두 점 $(m,\ 0),\ (0,\ n)$을 지난다. 이때 $m+n$의 값을 구하여라.

10 일차함수 $y=\dfrac{1}{3}x+2$의 그래프에서 x의 값이 -3에서 6까지 증가할 때, y의 값의 증가량을 구하여라

11 두 일차함수 $y=-2x+3$과 $y=ax+5$의 그래프가 평행할 때, 상수 a의 값을 구하여라.

12 일차함수 $y=ax+5$의 그래프가 점 $(2,\ -1)$을 지날 때, 이 그래프의 기울기를 구하여라.

13 일차함수 $y=ax+b$의 그래프에서 x의 값이 2만큼 증가할 때, y의 값은 -8만큼 증가한다. 이때 a의 값을 구하여라.

14 오른쪽 그림은 일차함수 $y=ax+b$의 그래프이다. 이 그래프와 일차함수 $y=mx+1$의 그래프가 평행할 때, m의 값을 구하여라.

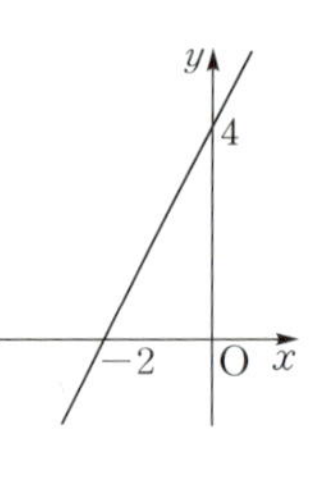

15 오른쪽 그림의 그래프에서 기울기를 a, x절편을 b, y절편을 c라 할 때, a, b, c의 값을 각각 구하여라.

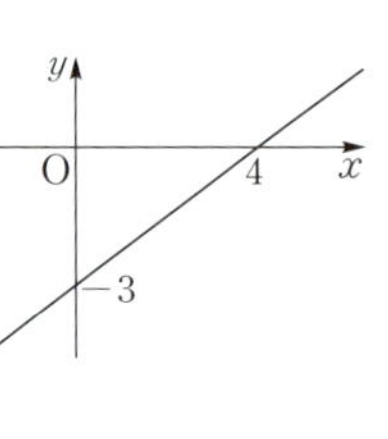

16 일차함수 $y=2x+1$의 그래프를 y축의 방향으로 5만큼 평행이동한 그래프의 식은 ☐이고, $y=2x+1$의 그래프를 y축의 방향으로 -2만큼 평행이동한 그래프의 식은 ☐이다.

17 일차함수 $y=-3x$의 그래프를 y축의 방향으로 6만큼 평행이동한 그래프가 x축과 만나는 점의 좌표가 $(a,\ b)$, y축과 만나는 점의 좌표가 $(c,\ d)$일 때, $a+b+c+d$의 값을 구하여라.

18 일차함수 $y=-2x+b$의 그래프의 x절편이 2일 때, y절편을 구하여라.

19 다음 일차함수의 그래프 중에서 x의 값이 증가할 때 y의 값도 증가하는 것을 모두 골라 그 기호를 써라.

> (ㄱ) $y=x-5$　　　　(ㄴ) $y=-x+1$
> (ㄷ) $y=-\dfrac{1}{2}x-3$　　(ㄹ) $y=\dfrac{3}{4}x+\dfrac{1}{4}$
> (ㅁ) $y=3x+2$　　　(ㅂ) $y=-0.5x-3$

Step 3 실력완성

01 다음 중 y가 x에 대한 일차함수인 것을 모두 고르면? (정답 2개)

① 반지름의 길이가 $x\,\mathrm{cm}$인 원의 둘레의 길이는 $y\,\mathrm{cm}$이다.

② 한 모서리의 길이가 $x\,\mathrm{cm}$인 정육면체의 겉넓이는 $y\,\mathrm{cm}^2$이다.

③ 시속 $80\,\mathrm{km}$인 자동차가 x시간 동안 달린 거리는 $y\,\mathrm{km}$이다.

④ 밑변의 길이가 $x\,\mathrm{cm}$, 높이가 $y\,\mathrm{cm}$인 평행사변형의 넓이는 $90\,\mathrm{cm}^2$이다.

⑤ 둘레의 길이가 $20\,\mathrm{cm}$인 직사각형의 가로의 길이가 $x\,\mathrm{cm}$일 때, 넓이는 $y\,\mathrm{cm}^2$이다.

02 일차함수 $y=3x+b$의 그래프를 y축의 방향으로 -3만큼 평행이동하였더니 일차함수 $y=ax-1$의 그래프와 일치하였다. 이때 상수 a, b에 대하여, $a+b$의 값은?

① -5 ② -3
③ 1 ④ 3
⑤ 5

03 일차함수 $y=2x+b$의 그래프를 y축의 방향으로 3만큼 평행이동하였더니 일차함수 $y=2x-2$의 그래프와 일치하였다. 일차함수 $y=2x+b$의 그래프를 y축의 방향으로 -5만큼 평행이동한 직선을 그래프로 하는 일차함수의 식은?

① $y=2x$ ② $y=2x+5$
③ $y=2x+10$ ④ $y=2x-5$
⑤ $y=2x-10$

04 일차함수 $y=ax+b$의 그래프가 두 점 $(2,\ 3)$, $(4,\ -1)$을 지날 때, 상수 a, b에 대하여 $a+b$의 값을 구하여라.

05 일차함수 $y=\dfrac{1}{2}x+b$의 그래프가 두 점 $(2,\ 4)$, $(-2,\ m)$을 지날 때, m의 값을 구하여라.

06 일차함수 $y=-2x+4$의 그래프를 y축의 방향으로 a만큼 평행이동하면 점 $(2,\ 5)$를 지난다. 이때 상수 a의 값은?

① -3 ② -1

③ 1 ④ 3

⑤ 5

서술형

07 일차함수 $y=\dfrac{k}{3}x+1$의 그래프를 y축의 방향으로 m만큼 평행이동한 그래프는 두 점 $(6,\ 0)$, $(9,\ 1)$을 지난다. 이때 $k+m$의 값을 구하여라.

(단, 풀이 과정을 자세히 써라.)

08 일차함수 $y=\dfrac{1}{3}x-2$의 그래프의 x절편을 a, y절편을 b라고 할 때, $a+b$의 값은?

① -4 ② -2

③ 0 ④ 2

⑤ 4

09 일차함수 $y=-\dfrac{1}{3}x+b$의 그래프가 점 $(6,\ 1)$을 지날 때, 이 그래프의 y절편은?

① 1 ② 2

③ 3 ④ 4

⑤ 5

10 다음 일차함수의 그래프 중 x절편과 y절편의 값이 같은 것은?

① $y=4x+4$ ② $y=2x+2$

③ $y=2x-2$ ④ $y=x+2$

⑤ $y=-x+2$

11 일차함수 $y=-2x+8$의 그래프와 x축 및 y축으로 둘러싸인 도형의 넓이는?

① 8 ② 16

③ 24 ④ 32

⑤ 40

12 일차함수 $y=-3x+40$의 그래프에서 x의 값이 1만큼 증가할 때, y의 값의 증가량은?

① -40　　② -3
③ 1　　④ 3
⑤ 40

13 일차함수 $y=ax+b$의 그래프에서 x의 값이 2만큼 증가할 때, y의 값은 -6만큼 증가한다. x의 값이 3만큼 증가할 때, y의 값의 증가량은?

① 6만큼 증가　　② 6만큼 감소
③ 9만큼 증가　　④ 9만큼 감소
⑤ -12만큼 증가

17 두 점 $(-2,\ 3),\ (3,\ k)$를 지나는 일차함수의 그래프의 기울기가 2일 때, k의 값을 구하여라.

18 x절편이 -4, y절편이 3인 직선을 그래프로 하는 일차함수의 그래프의 기울기를 구하여라.

19 세 점 $(-2,\ -8),\ (3,\ 2),\ (4,\ k)$가 한 직선 위에 있을 때, k의 값은?

① -4　　② -2
③ 1　　④ 2
⑤ 4

20 두 점 $(-1,\ -7),\ (3,\ 1)$을 지나는 일차함수의 그래프 위에 점 $(a,\ a-1)$이 있을 때, a의 값은?

① 1　　② 2
③ 3　　④ 4
⑤ 5

21 일차함수 $y=ax-2$의 그래프가 점 $(-1,\ 3)$을 지난다. 이때 이 그래프는 다음 중 어느 점을 지나는가?

① $(3,\ -12)$ ② $(2,\ 12)$
③ $(-3,\ 13)$ ④ $(5,\ 15)$
⑤ $(6,\ 12)$

22 오른쪽 그림은 일차함수 $y=ax+b$의 그래프이다. 다음중 옳은 것을 모두 골라 그 기호를 써라.

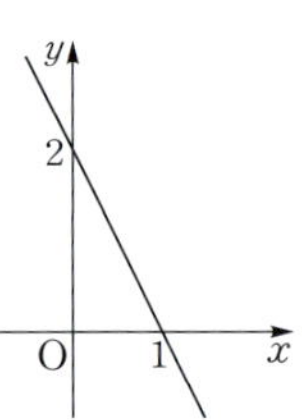

> (ㄱ) 기울기는 2　　(ㄴ) x절편은 1
> (ㄷ) y절편은 2　　(ㄹ) $a+b=0$

서술형

23 일차함수 $y=ax+3$의 그래프가 점 $(2,\ 4)$를 지날 때, 이 함수의 그래프의 기울기는 l이고, y절편은 m이다. 또, 이 그래프는 점 $(n,\ 5)$를 지난다. 이때 lmn의 값을 구하여라. (단, 풀이 과정을 자세히 써라.)

24 일차함수 $y=ax+b$의 그래프는 일차함수 $y=-\dfrac{1}{2}x+1$의 그래프와 x축 위에서 만나고, 일차함수 $y=3x-2$의 그래프와 y축 위에서 만난다. 이때 ab의 값은?

① -2 ② -1
③ 0 ④ 1
⑤ 2

25 다음 중 일차함수 $y=-\dfrac{2}{3}x+4$의 그래프는?

① 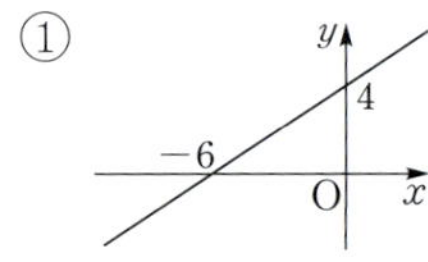　② 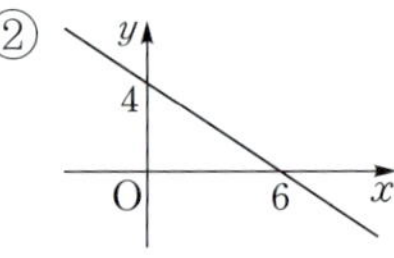

③ 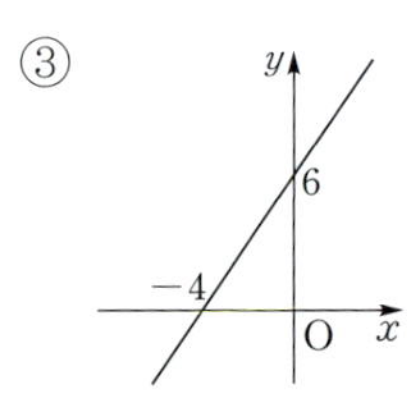　④ 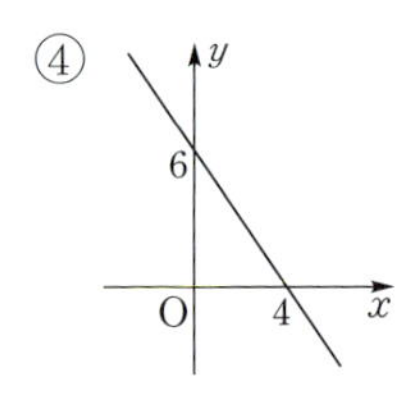

⑤ 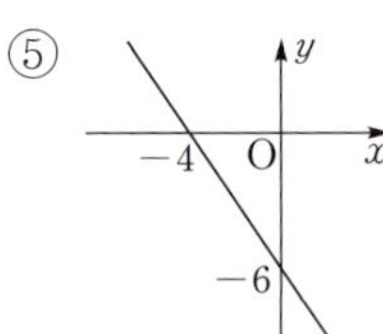

26 다음 일차함수 중 그 그래프가 제2사분면을 지나지 <u>않는</u> 것은?

① $y=2x+3$ 　② $y=3x-2$

③ $y=-x-1$ 　④ $y=-4x+1$

⑤ $y=5x+1$

27 오른쪽 그림은 일차함수 $y=ax-b$의 그래프이다. a, b의 부호를 바르게 나타낸 것은?

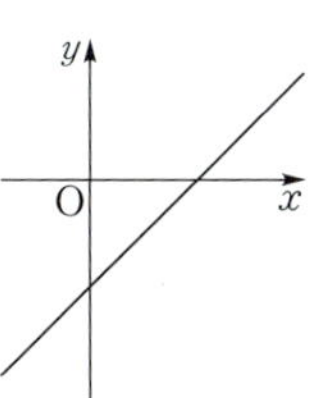

① $a>0$, $b>0$

② $a>0$, $b<0$

③ $a<0$, $b>0$

④ $a<0$, $b<0$

⑤ $a<0$, $b=0$

28 일차함수 $y=(2k-1)x+k$의 그래프가 제3 사분면을 지나지 않을 때 상수 k의 값의 범위를 구하여라. (단, 풀이 과정을 자세히 써라.)

29 두 일차함수 $y=(2k-3)x+2$와 $y=(k-1)x-1$의 그래프가 서로 평행할 때, 상수 k의 값은?

① 1 　② 2

③ 3 　④ 4

⑤ 5

30 다음 중 일차함수 $y=3x-\dfrac{1}{2}$의 그래프에 대한 설명으로 옳지 <u>않은</u> 것은?

① x축과 만나는 점의 좌표는 $\left(\dfrac{1}{6},\ 0\right)$이다.

② 일차함수 $y=3x+2$의 그래프와 평행하다.

③ x의 값이 1만큼 증가할 때, y의 값은 3만큼 감소한다.

④ $y=3x$의 그래프를 y축의 방향으로 $-\dfrac{1}{2}$만큼 평행이동한 것이다.

⑤ 제1, 3, 4분면을 지난다.

31 기울기가 $\dfrac{1}{2}$이고, y절편이 -4인 일차함수의 그래프가 점 $(4a,\ a+5)$를 지날 때, a의 값을 구하여라.

32 일차함수 $y=ax+5$의 그래프는 일차함수 $y=3x+2$의 그래프와 평행하고, 점 $(1,\ b)$를 지난다. 이때 $a+b$의 값은?

① 8 ② 9
③ 10 ④ 11
⑤ 12

33 두 점 $(-2,\ 2),\ (2,\ 6)$을 지나는 직선을 그래프로 하는 일차함수의 식은?

① $y=x-4$ ② $y=x+4$
③ $y=-x-4$ ④ $y=-x+4$
⑤ $y=4x+4$

34 일차함수 $y=ax+b$의 그래프의 x절편이 -3, y절편이 2일 때, 상수 $a,\ b$에 대하여 ab의 값은?

① $-\dfrac{4}{3}$ ② $-\dfrac{2}{3}$
③ $\dfrac{1}{3}$ ④ $\dfrac{2}{3}$
⑤ $\dfrac{4}{3}$

35 두 점 $(-6,\ -3),\ (3,\ 3)$을 지나는 일차함수의 그래프에 대한 설명으로 옳지 <u>않은</u> 것은?

① x절편은 $-\dfrac{3}{2}$이다.

② 점 $\left(-1,\ \dfrac{1}{3}\right)$을 지난다.

③ $y=\dfrac{2}{3}x$의 그래프와 평행하다.

④ x의 값이 3만큼 증가할 때, y의 값은 2만큼 감소한다.

⑤ $y=\dfrac{2}{3}x$의 그래프를 y축의 방향으로 1만큼 평행이동한 것이다.

36 일차함수 $y=ax-b$의 그래프의 x절편이 3, y절편이 6이다. ab를 기울기, $a-b$를 y절편으로 하는 일차함수의 그래프의 x절편을 구하여라.

서술형

37 두 점 $(2,\ 3),\ (-3,\ 6)$을 지나는 일차함수의 그래프와 평행하고, 점 $(-2,\ 4)$를 지나는 일차함수의 식을 구하여라.

(단, 풀이 과정을 자세히 써라.)

유형 01

세 점 $(1, 1)$, $(-2, 6)$, $(a, 16)$이 한 직선 위에 있을 때, a의 값을 구하여라.

해결포인트 세 점이 한 직선 위에 있을 때, 세 점 중 어떤 두 점을 택해도 기울기가 같다.

유형 02

$ab > 0$, $ac < 0$일 때, 일차함수 $y = \dfrac{b}{a}x + \dfrac{c}{b}$ 의 그래프가 지나지 <u>않는</u> 사분면을 말하여라.

해결포인트 일차함수 $y = ax + b$의 그래프에서

$\begin{cases} a > 0 \Rightarrow \text{오른쪽 위로 향한다.} \\ a < 0 \Rightarrow \text{오른쪽 아래로 향한다.} \end{cases}$

$\begin{cases} b > 0 \Rightarrow y\text{축과 양의 부분에서 만난다.} \\ b < 0 \Rightarrow y\text{축과 음의 부분에서 만난다.} \end{cases}$

확인문제 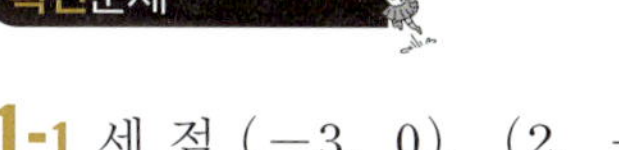

1-1 세 점 $(-3, 0)$, $(2, -4)$, $(a, -8)$이 한 직선 위에 있을 때, a의 값을 구하여라.

1-2 두 점 $(-3, -2)$, $(1, 6)$을 지나는 직선 위에 점 $(2m, 3m-1)$이 있을 때, m의 값을 구하여라.

확인문제 

2-1 일차함수 $y = -\dfrac{1}{b}x - \dfrac{c}{b}$ 의 그래프가 오른쪽 그림과 같을 때, b, c의 부호를 정하여라.

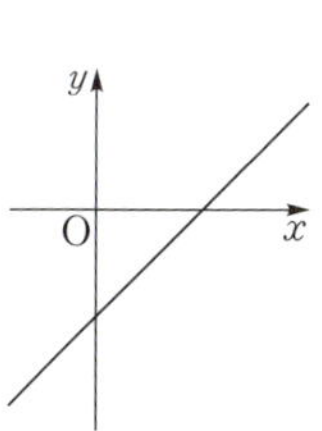

2-2 일차함수 $y = ax - b$의 그래프가 오른쪽 그림과 같을 때, $y = bx + \dfrac{b}{a}$의 그래프가 지나는 사분면을 모두 말하여라.

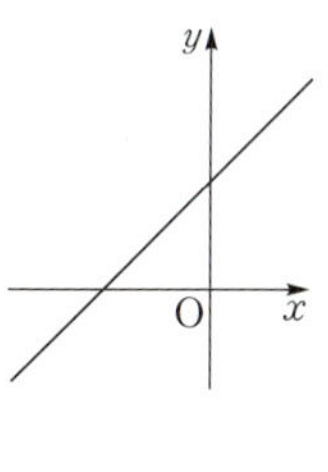

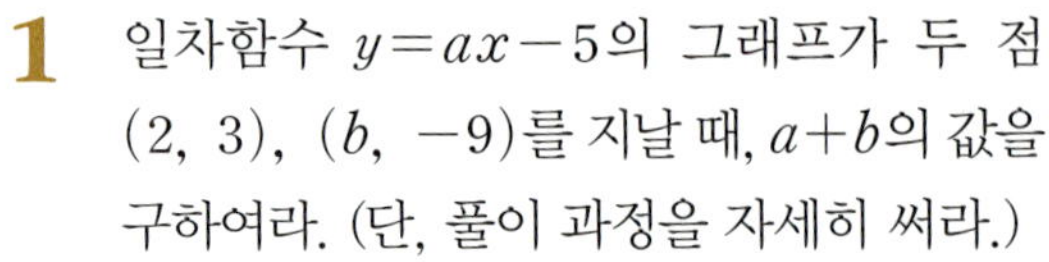

1 일차함수 $y=ax-5$의 그래프가 두 점 $(2, 3)$, $(b, -9)$를 지날 때, $a+b$의 값을 구하여라. (단, 풀이 과정을 자세히 써라.)

3 일차함수 $y=-\dfrac{2}{3}x+4$의 그래프의 x절편은 a, y절편은 b이고, x의 값이 3만큼 증가할 때 y의 값은 c만큼 증가한다. 이때 $a+b+c$의 값을 구하여라.

(단, 풀이 과정을 자세히 써라.)

2 일차함수 $y=-3x+k$의 그래프를 y축의 방향으로 -2만큼 평행이동하면 점 $(3, 2)$를 지난다. 이때 상수 k의 값을 구하여라.
(단, 풀이 과정을 자세히 써라.)

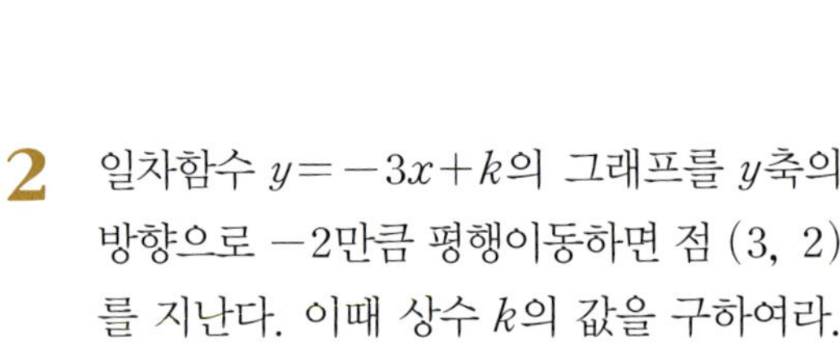

4 일차함수 $y=ax+b$의 그래프는 점 $(3, -1)$을 지나고, x의 값이 2만큼 증가할 때, y의 값은 4만큼 감소한다. 이때 상수 a, b에 대하여 $a+b$의 값을 구하여라.

(단, 풀이 과정을 자세히 써라.)

PART 02 일차함수와 일차방정식의 관계

정답 p. 68

1 일차방정식의 그래프

01 미지수가 2개인 일차방정식 $ax+by+c=0$의 그래프는 일차함수 $y=\boxed{}$의 그래프와 같다.

[02~05] 보기 중에서 다음 일차방정식의 그래프 위에 있는 점을 골라 그 기호를 써라.

┤ 보기 ├
(ㄱ) $(3, 1)$ (ㄴ) $(2, -3)$
(ㄷ) $(-2, 8)$ (ㄹ) $(4, 7)$

02 $2x+y-1=0$

03 $5x+2y-6=0$

04 $3x+2y=11$

05 $4x-3y=-5$

2 일차방정식과 일차함수의 그래프

[06~09] 다음 일차방정식을 $y=ax+b$의 꼴로 나타내어라.

06 $x+5y=10$

07 $2x+y+4=0$

08 $5x+2y-8=0$

09 $\dfrac{x}{2}-\dfrac{y}{3}=1$

[10~13] 다음 일차방정식의 그래프의 기울기, x절편, y절편을 각각 구하여라.

	기울기	x절편	y절편
10 $2x+3y-3=0$			
11 $5x-2y=4$			
12 $\dfrac{x}{2}+\dfrac{y}{3}=1$			
13 $-x+\dfrac{y}{4}=1$			

[14~15] 다음 일차방정식의 그래프의 x절편
과 y절편을 이용하여 그 그래프를 좌표평면
위에 나타내어라.

14 $4x-3y-12=0$

15 $3x+2y=6$

16 x, y의 값의 범위가 수 전체일 때, 일차방정
식 $ax+by+c=0\,(a\neq0,$ 또는 $b\neq0)$을
☐☐☐☐ 이라 한다.

3 일차방정식 $x=p$, $y=q$의 그래프

17 $x=p$의 그래프는 점 (☐, 0)을 지나고,
☐축에 평행한 직선이다.

18 $y=q$의 그래프는 점 (0, ☐)를 지나고,
☐축에 평행한 직선이다.

[19~26] 다음 조건을 만족하는 직선의 방정식
을 구하여라.

19 점 (0, 2)를 지나고 x축에 평행한 직선

20 점 (3, 0)을 지나고 y축에 평행한 직선

21 점 (3, -5)를 지나고 x축에 평행한 직선

22 점 (-4, 3)을 지나고 y축에 평행한 직선

23 점 (2, -4)를 지나고 y축에 수직인 직선

24 점 (10, 7)을 지나고 x축에 수직인 직선

25 두 점 (1, -3), (4, -3)를 지나는 직선

26 두 점 (-2, -3), (-2, 7)을 지나는 직선

[27~30] 각 일차방정식의 그래프를 다음 그림
에서 골라 기호를 써라.

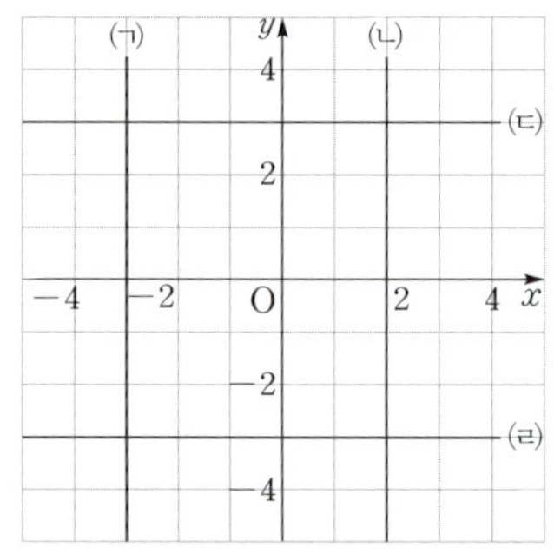

27 $x=2$ **28** $y=-3$

29 $2x+6=0$ **30** $4y=12$

4 연립방정식의 해와 그래프

31 연립일차방정식 $\begin{cases} ax+by+c=0 \\ a'x+b'y+c'=0 \end{cases}$ 의 해는

두 일차방정식 $ax+by+c=0$, $a'x+b'y+c'=0$의 그래프의 [ ]의 좌표와 같다.

[32~33] 다음 연립방정식에서 두 일차방정식의 그래프가 오른쪽 그림과 같을 때, a, b의 값을 각각 구하여라.

32 $\begin{cases} x+y=4 \\ 2x-y=2 \end{cases}$

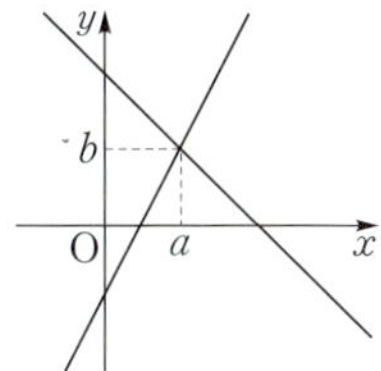

33 $\begin{cases} x+y=-1 \\ 2x+3y=-1 \end{cases}$

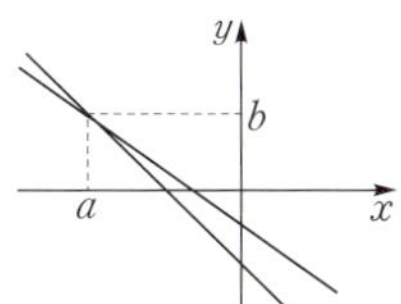

[34~35] 연립방정식의 해를 구하기 위해 두 일차방정식의 그래프를 그렸더니 오른쪽 그림과 같았다. 이때 상수 a, b의 값을 각각 구하여라.

34 $\begin{cases} x-y=a \\ bx-y=1 \end{cases}$

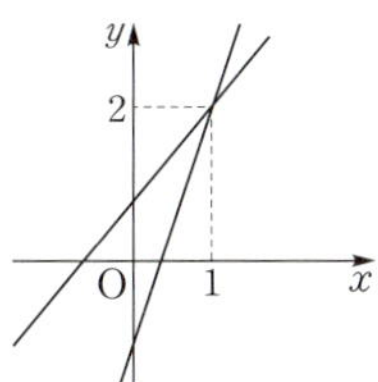

35 $\begin{cases} ax-3y=4 \\ x+y=b \end{cases}$

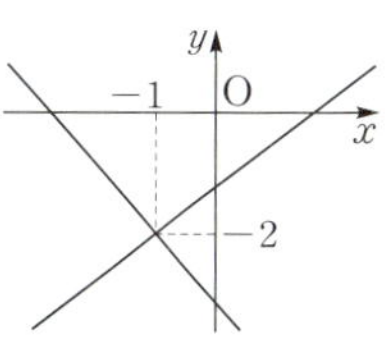

5 연립방정식의 해의 개수와 두 그래프의 위치 관계

36 연립일차방정식을 이루는 두 일차방정식의 그래프가 평행하면 연립방정식의 해는 [ ]. 또, 두 일차방정식의 그래프가 일치하면 연립방정식의 해는 [ ].

[37~39] 보기의 연립방정식 중 다음에 해당하는 것을 모두 골라라.

보기

(ㄱ) $\begin{cases} 2x+y=3 \\ 4x+2y=6 \end{cases}$ (ㄴ) $\begin{cases} 5x+3y=2 \\ 10x+6y=-3 \end{cases}$

(ㄷ) $\begin{cases} 3x+2y=1 \\ 9x-6y=3 \end{cases}$ (ㄹ) $\begin{cases} 8x+4y=6 \\ 6x+3y=4 \end{cases}$

37 한 쌍의 해를 가지는 연립방정식

38 해가 없는 연립방정식

39 해가 무수히 많은 연립방정식

01 일차방정식 $2ax+2by=1$의 그래프가 두 점 $(0,\ 2)$, $(2,\ 0)$을 지날 때, 상수 a, b에 대하여 $a+b$의 값을 구하여라.

02 일차방정식 $ax+by=6$의 그래프의 x절편이 2, y절편이 3일 때, 상수 a, b에 대하여 ab의 값을 구하여라.

03 일차방정식 $ax-y+b=0$의 그래프가 점 $(-1,\ 3)$을 지나고, x절편이 -2일 때, 상수 a, b의 값은?

① $a=2$, $b=3$ ② $a=2$, $b=4$
③ $a=3$, $b=4$ ④ $a=3$, $b=6$
⑤ $a=4$, $b=6$

04 오른쪽 그림의 직선과 평행하고, y절편이 3인 직선의 방정식을 구하여라.

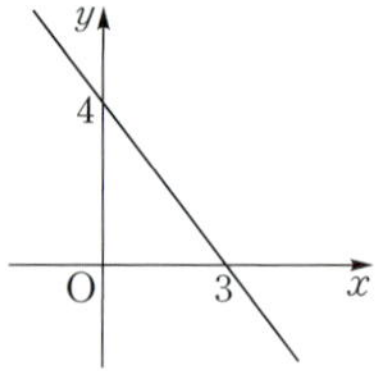

05 일차방정식 $x+ay=6$의 그래프가 점 $(-4,\ 2)$를 지날 때, 상수 a의 값은?

① -5 ② -3
③ 3 ④ 5
⑤ 7

06 점 $(-3,\ -4)$를 지나고 y축에 평행한 직선의 방정식은?

① $y=-3$ ② $y=-4$
③ $x=-3$ ④ $x=-4$
⑤ $4x-3y=0$

07 다음 중 y축에 수직인 직선의 방정식은?

① $4x-12=0$ ② $3y-2=0$

③ $y=2x-1$ ④ $x+y-4=0$

⑤ $y=-\dfrac{8}{x}$

08 네 방정식 $x=4$, $x=-1$, $y=3$, $y=7$의 그래프로 둘러싸인 도형의 넓이는?

① 12   ② 16

③ 20   ④ 24

⑤ 28

09 두 일차방정식 $3x+2y=6$, $x-2y=-2$의 그래프의 교점의 좌표가 $(a,\ b)$일 때, $a-b$의 값을 구하여라.

10 두 직선 $2x+y=1$, $3x-2y=-2$의 교점을 지나고, x축에 평행한 직선의 방정식을 구하여라.

11 연립방정식 $\begin{cases} x+y=2 \\ ax-3y=3 \end{cases}$ 의 해가 없을 때 상수 a의 값은?

① -3 ② -2

③ -1 ④ 2

⑤ 3

12 직선 $y=-x+4$와 x축, y축으로 둘러싸인 도형의 넓이를 구하여라.

01 다음 중 오른쪽 그림과 같은 직선을 그래프로 갖는 일차방정식은?

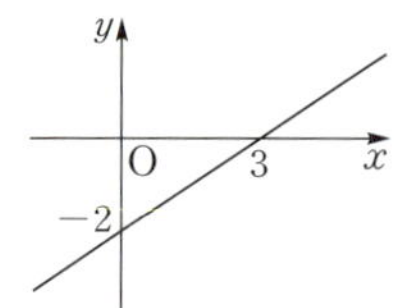

① $2x+3y=6$

② $2x-3y=6$

③ $3x+2y=6$

④ $3x-2y=6$

⑤ $4x+y=6$

02 다음 중 일차방정식 $4x+3y=6$의 그래프에 대한 설명으로 옳지 <u>않은</u> 것은?

① x절편은 $\dfrac{3}{2}$, y절편은 2이다.

② 제 3사분면을 지나지 않는다.

③ 오른쪽 아래로 향하는 직선이다.

④ $y=-\dfrac{4}{3}x+1$의 그래프와 평행하다.

⑤ x의 값이 3만큼 증가할 때, y의 값은 4만큼 증가한다.

03 다음 중 일차함수 $y=-4x+3$의 그래프와 평행한 직선의 방정식은?

① $4x-y+5=0$ ② $-4x+y+8=0$

③ $8x+2y-1=0$ ④ $2x+8y+7=0$

⑤ $3x+9y-5=0$

04 일차방정식 $4x+3y+a=0$의 그래프와 일차함수 $y=bx-1$의 그래프가 일치할 때, 상수 a, b에 대하여 $a+b$의 값을 구하여라.

서술형

05 일차방정식 $ax+y-b+2=0\,(a\neq0)$의 그래프의 기울기가 2이고, y절편이 -3일 때, 상수 a, b에 대하여 ab의 값을 구하여라.

（단, 풀이 과정을 자세히 써라.）

06 두 점 $(3, 0)$, $(0, 4)$를 지나는 직선과 평행하고 점 $(3, 4)$를 지나는 직선의 방정식은?

① $4x+3y+24=0$ ② $4x+3y-24=0$
③ $4x-3y+24=0$ ④ $3x+4y-24=0$
⑤ $3x-4y-24=0$

07 일차방정식 $ax+2y-3=0$의 그래프가 점 $(3, -3)$을 지날 때, 상수 a의 값은?

① -3 ② -1
③ 1 ④ 3
⑤ 4

08 일차방정식 $3x-5y=4$의 그래프가 점 $(3k-4, k)$를 지날 때, k의 값을 구하여라.

09 $a<0$, $b>0$, $c>0$일 때, 일차방정식 $ax+by+c=0$의 그래프가 지나지 <u>않는</u> 사분면은?

① 제1사분면   ② 제2사분면
③ 제3사분면   ④ 제4사분면
⑤ 알 수 없다.

10 일차방정식 $ax+by+c=0$의 그래프가 오른쪽 그림과 같을 때, 다음 중 일차함수 $y=-\dfrac{a}{c}x+\dfrac{b}{a}$의 그래프의 모양으로 바른 것은?

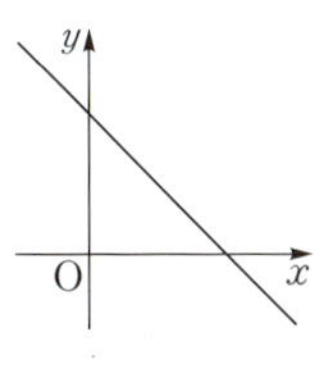

① 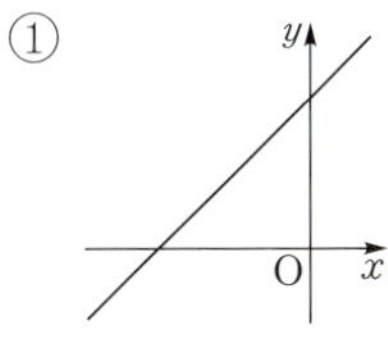 ② 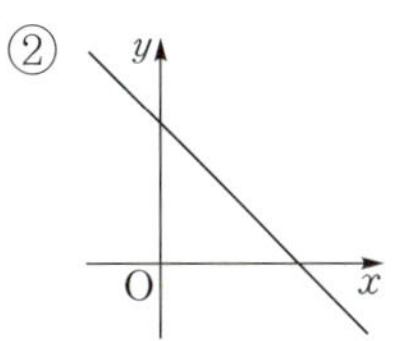

③ 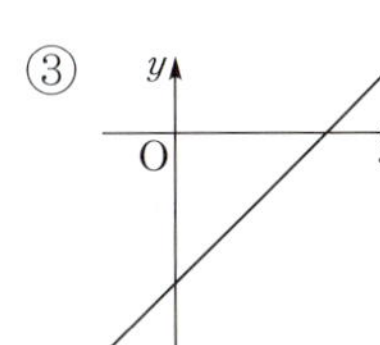 ④ 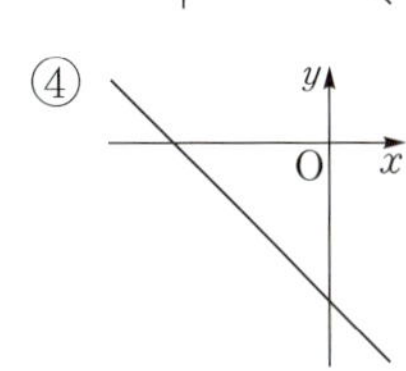

⑤ 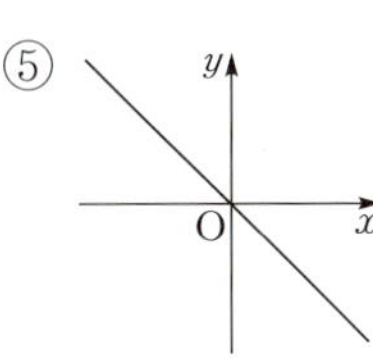

11 일차함수 $y=2x-3$의 그래프와 y축에서 만나고 x축에 평행한 직선의 방정식을 구하여라.

12 두 점 $(2,\ k+3)$, $(5,\ 3k-5)$를 지나는 직선이 x축에 평행할 때, k의 값을 구하여라.

13 네 방정식 $x=p$, $x-3p=0$, $y=-2$, $y-5=0$의 그래프로 둘러싸인 도형의 넓이가 42일 때, 양수 p의 값은?

① 1   ② 3
③ 5   ④ 7
⑤ 9

14 두 일차방정식 $x+y-1=0$, $5x+2y+4=0$의 그래프의 교점이 일차함수 $y=\dfrac{a}{3}x+\dfrac{11}{3}$의 그래프 위에 있을 때, 상수 a의 값은?

① $\dfrac{1}{3}$ ② $\dfrac{1}{2}$
③ 1   ④ 2
⑤ 3

15 두 일차방정식 $4x-y=6$, $ax+y=2$의 그래프의 교점의 좌표가 $(1,\ b)$일 때, 상수 a의 값은?

① -4 ② -2
③ 1   ④ 2
⑤ 4

서술형

16 두 일차방정식 $3x-y-2=0$, $x+ay+6=0$의 그래프가 y축 위에서 만날 때, 상수 a의 값을 구하여라.

(단, 풀이 과정을 자세히 써라.)

17 두 직선 $x-2y=4$, $2x+y=3$의 교점을 지나고, y축에 평행한 직선의 방정식은?

① $x=-1$ ② $x=1$
③ $x=2$ ④ $y=-1$
⑤ $y=2$

18 두 직선 $3x-2y=5$, $y=2x+3$의 교점을 지나고, 직선 $5x-y=10$과 평행한 직선의 방정식은?

① $y=5x+11$ ② $y=5x+19$
③ $y=5x+36$ ④ $y=-5x+36$
⑤ $y=-5x+74$

서술형

19 세 직선 $x+y=1$, $2x-3y=1$, $(a+2)x-ay=4$가 한 점에서 만날 때, 상수 a의 값을 구하여라.

(단, 풀이 과정을 자세히 써라.)

20 연립방정식 $\begin{cases} ax-2y=1 \\ 6x+4y=b \end{cases}$ 의 해가 무수히 많을 때, 상수 a, b에 대하여 ab의 값을 구하여라.

21 연립방정식 $\begin{cases} 2x+3y=1 \\ 6x+ay=5 \end{cases}$ 의 해가 없을 때, 상수 a의 값을 구하여라.

22 두 직선 $ax+2y=2$, $4x-5y=3$의 교점이 존재하지 않을 때, 상수 a의 값은?

① $-\dfrac{8}{5}$ ② $-\dfrac{2}{5}$
③ $\dfrac{2}{5}$ ④ $\dfrac{8}{3}$
⑤ 4

23 오른쪽 그림과 같이 두 직선 $x+y-4=0$, $2x-3y-3=0$과 y축으로 둘러싸인 도형의 넓이를 구하여라.

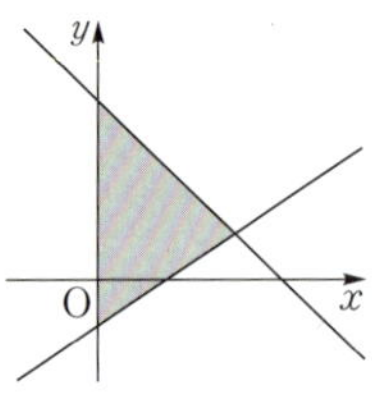

24 세 직선 $x+y=2$, $x+1=0$, $2y+2=0$으로 둘러싸인 도형의 넓이는?

① $\dfrac{9}{2}$ ② 6

③ 8 ④ 12

⑤ 16

25 두 일차함수 $y=\dfrac{4}{3}x+4$, $y=ax+4$의 그래프와 x축으로 둘러싸인 도형의 넓이가 12일 때, 상수 a의 값을 구하여라. (단, $a<0$)

26 두 일차함수 $y=x$, $y=x+3$의 그래프와 직선 $y=3$ 및 x축으로 둘러싸인 도형의 넓이는?

① 3 ② $\dfrac{9}{2}$

③ 6 ④ 9

⑤ 12

27 직선 $y=ax-2$가 두 점 $A(2,\ 1)$, $B(2,\ 4)$를 이은 선분 AB와 만날 때, 상수 a의 값의 범위를 구하여라.

서술형
28 일차방정식 $2x+3y-6=0$의 그래프와 x축, y축으로 둘러싸인 도형을 y축을 축으로 하여 1회전시켰을 때 생기는 입체도형의 부피를 구하여라. (단, 풀이 과정을 자세히 써라.)

29 오른쪽 그림과 같이 직선 $x+ay-4=0$ 과 x축 및 두 직선 $x=-1$, $x=2$로 둘러싸인 사다리꼴의 넓이가 $\dfrac{21}{4}$일 때, 상수 a의 값은?

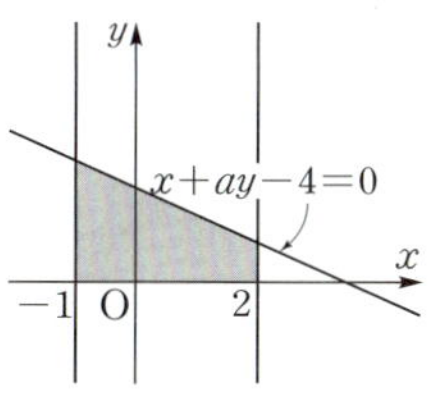

① $\dfrac{1}{3}$
② $\dfrac{1}{2}$
③ 1
④ 2
⑤ 3

30 세 직선 $x+y=0$, $y-2x=0$, $y=a(x-2)$ 가 삼각형을 만들지 않도록 하는 상수 a의 값을 모두 구하여라.

31 오른쪽 그림에서 점 P가 매초 $1\,\mathrm{cm}$의 속력으로 점 B를 출발하여 점 C까지 $\overline{\mathrm{BC}}$ 위를 움직이고 있다. 몇 초 후에 $\triangle\mathrm{ABP}$와 $\triangle\mathrm{DPC}$의 넓이의 합이 $10\,\mathrm{cm}^2$가 되는지 구하여라.

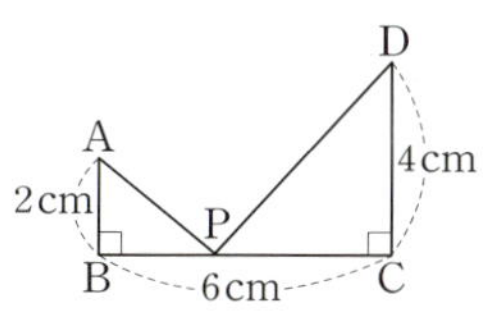

32 오른쪽 그림과 같은 직사각형 ABCD에서 점 P가 점 B를 출발하여 매초 $2\,\mathrm{cm}$의 속력으로 점 C까지 $\overline{\mathrm{BC}}$ 위를 움직이고 있다. 점 P가 점 B를 출발한 지 x초 후의 $\square\mathrm{APCD}$의 넓이를 $y\,\mathrm{cm}^2$라고 하자. 이때 $\square\mathrm{APCD}$의 넓이가 $2500\,\mathrm{cm}^2$가 되는 것은 점 P가 출발한 지 몇 초 후인지 구하여라.

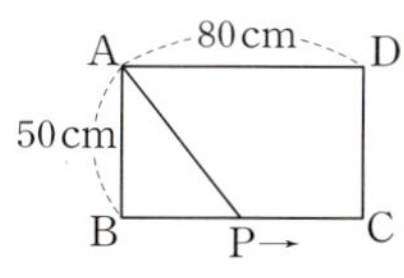

33 $50\,\mathrm{L}$, $40\,\mathrm{L}$의 물이 각각 들어 있는 두 개의 물통 A, B에서 동시에 일정한 속력으로 물을 빼낸다.
위의 그림은 x분 후에 물통 안에 남아 있는 물의 양을 $y\,\mathrm{L}$라고 할 때, x, y 사이의 관계를 그래프로 나타낸 것이다. 두 개의 물통 안에 남아 있는 물의 양이 같아지는 것은 물을 빼내기 시작한 지 몇 분 후인지 구하여라.

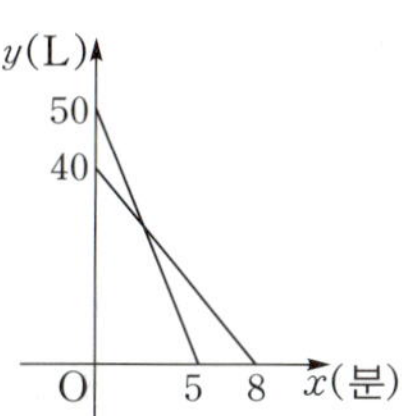

정답 p. 72

유형 01

두 일차방정식 $x-y+2=0$, $ax-y-1=0$ 의 그래프의 교점의 x좌표가 3일 때, 상수 a 의 값을 구하여라.

> **해결포인트** 두 직선 $ax+by+c=0$, $a'x+b'y+c'=0$ 의 교점의 좌표가 $(p,\ q)$이면 연립방정식 $\begin{cases} ax+by+c=0 \\ a'x+b'y+c'=0 \end{cases}$ 의 해가 $x=p$, $y=q$이다.

유형 02

두 직선 $y=x+3$, $y=-\dfrac{3}{2}x+3$과 x축으로 둘러싸인 삼각형의 넓이를 구하여라.

> **해결포인트** 세 개 이상의 직선으로 둘러싸인 도형의 넓이는 교점의 좌표를 먼저 구하면 도형의 모양을 알 수 있고 넓이도 구할 수 있다.

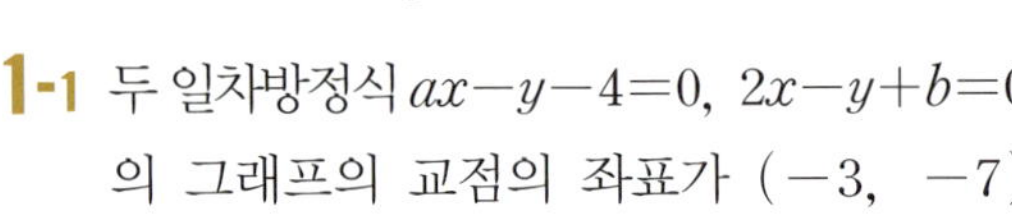

확인문제

1-1 두 일차방정식 $ax-y-4=0$, $2x-y+b=0$ 의 그래프의 교점의 좌표가 $(-3,\ -7)$ 일 때, 상수 a, b의 값을 각각 구하여라.

1-2 두 직선 $3x-2y=a$, $x-y=4$의 교점의 좌표가 $(2,\ b)$일 때, 상수 a, b에 대하여 $a+b$의 값을 구하여라.

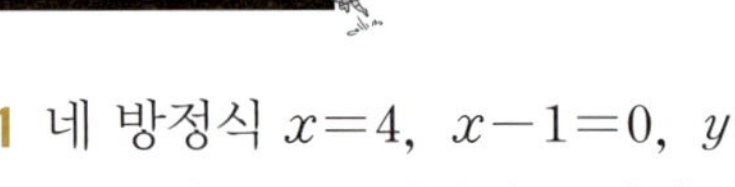

확인문제

2-1 네 방정식 $x=4$, $x-1=0$, $y=5$, $y=0$ 의 그래프로 둘러싸인 도형의 넓이를 구하여라.

2-2 일차함수 $y=-2x+6$의 그래프와 이 그래프를 y축의 방향으로 -2만큼 평행이동한 그래프, x축, y축의 4개의 직선으로 둘러싸인 도형의 넓이를 구하여라.

유형 03

다음 그림과 같이 좌표평면 위에 네 점 $A(2, 6)$, $B(2, 3)$, $C(4, 3)$, $D(4, 6)$을 꼭짓점으로 하는 사각형이 있다. 일차함수 $y=ax+1$의 그래프가 이 사각형과 만나도록 하는 상수 a의 값의 범위를 구하여라.

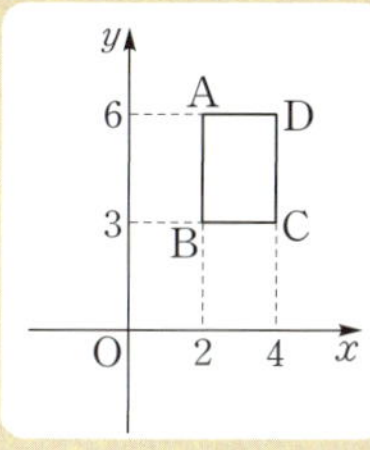

해결**포인트** $(\text{직선의 기울기}) = \dfrac{(y\text{의 값의 증가량})}{(x\text{의 값의 증가량})}$ 임을 이용하여 기울기의 값이 가장 클 때와 가장 작을 때를 생각해 본다.

유형 04

형과 동생이 집에서 $4\,\text{km}$ 떨어진 공원까지 가는데 동생이 먼저 출발하고, 형은 10분 후에 출발했다. 동생이 출발한 지 x분 후에 집으로부터 거리를 $y\,\text{km}$라고 할 때, x, y 사이의 관계를 그래프로 나타내면 다음 그림과 같다. 형과 동생이 만나는 것은 동생이 출발한 지 몇 분 후인지 구하여라.

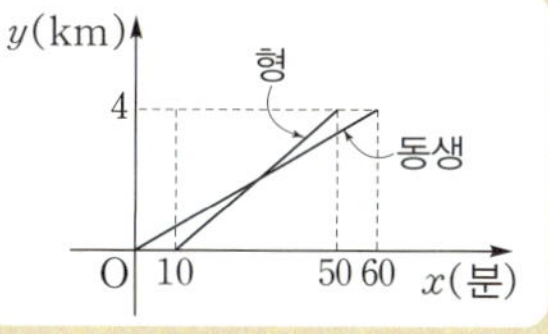

해결**포인트** 주어진 직선의 방정식을 먼저 구해본다.

확인문제

3-1 직선 $y=mx$가 두 점 $A(2, 3)$, $B(4, 1)$을 이은 선분 AB와 만날 때, 상수 m의 값의 범위를 구하여라.

확인문제

4-1 오른쪽 그림은 길이가 $24\,\text{cm}$인 양초에 불을 붙인 지 x분 후에 남은 양초의 길이를 $y\,\text{cm}$라 할 때, x, y 사이의 관계를 그래프로 나타낸 것이다. 불을 붙인 지 몇 분 후에 남은 양초의 길이가 $6\,\text{cm}$가 되는지 구하여라.

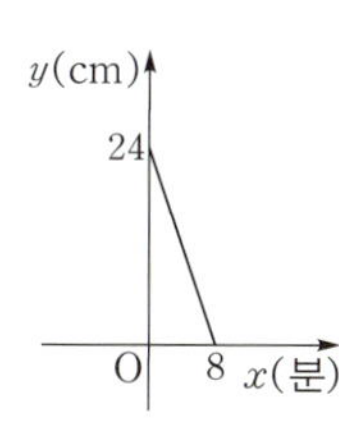

1 일차방정식 $ax+y+b-5=0\,(a\neq0)$의 그래프의 기울기가 2이고, y절편이 7일 때, 상수 a, b에 대하여 ab의 값을 구하여라.

(단, 풀이 과정을 자세히 써라.)

3 세 점 $(1,\ -2)$, $(3,\ 2)$, $(4,\ k)$가 같은 직선 위에 있을 때, k의 값을 구하여라.

(단, 풀이 과정을 자세히 써라.)

2 직선 $(a+2)x-2y-b-5=0$은 점 $(1,\ 6)$을 지나고 x축에 평행하다. 이때 상수 a, b에 대하여 $a+b$의 값을 구하여라.

(단, 풀이 과정을 자세히 써라.)

4 직선 $2x+ay=8$과 x축, y축으로 둘러싸인 도형의 넓이가 6일 때, 양수 a의 값을 구하여라. (단, 풀이 과정을 자세히 써라.)

Step 6

도전 1등급

정답 p. 73

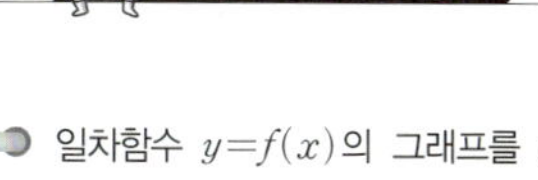

01 일차함수 $y=3x-2$의 그래프를 y축의 방향으로 b만큼 평행이동한 그래프가 점 $(-1,\ -8)$을 지난다. 이때 b의 값은?

① -5 ② -3 ③ 1

④ 1 ⑤ 3

> 일차함수 $y=f(x)$의 그래프를 y축의 방향으로 m만큼 평행이동한 그래프의 식은 $y=f(x)+m$이다.

02 오른쪽 그림과 같이 두 일차함수 $y=-3x-3,\ y=ax+b$의 그래프가 y축에서 만나고, x축과 각각 두 점 A, B에서 만난다. $\overline{\text{OA}}=\overline{\text{OB}}$일 때, 상수 $a,\ b$에 대하여 ab의 값을 구하여라.

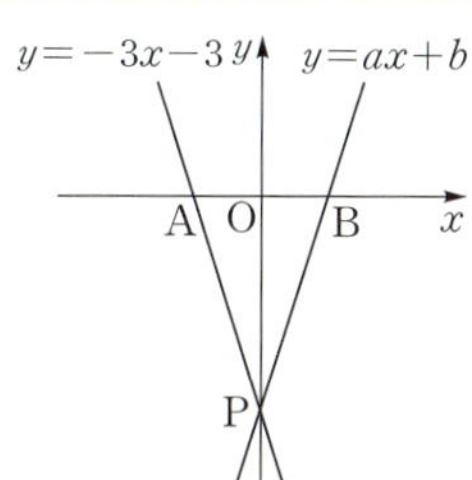

> $y=ax+b$의 그래프의 x절편과 y절편을 각각 구해본다.

03 오른쪽 그림의 세 직선 $l,\ m,\ n$의 기울기를 각각 $a,\ b,\ c$라 할 때, abc의 값을 구하여라.

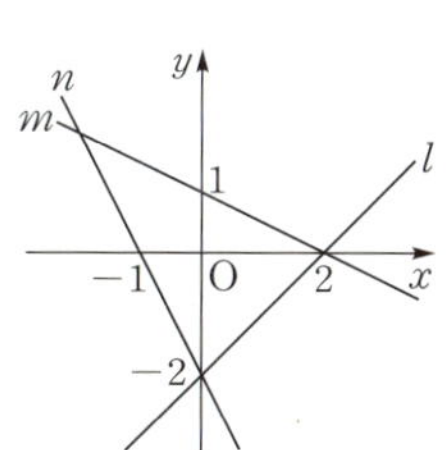

> 세 직선의 x절편, y절편을 알 수 있으므로
> $$(\text{기울기})=\frac{(y\text{의 값의 증가량})}{(x\text{의 값의 증가량})}$$
> 임을 이용한다.

04 세 점 $A(2,\ -1)$, $B(2k,\ -4k+7)$, $C(11,\ -13)$이 한 직선 위에 있을 때, k의 값을 구하여라.

> 세 점 A, B, C가 한 직선 위에 있으므로
> $(\overline{\text{AB}}\text{의 기울기})=(\overline{\text{AC}}\text{의 기울기})$
> 임을 이용한다.

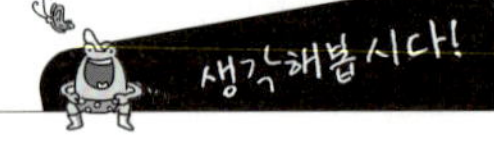

05 두 직선 $y=-3x+4$, $y=\dfrac{2}{3}x+4$와 x축으로 둘러싸인 도형의 넓이는?

① $\dfrac{40}{3}$ ② $\dfrac{41}{3}$ ③ 14

④ $\dfrac{43}{3}$ ⑤ $\dfrac{44}{3}$

각각의 직선의 교점을 먼저 구해본다.

06 오른쪽 그림과 같은 직선 $y=ax-b$ 에 대한 설명으로 옳은 것을 모두 고르면? (정답 2개)

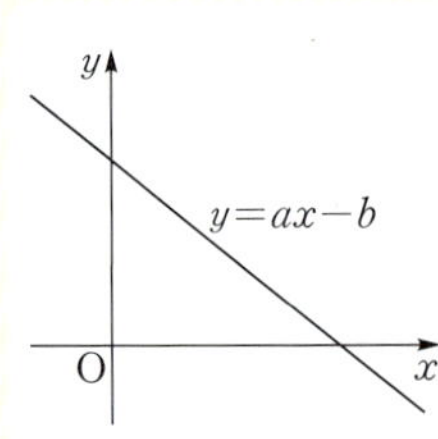

① $a<0$, $b>0$이다.
② 점 $(1,\ a-b)$를 지난다.
③ $y=ax$의 그래프와 평행하다.
④ x의 값이 1만큼 증가하면 y의 값은 a만큼 감소한다.
⑤ $y=ax$의 그래프를 y축의 방향으로 b만큼 평행이동한 것이다.

그림에서 직선의 기울기는 음수, y절편은 양수임을 알 수 있다.

07 일차방정식 $(m-2)x+3y-5=0$의 그래프가 일차함수 $y=3x+2$의 그래프와 평행할 때 상수 m의 값을 구하여라.

두 직선이 서로 평행하면 기울기가 같고, 기울기가 같은 두 직선은 서로 평행하거나 일치한다.

08 직선 $(m+3)x+y-m+2=0$이 제2사분면을 지나지 않을 때, m의 값의 범위를 구하여라.

> 제2사분면을 지나지 않는 직선은 (기울기)>0, (y절편)≤ 0임을 이용한다.

09 연립방정식 $\begin{cases} 2x+ay=9 \\ y=-\dfrac{2}{3}x+b \end{cases}$ 의 해가 무수히 많을 때,

직선 $ax+y+b=0$은 직선 $x-my+5=0$과 평행하다고 한다. 이때 m의 값을 구하여라.

> 연립방정식의 해가 무수히 많으면 두 일차방정식이 서로 일치해야 한다.

10 x축 및 세 직선 $y=nx-1$, $x=4$, $x=8$에 의하여 둘러싸인 도형의 넓이가 $16n$일 때, n의 값을 구하여라. $\left(\text{단, } n\geq\dfrac{1}{4}\right)$

> 좌표평면에 그래프를 그려 각 교점의 좌표를 구해본다.

11 갑, 을 두 사람이 일차함수 $y=ax+b$의 그래프를 그리는데 갑은 기울기를 잘못 보아 두 점 $(2,\ 4)$, $(3,\ 9)$를 지나는 직선을 그렸고, 을은 y절편을 잘못 보아 두 점 $(-1,\ -3)$, $(2,\ 3)$을 지나는 직선을 그렸다. 원래의 일차함수 $y=ax+b$의 그래프가 점 $(7,\ m)$을 지날 때, m의 값을 구하여라.

> 갑은 y절편을, 을은 기울기를 바로 보았다.

대단원 성취도 평가

정답 p. 74

객관식 [각 5점]

01 다음 중 일차함수가 <u>아닌</u> 것은?

① $y=3x-2$　　　　② $y=\dfrac{1}{x+1}$　　　　③ $y=2(x-2)$

④ $y=-(x-2)$　　　　⑤ $y=\dfrac{2}{x}$

02 일차함수 $y=\dfrac{1}{3}x-3$의 그래프는 $y=mx$의 그래프를 y축의 방향으로 n만큼 평행이동한 것이다. 이때 $3m+n$의 값은?

① -3　　　② -2　　　③ -1　　　④ 1　　　⑤ 2

03 일차함수 $y=-\dfrac{3}{4}x+\dfrac{4}{3}$의 그래프의 x절편을 a, y절편을 b라고 할 때, $a+b$의 값은?

① $\dfrac{28}{9}$　　　② $\dfrac{28}{3}$　　　③ $\dfrac{16}{9}$　　　④ $\dfrac{16}{3}$　　　⑤ $\dfrac{8}{9}$

04 일차함수 $y=-\dfrac{5}{3}x+15$의 그래프에 대한 설명으로 옳은 것은?

① 기울기는 $\dfrac{5}{3}$이다.

② x절편은 15이다.

③ 제3사분면을 지나지 않는다.

④ $y=\dfrac{5}{3}x-5$의 그래프와 평행하다.

⑤ y축과 만나는 점의 좌표는 $(0,\ 9)$이다.

05 일차함수 $y=\dfrac{1}{a}x-\dfrac{b}{a}$의 그래프가 오른쪽 그림과 같을 때,
다음 중 옳은 것은?

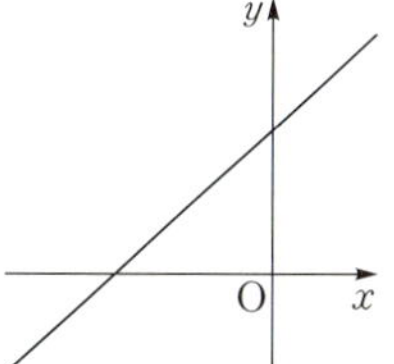

① $a>0$, $b>0$　　　② $a>0$, $b<0$

③ $a<0$, $b>0$　　　④ $a<0$, $b=0$

⑤ $a<0$, $b=0$

06 일차함수 $y=ax+a-2b$의 그래프의 기울기가 2이고 제4사분면을 지날 때, 상수 b의
값의 범위는?

① $b\leq0$　　　　　② $b>0$　　　　　③ $b<1$

④ $b\leq1$　　　　　⑤ $b>1$

07 일차함수 $y=ax-b$의 그래프가 제4사분면을 지나지 않을 때, 다음 중 $y=\dfrac{1}{b}x-ab$의
그래프의 모양으로 바른 것은? (단, $b\neq0$)

① 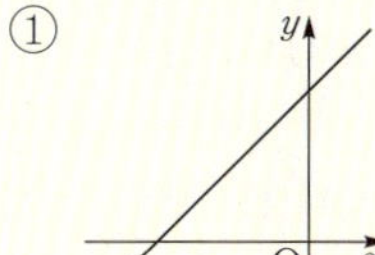　② 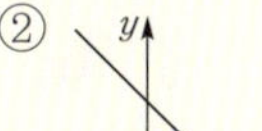　③ 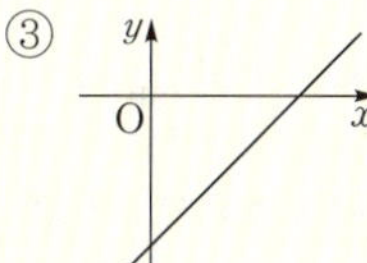

④ 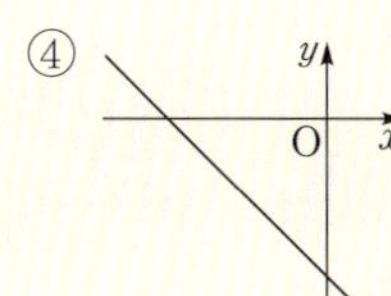　⑤ 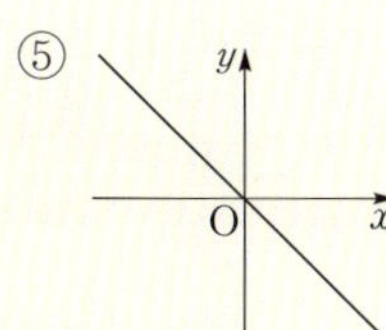

08 점 $(3,\ -6)$을 지나고 x축에 평행한 직선의 방정식은?

① $x=3$　　　　　② $x=-6$　　　　　③ $y=3$

④ $y=-6$　　　　⑤ $y=6$

09 오른쪽 그림은 두 일차방정식 $ax-y=1$, $x+y=b$의 그래프이다. 이때 $a+b$의 값은?

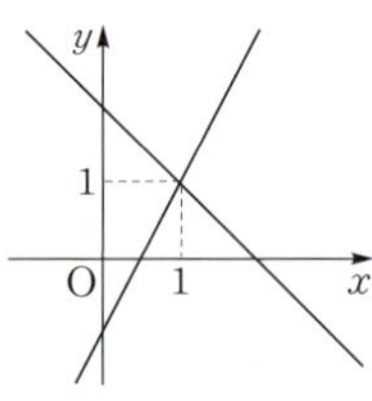

① 1　　　　② 2　　　　③ 3
④ 4　　　　⑤ 5

10 두 일차방정식 $2x-3y=4$, $kx-6y=-1$의 그래프의 교점이 없을 때, 상수 k의 값은?

① -4　　　② -2　　　③ 1　　　④ 2　　　⑤ 4

11 두 직선 $y=\dfrac{3}{4}x-a$, $y=2ax-6$의 x절편이 서로 같을 때, 상수 a에 대하여 a^2의 값은?

① $\dfrac{1}{9}$　　　② $\dfrac{1}{4}$　　　③ 1　　　④ $\dfrac{9}{4}$　　　⑤ 4

12 세 직선 $y=2x$, $y=-x$, $x=2$로 둘러싸인 도형의 넓이는?

① 2　　　② 4　　　③ 6　　　④ 8　　　⑤ 10

주관식 [각 6점]

13 두 일차함수 $y=a(x+2)$, $y=2a(x-1)$의 그래프가 x축과 만나는 점을 각각 A, B라 하자. $a>0$일 때, $\overline{AB}$의 길이를 구하여라.

14 두 점 $(1,\ 2),\ (3,\ 8)$을 지나는 직선을 y축의 방향으로 -3만큼 평행이동한 직선의 방정식이 $ax+by-4=0$이다. 이때 직선 $bx-4y+a=0$의 x절편을 m, y절편을 n이라 할 때, mn의 값을 구하여라.

15 세 점 $\mathrm{A}(0,\ 3),\ \mathrm{B}(2,\ 4),\ \mathrm{C}(0,\ -2)$에 대하여 점 B를 지나고 기울기가 m인 직선이 선분 AC와 만날 때, m의 값의 범위를 구하여라.

16 두 직선 $x-2y-8=0,\ x+ay+b=0$이 서로 평행하고, 두 직선이 y축과 만나는 점을 각각 $\mathrm{A},\ \mathrm{B}$라고 하면 $\overline{\mathrm{OA}}=\overline{\mathrm{OB}}$이다. 이때 $a+b$의 값을 구하여라. (단, $b>0$)

17 오른쪽 그림은 일차방정식 $ax+by+2=0$의 그래프이다. 이때 $a,\ b$의 값을 각각 구하여라.

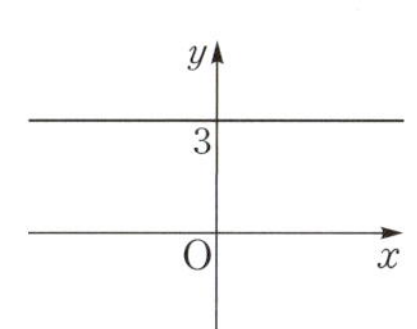

서술형 주관식

18 갑은 A지점에서 출발하여 $8\,\mathrm{km}$떨어진 B지점까지 매분 $500\,\mathrm{m}$의 속력으로 자전거를 타고 간다. 출발한 지 x분 후의 갑의 위치를 P지점이라 하고 P지점과 B지점 사이의 거리를 $y\,\mathrm{km}$라고 할 때, 다음 물음에 답하여라. [총 10점]

(1) $x,\ y$사이의 관계식을 구하여라. [4점]

(2) x의 값의 범위를 구하여라. [3점]

(3) 두 지점 $\mathrm{P},\ \mathrm{B}$ 사이의 거리가 $2\,\mathrm{km}$가 되는 것은 갑이 출발한 지 몇 분 후인지 구하여라. [3점]

_____ 반   이름 _______________

01 $x=1$일 때, 다음 중 참인 부등식은? [3점]

① $x-3<2x-5$　　② $2x-1>6x-1$

③ $-2x<-8$　　④ $1>-2x+9$

⑤ $\dfrac{x}{2}>x-2$

02 다음 중 옳지 <u>않은</u> 것은? [4점]

① $-3+2a<-3+2b$이면
　$-2a-1>-2b-1$이다.

② $-2<a\leq 3$이면 $-5\leq -2a+1<5$
　이다.

③ $\dfrac{a}{3}>\dfrac{b}{3}$이면 $-3+\dfrac{a}{2}>-3+\dfrac{b}{2}$이다.

④ $a<b$이면 $a\div(-2)>b\div(-2)$이다.

⑤ $2a<2b$이면 $a-(-1)>b-(-1)$
　이다.

03 연립부등식 $\begin{cases} \dfrac{x+1}{3} \geq \dfrac{-2-x}{2}+x \\ x-0.9\geq 0.2x+1.1 \end{cases}$ 을

만족하는 자연수 x의 개수는? [4점]

① 4개　　　　② 5개

③ 6개　　　　④ 7개

⑤ 8개

04 다음 두 부등식의 해가 같을 때, a의 값은?
[3점]

$$\dfrac{2}{5}x-4\geq -2,\ 3(1-x)\leq a$$

① -12　　　② -4

③ 6　　　　　④ 8

⑤ 16

05 $4x-1\leq 2x-k$를 만족하는 자연수 x의 개수가 3개일 때, x의 값의 범위는? [4점]

① $5\leq k\leq 7$ ② $-5\leq k<7$

③ $-7\leq k<5$ ④ $5\leq k<7$

⑤ $-7<k\leq -5$

06 연립부등식 $\begin{cases} 1-2x\geq -3 \\ 4x-a>2(x+2) \end{cases}$ 의 해가 없을 때, a의 값의 범위는? [4점]

① $a<0$ ② $a\leq 0$

③ $a=0$ ④ $a>0$

⑤ $a\geq 0$

07 함수 $y=kx^2-3x+3x^2-1$이 x에 대한 일차함수일 때, 상수 k의 값은? [4점]

① -3 ② -1

③ 0 ④ 1

⑤ 3

08 다음 중 y가 x에 대한 일차함수가 <u>아닌</u> 것을 모두 고르면? (정답 2개) [4점]

① 지름의 길이가 x인 원의 넓이가 y이다.

② 6000원으로 한 권에 700원인 공책을 x권 사고 y원이 남았다.

③ 직각삼각형에서 직각이 아닌 두 각의 크기가 각각 $x°$, $y°$이다.

④ 시속 $x\,\mathrm{km}$의 속력으로 달리는 자동차가 y시간 동안 달린 거리가 $10\,\mathrm{km}$이다.

⑤ 가로의 길이와 세로의 길이가 각각 $x\,\mathrm{cm}$, $4\,\mathrm{cm}$인 직사각형의 둘레의 길이는 $y\,\mathrm{cm}$이다.

09 다음 중 그 그래프가 일차함수 $y=6+3x$의 그래프와 x축에서 만나는 것은? [4점]

① $y=6-3x$ ② $y=-2x+6$

③ $y=5x-2$ ④ $y=\dfrac{2}{5}(x+3)$

⑤ $y=-2x-4$

10 좌표평면 위의 세 점 $A(1, 2)$, $B(2, a)$, $C(3, a+4)$가 한 직선 위에 있을 때, a의 값은? [4점]

① 4 ② 5
③ 6 ④ 7
⑤ 8

11 다음 네 방정식의 그래프로 둘러싸인 도형의 넓이는? [4점]

$$2x+8=0 \qquad -3x+9=0$$
$$y-3=0 \qquad \frac{1}{2}y=4$$

① 20 ② 25
③ 30 ④ 35
⑤ 40

12 연립방정식 $\begin{cases} ax-y=5 \\ x+2y=6 \end{cases}$ 에 대하여 두 일차방정식의 그래프를 각각 그렸더니 그 교점이 일차함수 $y=4-x$의 그래프 위에 있었다. 이때 a의 값은? [4점]

① -3 ② $-\dfrac{5}{2}$
③ $-\dfrac{3}{2}$ ④ $\dfrac{3}{2}$
⑤ $\dfrac{7}{2}$

13 일차함수 $y=-\dfrac{2}{3}x+5$의 그래프에 대한 설명으로 옳지 <u>않은</u> 것은? [4점]

① 점 $(0, 5)$를 지난다.

② 기울기는 $-\dfrac{2}{3}$, y절편은 5이다.

③ x의 값이 증가하면 y의 값은 감소한다.

④ $y=-\dfrac{2}{3}x-5$의 그래프와 평행하다.

⑤ $y=\dfrac{2}{3}x$의 그래프를 x축의 방향으로 5만큼 평행이동한 것이다.

14 오른쪽 그림의 그래프는 일차함수 $y=ax+1$의 그래프를 y축의 방향으로 b만큼 평행이동한 것이다. 이때 $a+b$의 값은? [4점]

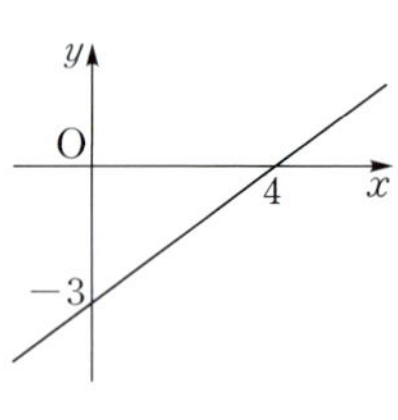

① $-\dfrac{19}{4}$ ② $-\dfrac{13}{4}$
③ $-\dfrac{8}{3}$ ④ $\dfrac{15}{4}$
⑤ $\dfrac{16}{3}$

15 수학여행에서 숙소를 배정하는데, 한 방에 6명씩 배정하면 11명이 남고, 7명씩 배정하면 방이 2개 남는다. 이때 수학여행에 참가한 학생 수의 최댓값은? [4점]

① 161명　　　② 170명

③ 180명　　　④ 190명

⑤ 197명

16 일차함수 $y=ax+8$의 그래프와 x축, y축으로 둘러싸인 도형의 넓이가 16이다. 이 도형의 넓이를 이등분하는 직선을 $y=bx$라고 할 때 $a+b$의 값은? (단, $a<0$) [4점]

① -4　　　② -2

③ 0　　　④ 2

⑤ 4

17 연속하는 세 짝수의 합이 50보다 크고 61보다 작다. 가장 작은 수의 세 배가 48보다 크고 79보다 작다. 처음 세 수의 합을 구하여라. [6점]

18 연립부등식 $\begin{cases} x-5<2x+4 \\ -2x-a>4 \end{cases}$ 를 만족하는 정수 x의 값이 -8뿐일 때, a의 값의 범위는 $m\leq a<n$이다. 이때 $m+n$의 값을 구하여라. [6점]

19 농도가 $16\,\%$인 소금물 $600\,\mathrm{g}$에 농도가 $11\,\%$인 소금물을 넣어서 농도가 $13\,\%$ 이상 $14\,\%$ 이하가 되도록 하려고 한다. 이때 $11\,\%$의 소금물을 얼마나 넣어야 하는지 구하여라. [6점]

20 두 점 $(1, 3)$, $(-4, 2)$를 지나는 직선과 일차방정식 $3x-ay+2=0$의 그래프가 평행할 때, 상수 a의 값을 구하여라. [6점]

21 세 점 $(-1, 5)$, $(4, -10)$, $(m, m-2)$가 모두 일차함수 $y=ax+b$의 그래프 위에 있을 때, $a+b+m$의 값을 구하여라. [6점]

22 다음 그림의 두 직선 $2x+y=4$, $x-y=-3$에 대하여 다음 물음에 답하여라. [총 8점]

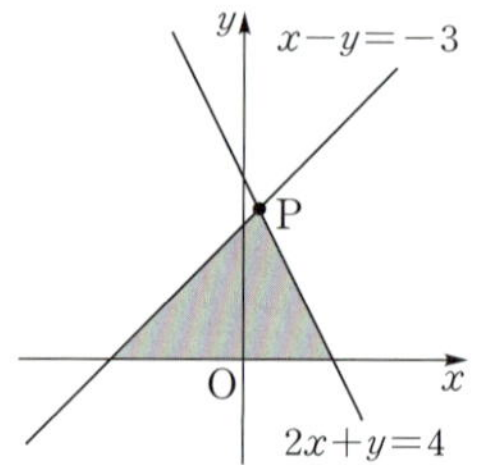

(1) 두 직선의 교점 P의 좌표를 구하여라. [4점]

(2) 두 직선과 x축으로 둘러싸인 삼각형의 넓이를 구하여라. [4점]

_____ 반   이름 ______________________

01 다음 중 일차부등식인 것은? [3점]

① $5x-4<6x+11$

② $2-5<11$

③ $x(x+1)\leq 2x-1$

④ $\dfrac{1}{x^2+1}<2$

⑤ $2-x<x^2$

02 x의 값이 -5, -4, -3, -2, -1, 0일 때, 부등식 $2x-1\leq 4x+3$의 해는? [3점]

① -5, -4, -3

② -3, -2, -1

③ -2, -1, 0

④ -2, -1

⑤ -1, 0

03 $a>0$, $b<0$, $c<0$일 때, 다음 중 옳은 것은? [4점]

① $a+c<b+c$　　② $a-c<b-c$

③ $ac>bc$　　④ $\dfrac{c}{a}<\dfrac{c}{b}$

⑤ $\dfrac{a}{c}<\dfrac{b}{c}$

04 $-2<a\leq 8$일 때, $-\dfrac{1}{2}a+2$의 값의 범위를 수직선 위에 바르게 나타낸 것은? [4점]

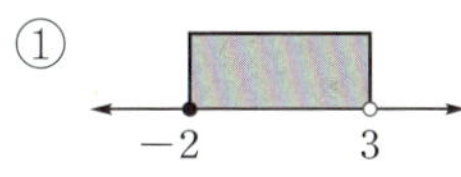

① $\begin{array}{c}\\ -2 \quad\quad 3\end{array}$

② $\begin{array}{c}\\ -2 \quad\quad 3\end{array}$

③ $\begin{array}{c}\\ -3 \quad\quad 2\end{array}$

④ $\begin{array}{c}\\ -2 \quad\quad 2\end{array}$

⑤ $\begin{array}{c}\\ -3 \quad\quad 2\end{array}$

05 부등식 $2x+1\leq x+6<3x+4$를 만족하는 정수 x의 개수는? [4점]

① 1개   ② 2개
③ 3개   ④ 4개
⑤ 5개

06 연립부등식 $\begin{cases} 2(x-3)\leq x+2a \\ 13-7x\leq 3b+x \end{cases}$ 의 해가

$-1\leq x\leq 2$일 때, $b-a$의 값은? [4점]

① 5   ② 7
③ 9   ④ 11
⑤ 13

07 일차함수 $y=-3x+\dfrac{3}{2}$의 그래프에서 x의 값이 -1에서 2까지 변할 때, y의 값은 a에서 b까지 변한다고 한다. 이때 $b-a$의 값은? [4점]

① -10 ② -9
③ 3   ④ 6
⑤ 8

08 일차함수 $y=-3x+8$의 그래프와 평행하고, 두 직선 $2x-y=4$, $x+y=2$의 교점을 지나는 직선을 그래프로 하는 일차함수의 식은? [4점]

① $y=-3x+2$ ② $y=-3x+6$
③ $y=-3x-2$ ④ $y=2x+6$
⑤ $y=-x+6$

08 다음 보기 중에서 y가 x에 대한 일차함수인 것을 모두 고르면? [4점]

┃ 보기 ┃

(ㄱ) 한 권에 x원인 공책 3권의 값은 y원이다.

(ㄴ) 시속 $x\,\mathrm{km}$의 속력으로 y시간 동안 달린 거리가 $50\,\mathrm{km}$이다.

(ㄷ) 가로의 길이가 $x\,\mathrm{cm}$이고, 세로의 길이가 $y\,\mathrm{cm}$인 직사각형의 넓이는 $20\,\mathrm{cm}^2$이다.

(ㄹ) 한 자루에 500원인 연필 x자루를 사고 5000원을 냈더니 y원이 남았다.

① (ㄱ), (ㄷ)   ② (ㄱ), (ㄹ)
③ (ㄴ), (ㄷ)   ④ (ㄴ), (ㄹ)
⑤ (ㄷ), (ㄹ)

10 일차부등식 $(2a-3b)x-a+b>0$의 해가 $x<1$일 때, 일차부등식 $(3a-2b)x+4a-3b<0$ 의 해는? [4점]

① $x>-\dfrac{5}{4}$　　② $x<-\dfrac{5}{4}$

③ $x<0$　　④ $x>\dfrac{5}{4}$

⑤ $x<\dfrac{5}{4}$

11 연립부등식 $\begin{cases} 3x<4x+5 \\ x+2>2x+a \end{cases}$ 의 해가 없을 때, 정수 a의 최솟값은? [4점]

① -7　　② -5

③ 1　　④ 5

⑤ 7

12 오른쪽 그림에서 연립방정식 $\begin{cases} 3y=x+1 \\ 3y=-3x+3 \end{cases}$ 의 해를 나타내는 점은? [4점]

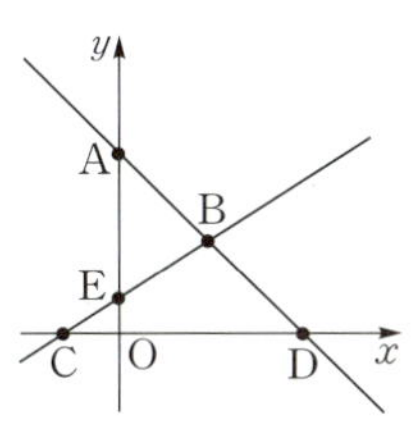

① 점 A　　② 점 B

③ 점 C　　④ 점 D

⑤ 점 E

13 방정식 $\dfrac{x}{a}+\dfrac{y}{b}=1\,(a\neq0,\ b\neq0)$의 그래프가 제1사분면을 지나지 않을 때, 방정식 $bx-ay+1=0$의 그래프가 지나지 <u>않는</u> 사분면은? [4점]

① 제1사분면　　② 제2사분면

③ 제3사분면　　④ 제4사분면

⑤ 제1,3사분면

14 오른쪽 그림은 일차함수 $y=-\dfrac{1}{a}x-\dfrac{a^2}{b}$의 그래프이다. 이때 일차함수 $y=-bx+a$의 그래프가 지나지 않는 사분면은? [4점]

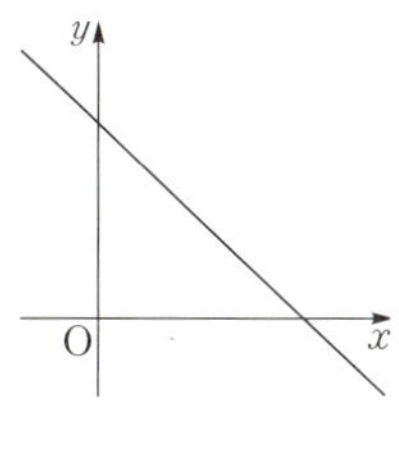

① 제1사분면　　② 제2사분면

③ 제3사분면　　④ 제4사분면

⑤ 제2,4사분면

15 효린이는 친구들과 함께 미술관에 가려고 한다. 미술관의 입장료는 한 사람당 3000원이고, 20명 이상의 단체인 경우 입장료의 30 %를 할인해 준다고 한다. 몇 명 이상부터 20명의 단체입장권을 사는 것이 유리한가? [4점]

① 14명　　　② 15명
③ 16명　　　④ 17명
⑤ 18명

16 두 수 a, b에 대하여 연산 ◎를 $a◎b=a+b-1$로 정의한다. 일차부등식 $(2x+1)◎(5x-2)<3◎a$를 만족하는 가장 큰 정수 x의 값이 4일 때, a의 값의 범위는? [4점]

① $4<a\leq5$　　　② $4\leq a\leq5$
③ $24<a\leq31$　　　④ $24\leq a<31$
⑤ $24\leq a\leq31$

주관식

17 두 일차부등식 $4x+a>6x+5$, $\dfrac{x}{2}-a<\dfrac{x}{3}$ 의 해가 같을 때, 상수 a의 값을 구하여라. [6점]

18 두 점 $(2m-6,\ 2)$, $(5m+6,\ -1)$을 지나는 직선이 x축에 수직일 때, m의 값을 구하여라. [6점]

19 연립방정식 $\begin{cases} 3x+ay=0 \\ x+y=0 \end{cases}$ 의 해가 무수히 많을 때 일차함수 $y=2x-a$의 그래프를 y축의 방향으로 b만큼 평행이동하면 점 $(-1,\ 1)$을 지난다. 이때 b의 값을 구하여라. [6점]

20 온도가 $15°C$인 물에 일정하게 열을 가하여 1분마다 물의 온도가 $5°C$씩 상승하도록 하였다. 물의 온도가 $90°C$가 되려면 몇 분 동안 가열해야 하는지 구하여라. [6점]

21 두 점 $(-1,\ 7a)$, $(2,\ 10-a)$를 지나는 직선 l이 일차함수 $y=-2x+100$의 그래프와 평행하다. 이 직선 l과 x축, y축으로 둘러싸인 삼각형을 y축을 축으로 하여 1회전시킬 때 생기는 입체도형의 부피를 구하여라. [6점]

22 일차함수 $y=ax+b$의 그래프를 그리는데 수지는 기울기를 잘못 보아 두 점 $(-1,\ 6)$, $(2,\ -6)$을 지나는 직선을 그렸고, 현진이는 y절편을 잘못 보아 두 점 $(1,\ -5)$, $(-1,\ -1)$을 지나는 직선을 그렸다. 처음에 주어진 일차함수의 식을 구하여라.
(단, 풀이 과정을 자세히 써라.) [8점]

MeMo

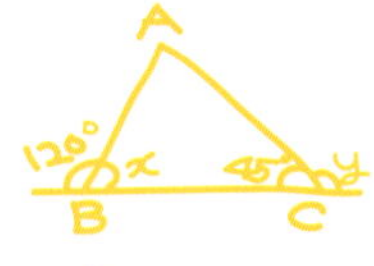
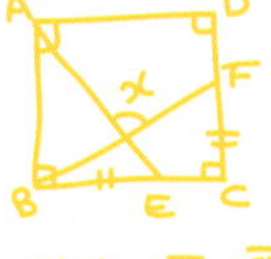

기초 탄탄, 성적 쑥쑥
시험에 나올만한 문제는 모두 모았다!

문제은행

3000제
꿀꺽수학

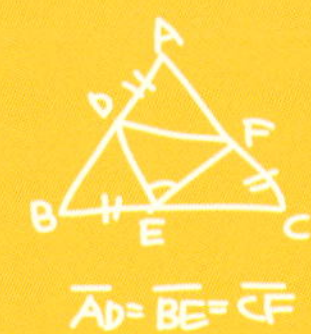
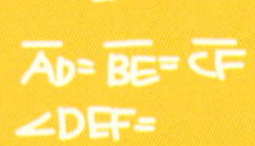
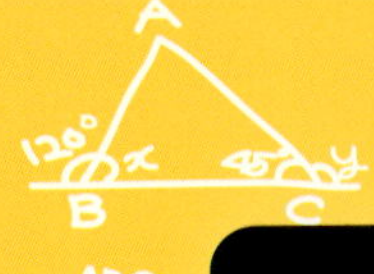

정답 및 해설   중 2 상

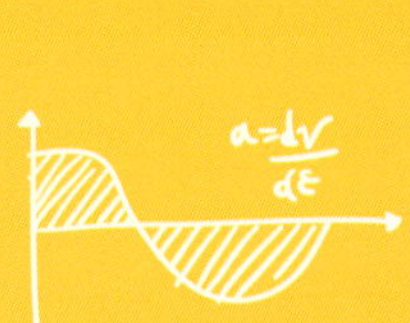
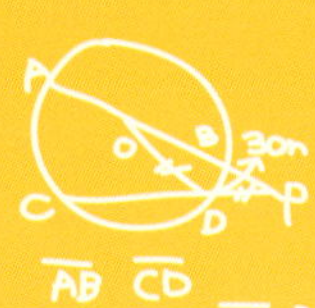

수학은극적

3000제 꿀꺽수학

정답 및 해설

정답 및 해설 활용법

문제를 모두 풀었습니까? 반드시 문제를 푼 다음에 해설을 확인하도록 합시다.
해설을 미리 보면 모르는 것도 마치 알고 있는 것처럼 생각하고 쉽게 넘어갈 수 있습니다.

정답
및
해설

3000제 꿀꺽수학

01 유리수와 순환소수

P. 6~9

Step **1** 교과서 이해

01 5개

02 유한소수

03 무한소수

04 0.1234, 12.7, 0.0009

05 0.535353…, 2.848484…

06 0.666…, 무한소수

07 0.8333…, 무한소수

08 0.625, 유한소수

09 0.58333…, 무한소수

10 0.78, 유한소수

11 2.818181…, 무한소수

12 순환소수, 순환마디

13 419

14 16

15 235

16 815

17 $1.\dot{6}\dot{3}$

18 $42.3\dot{4}\dot{7}$

19 $0.\dot{8}38\dot{6}$

20 $5.\dot{1}23\dot{7}$

21 0.333…, 3

22 2.1666…, 6

23 0.8666…, 6

24 0.285714285714…, 285714

25 $0.555… = 0.\dot{5}$

26 $0.8333… = 0.8\dot{3}$

27 $0.41666… = 0.41\dot{6}$

28 $0.727272… = 0.\dot{7}\dot{2}$

29 $1.444… = 1.\dot{4}$, 4

30 $-0.434343… = -0.\dot{4}\dot{3}$, 43

31 $-0.6333… = -0.6\dot{3}$, 3

32 $2.0444… = 2.0\dot{4}$, 4

33 $\dfrac{9}{20} = \dfrac{9}{2^2 \times 5} = \dfrac{9 \times \boxed{5}}{2^2 \times 5 \times \boxed{5}}$
$= \dfrac{\boxed{45}}{100} = \boxed{0.45}$

34 $\dfrac{15}{24} = \dfrac{5}{8} = \dfrac{5}{2^3} = \dfrac{5 \times \boxed{5^3}}{2^3 \times \boxed{5^3}}$
$= \dfrac{\boxed{625}}{1000} = \boxed{0.625}$

35 $2, 5$ **36** $2, 5$

37 $\dfrac{120}{2^3 \times 3 \times 5^2} = \dfrac{1}{5}$: 유한소수

$\dfrac{241}{2^2 \times 5^3 \times 7}$ 은 기약분수이고 분모의 소인수에 7

이 있으므로 유한소수로 나타낼 수 없다.

$\dfrac{162}{2^3 \times 3^2 \times 5^2} = \dfrac{9}{2^2 \times 5^2}$: 유한소수

따라서 유한소수로 나타낼 수 있는 것은

$\dfrac{1}{2 \times 5}$, $\dfrac{120}{2^3 \times 3 \times 5^2}$, $\dfrac{162}{2^3 \times 3^2 \times 5^2}$

의 3개이다.   답 3개

38 (ㄱ) $\dfrac{11}{12} = 0.91666\cdots = 0.91\dot{6}$

(ㄴ) $\dfrac{24}{75} = \dfrac{8}{25} = 0.32$

(ㄷ) $\dfrac{35}{175} = \dfrac{1}{5} = 0.2$

(ㄹ) $\dfrac{33}{220} = \dfrac{3}{20} = 0.15$

답 (ㄱ) $0.91\dot{6}$

39 $x = 0.777\cdots$ 이라 하면

$\boxed{10}\, x = 7.777\cdots$

$-)\quad\ \ x = 0.777\cdots$

$\boxed{9}\, x = 7 \quad \therefore x = \boxed{\dfrac{7}{9}}$

40 $x = 0.121212\cdots$ 라 하면

$\boxed{100}\, x = 12.121212\cdots$

$-)\qquad x = 0.121212\cdots$

$\boxed{99}\, x = 12 \quad \therefore x = \boxed{\dfrac{12}{99}}$

41 $x = 0.213213213\cdots$ 이라 하면

$\boxed{1000}\, x = 213.213213213\cdots$

$-)\qquad x = 0.213213213\cdots$

$\boxed{999}\, x = 213 \quad \therefore x = \boxed{\dfrac{213}{999}}$

42 $x = 0.7333\cdots$ 이라 하면

$\boxed{100}\, x = 73.333\cdots$

$-)\ \boxed{10}\, x = 7.333\cdots$

$\boxed{90}\, x = 66 \quad \therefore x = \boxed{\dfrac{11}{15}}$

43 $x = 0.17333\cdots$ 이라 하면

$\boxed{1000}\, x = 173.333\cdots$

$-)\ \boxed{100}\, x = 17.333\cdots$

$\boxed{900}\, x = 156 \quad \therefore x = \boxed{\dfrac{13}{75}}$

44 $x = 0.3464646\cdots$ 이라 하면

$\boxed{1000}\, x = 346.464646\cdots$

$-)\ \boxed{10}\, x = 3.464646\cdots$

$\boxed{990}\, x = 343 \quad \therefore x = \boxed{\dfrac{343}{990}}$

45 $\dfrac{1}{9}$ **46** $\dfrac{3}{9} = \dfrac{1}{3}$

47 $\dfrac{5}{9}$ **48** $\dfrac{8}{9}$

49 $\dfrac{13}{99}$ **50** $\dfrac{98}{99}$

51 $\dfrac{738 - 7}{99} = \dfrac{731}{99}$

52 $\dfrac{837 - 8}{99} = \dfrac{829}{99}$

53 $\dfrac{516}{999} = \dfrac{172}{333}$

54 $\dfrac{783}{999} = \dfrac{29}{37}$

55 $\dfrac{9817 - 9}{999} = \dfrac{9808}{999}$

56 $\dfrac{12354 - 12}{999} = \dfrac{12342}{999} = \dfrac{4114}{333}$

57 $\dfrac{47-4}{90}=\dfrac{43}{90}$

58 $\dfrac{1531-153}{90}=\dfrac{1378}{90}=\dfrac{689}{45}$

59 $\dfrac{118-11}{900}=\dfrac{107}{900}$

60 $\dfrac{3142-314}{900}=\dfrac{2828}{900}=\dfrac{707}{225}$

61 $\dfrac{2735-273}{900}=\dfrac{2462}{900}=\dfrac{1231}{450}$

62 $\dfrac{72815-7281}{900}=\dfrac{65534}{900}=\dfrac{32767}{450}$

63 $\dfrac{235-2}{990}=\dfrac{233}{990}$

64 $\dfrac{20538-205}{9900}=\dfrac{20333}{9900}$

P. 10~11

Step2 개념탄탄

01 $\dfrac{15}{32}=\dfrac{15}{2^5}$ ➡ 유한소수

$\dfrac{8}{55}=\dfrac{8}{5\times11}$ ➡ 순환소수

$\dfrac{11}{222}=\dfrac{11}{2\times3\times37}$ ➡ 순환소수

$\dfrac{15}{150}=\dfrac{1}{10}=\dfrac{1}{2\times5}$ ➡ 유한소수

$\dfrac{9}{2^3\times3\times5}=\dfrac{3}{2^3\times5}$ ➡ 유한소수

$\dfrac{7}{2^4\times5^2}$ ➡ 유한소수

답 4개

02 ② $0.\dot{6}0\dot{9}$　③ $1.\dot{2}1\dot{4}$　　답 ②, ③

03 $x=0.222\cdots$라 하면

$$10x=2.222\cdots$$
$$-)\quad x=0.222\cdots$$
$$9x=2\quad\therefore x=\dfrac{2}{9}$$

$\therefore A=10$　　답 10

04 ① $\dfrac{7}{25}=\dfrac{7}{5^2}$

② $\dfrac{24}{75}=\dfrac{8}{25}=\dfrac{8}{5^2}$

③ $\dfrac{37}{80}=\dfrac{37}{2^4\times5}$

④ $\dfrac{63}{98}=\dfrac{9}{14}=\dfrac{9}{2\times7}$

⑤ $\dfrac{36}{144}=\dfrac{1}{4}=\dfrac{1}{2^2}$　　답 ④

05 $x=0.585858\cdots$

$$\boxed{100}\,x=58.585858\cdots$$
$$-)\qquad x=\ 0.585858\cdots$$
$$\boxed{99}\,x=\boxed{58}\quad\therefore x=\boxed{\dfrac{58}{99}}$$

답 $A=100,\ B=99,\ C=58,\ D=\dfrac{58}{99}$

06 $2.452452452\cdots=2.\dot{4}5\dot{2}$　　답 ⑤

07 $2.\dot{5}14\dot{3}=2.514351435143\cdots$
네 개의 숫자 5, 1, 4, 3이 되풀이 된다.
$1000=4\times250$이므로 $2.\dot{5}14\dot{3}$에서 소수점 아래 1000번째 자리의 숫자는 소수점 아래 4번째 자리의 숫자와 같은 3이다.　　답 ③

08 ② $\dfrac{63}{2^3\times3^3}=\dfrac{7}{2^3\times3}$　③ $\dfrac{27}{3^4\times5^2}=\dfrac{1}{3\times5^2}$

④ $\dfrac{10}{2\times5\times11}=\dfrac{1}{11}$

⑤ $\dfrac{6}{2\times3^2\times5}=\dfrac{1}{3\times5}$　　답 ①

09 $\dfrac{7}{50}=\dfrac{7}{2\times5^2}=\dfrac{7\times\boxed{2}}{2\times5^2\times\boxed{2}}$

$\qquad=\dfrac{\boxed{14}}{100}=0.14$

따라서 $a=2$, $b=14$이므로

$a+b=16$ 답 16

10 ○　　　　**11** ○

12 ○　　　　**13** ×

14 ×　　　　**15** ○

P. 12~15

Step 3 실력완성

01 ⑤ 순환하지 않는 무한소수는 유리수가 아니다.

답 ⑤

02 ⑤

03 ① $\dfrac{5}{4}=\dfrac{5}{2^2}$　　　② $\dfrac{3}{5}$

③ $\dfrac{13}{6}=\dfrac{13}{2\times3}$　　④ $\dfrac{7}{20}=\dfrac{7}{2^2\times5}$

⑤ $\dfrac{7}{280}=\dfrac{1}{40}=\dfrac{1}{2^3\times5}$ 답 ③

04 $\dfrac{8}{45}=0.1777\cdots=0.1\dot{7}$ 답 ②

05 각 순환소수의 순환마디는 다음과 같다.

① 1　　　② 01　　　③ 2

④ 012　　⑤ 12 답 ④

06 ① $\dfrac{1}{3}=0.\dot{3}$　　　② $\dfrac{1}{6}=0.1\dot{6}$

③ $\dfrac{5}{11}=0.\dot{4}\dot{5}$　　④ $\dfrac{11}{12}=0.91\dot{6}$

⑤ $\dfrac{13}{15}=0.8\dot{6}$ 답 ③

07 $\dfrac{9}{11}=0.818181\cdots=0.\dot{8}\dot{1}$이므로 소수점 아래 50

번째 자리의 숫자는 1이다. 답 ①

08 ① $0.\dot{3}\dot{5}$　　　　　② $0.\dot{7}8\dot{6}$

③ $5.4\dot{8}\dot{6}$ 답 ④, ⑤

09 $\dfrac{7}{11}=0.\dot{6}\dot{3}$이므로 $A=63$

$\dfrac{7}{18}=0.3\dot{8}$이므로 $B=8$

$\therefore A+B=63+8=71$ 답 71

채점 기준	
$\dfrac{7}{11}$의 순환마디 구하기	40%
$\dfrac{7}{18}$의 순환마디 구하기	40%
답 구하기	20%

10 $A=2.1\dot{4}\dot{5}=2.1454545\cdots$이므로

$100A=214.545454\cdots=214.\dot{5}\dot{4}$ 답 ③

11 $\dfrac{11}{20}=\dfrac{11}{2^{\boxed{2}}\times5}=\dfrac{\boxed{55}}{2^2\times5\times\boxed{5}}$

$\qquad=\dfrac{55}{\boxed{100}}=\boxed{0.55}$ 답 ③

12 $\dfrac{9}{25}=\dfrac{9}{5^2}=\dfrac{9\times4}{5^2\times4}=\dfrac{36}{10^2}=0.36$

따라서 $a=4$, $b=36$, $c=2$, $d=0.36$이므로

$a+b+c+d=42.36$ 답 42.36

13 ② $0.\dot{1}3\dot{5}=\dfrac{135}{999}=\dfrac{15}{111}$

③ $0.\dot{2}\dot{4}=\dfrac{24}{99}=\dfrac{8}{33}$

④ $0.\dot{2}3\dot{4}=\dfrac{234}{999}=\dfrac{26}{111}$

⑤ $3.\dot{4}\dot{5}=\dfrac{345-3}{99}=\dfrac{342}{99}=\dfrac{38}{11}$ 답 ⑤

14 $\dfrac{7}{72}\times A=\dfrac{7}{2^3\times3^2}\times A$이므로 A는 9의 배수이

어야 한다. 답 ④

15 $\dfrac{17 \times A}{260} = \dfrac{17 \times A}{2^2 \times 5 \times 13}$

A는 13의 배수이어야 하므로

$A = 13$

답 13

채점 기준	
$\dfrac{5}{24}$의 분모를 소인수분해하기	20%
$\dfrac{31}{70}$의 분모를 소인수분해하기	20%
A의 조건 구하기	30%
답 구하기	30%

16 $\dfrac{13 \times x}{27 \times 4 \times 52} = \dfrac{x}{2^4 \times 3^3}$

위의 분수를 소수로 나타내면 유한소수가 되므로 x는 $3^3 = 27$의 배수이다.

따라서 두 자리의 자연수 중 x의 값이 될 수 있는 수는 27, 54, 81의 3개이다.

답 3개

채점 기준	
주어진 분수를 기약분수로 나타내기	30%
분모를 소인수분해 하기	30%
x의 조건 구하기	30%
답 구하기	10%

17 $\dfrac{12}{5^2 \times a} = \dfrac{2^2 \times 3}{5^2 \times a}$ 이 순환소수가 되려면 기약분수로 나타내었을 때 분모가 2, 5 이외의 소인수를 더 가져야 한다.

따라서 한 자리의 자연수 중 x의 값이 될 수 있는 것은 7, 9이다.

답 7, 9

18 $\dfrac{5}{18} = \dfrac{5}{2 \times 3^2}$ 이므로 x는 $3^2 = 9$의 배수이어야 한다.

또, $\dfrac{8}{35} = \dfrac{8}{5 \times 7}$ 이므로 x는 7의 배수이어야 한다.

따라서 x는 9와 7의 공배수이므로 가장 작은 자연수 x는 63이다.

답 ⑤

19 $\dfrac{5}{24} = \dfrac{5}{2^3 \times 3}$ 이므로 A는 3의 배수이어야 한다.

$\dfrac{31}{70} = \dfrac{31}{2 \times 5 \times 7}$ 이므로 A는 7의 배수이어야 한다.

따라서 A는 3과 7의 공배수이므로 두 자리의 자연수 중 A의 값이 될 수 있는 것은 21, 42, 63, 84의 4개이다.

답 4개

20 $x = 1.2373737\cdots$ 이라 하면

$$\begin{array}{r} 1000x = 1237.373737\cdots \\ -)\quad 10x = 12.373737\cdots \\ \hline 990x = 1225 \end{array}$$

$\therefore x = \dfrac{1225}{990} = \dfrac{245}{198}$

답 ④

21 $0.\dot{8}\dot{7} = \dfrac{87}{99} = \dfrac{29}{33}$

$\therefore a+b = 29+33 = 62$

답 62

22 $x = 0.12666\cdots$ 이라 하면

$$\begin{array}{r} 1000x = 126.666\cdots \\ -)\quad 100x = 12.666\cdots \\ \hline 900x = 114 \end{array}$$

$\therefore x = \dfrac{114}{900} = \dfrac{19}{150}$

$\therefore A = 100$

답 100

23 $\dfrac{a}{130} = \dfrac{a}{2 \times 5 \times 13}$ 이므로 a는 13의 배수이다.

a가 가장 작은 자연수이므로 $a = 13$

이때 $\dfrac{13}{130} = \dfrac{1}{10} = \dfrac{1}{b}$ 이므로 $b = 10$

$\therefore a+b = 23$

채점 기준	
a의 조건을 구하여 a의 값 구하기	50%
b의 값 구하기	30%
답 구하기	20%

24 $\dfrac{a}{140} = \dfrac{a}{2^2 \times 5 \times 7}$ 이므로 a는 7의 배수이다.

$20 < a < 30$ 이고 $\dfrac{a}{140} = \dfrac{3}{b}$ 이므로

$a = 7 \times 3 = 21$

이때 $\dfrac{21}{140} = \dfrac{3}{20} = \dfrac{3}{b}$ 이므로 $b = 20$

답 $a=21$, $b=20$

25 $0.\dot{a}=\dfrac{a}{9}$ 이므로

$\dfrac{3}{7}<\dfrac{a}{9}<\dfrac{1}{2}$, 즉 $\dfrac{27}{7}<a<\dfrac{9}{2}$

$\therefore a=4$ **답** ③

26 $x+\dfrac{6}{9}=\dfrac{26}{33}$

$\therefore x=\dfrac{26}{33}-\dfrac{6}{9}=\dfrac{78}{99}-\dfrac{66}{99}=\dfrac{12}{99}$

$\qquad\quad=0.\dot{1}\dot{2}$ **답** ③

P. 16

Step **4** 유형클리닉

1 $\dfrac{26}{11}=2.\dot{3}\dot{6}$ 이므로 소수점 아래 두 개의 숫자 3, 6

이 되풀이되어 나타난다.

따라서 소수점 아래 2000번째 자리의 숫자는 소수점 아래 두 번째 자리의 숫자와 같은 6이다.

    답 6

1-1 $\dfrac{3}{7}=0.\dot{4}2857\dot{1}$ 이므로 6개의 숫자 4, 2, 8, 5, 7, 1

이 되풀이되어 나타난다.

$100=6\times16+4$ 이므로 소수점 아래 100번째 자리의 숫자는 소수점 아래 4번째 자리의 숫자와 같은 5이다.

    답 5

1-2 ③ $3.8\dot{1}\dot{7}$ 은 소수점 아래 두 번째 자리부터, 1, 7이 되풀이되어 나타나므로 소수점 아래 50번째 자리의 숫자는 1이다.

④ $2.9\dot{3}\dot{2}$ 는 3개의 숫자 9, 3, 2가 되풀이되어 나타나고 $50=3\times16+2$ 이므로 소수점 아래 50번째 자리의 숫자는 3이다.

⑤ $2.\dot{1}47\dot{0}$ 은 4개의 숫자 1, 4, 7, 0이 되풀이되어 나타나고 $50=4\times12+2$ 이므로 소수점 아래 50번째 자리의 숫자는 4이다.   **답** ⑤

2 $\dfrac{7}{2^5\times a}$ 이 유한소수가 되게 하는 한 자리의 자연수 a 의 값은 1, 2, 4, 5, 7, 8의 6개이다.

    답 6개

2-1 $\dfrac{11}{560}=\dfrac{11}{2^4\times5\times7}$ 이므로 A 는 7의 배수이다.

$\therefore A=7$ **답** 7

2-2 $\dfrac{17}{102}=\dfrac{1}{6}=\dfrac{1}{2\times3}$ 이므로 N 은 3의 배수이다.

$\qquad\qquad\qquad\qquad\qquad\cdots\cdots$ ㉠

$\dfrac{7}{110}=\dfrac{7}{2\times5\times11}$ 이므로 N 은 11의 배수이다.

$\qquad\qquad\qquad\qquad\qquad\cdots\cdots$ ㉡

㉠과 ㉡에서 N 의 3과 11의 공배수이므로 두 자리의 자연수 N 은

33, 66, 99 $\cdots$ **답**

P. 17

Step **5** 서술형 만점 대비

1 $\dfrac{13}{22}=0.5\dot{9}\dot{0}$ 이므로 소수점 아래 두번째 자리부터 9, 0이 되풀이 되어 나타난다.

따라서 소수점 아래 200번째 자리의 숫자는 9이다.   **답** 9

채점 기준	
분수 $\dfrac{13}{22}$ 을 순환소수로 나타내기	40%
순환마디 구하기	40%
답 구하기	20%

2 $\dfrac{x}{360}=\dfrac{x}{2^3\times3^2\times5}$ 이므로 x 는 9의 배수이다.

$80\le x\le90$ 이고 $\dfrac{x}{360}=\dfrac{9}{y}$ 이므로

$x=9\times9=81$

이때 $\dfrac{81}{360}=\dfrac{9}{40}=\dfrac{9}{y}$ 이므로 $y=40$

    답 $x=81,\ y=40$

채점 기준	
$\dfrac{x}{360}$의 분모를 소인수분해 하기	30%
x의 값 구하기	40%
y의 값 구하기	30%

3　$3.0\dot{2} = \dfrac{302-30}{90} = \dfrac{272}{90} = \dfrac{136}{45}$,

$0.\dot{4} = \dfrac{4}{9}$이므로

$\dfrac{136}{45} = \dfrac{4}{9} \times \dfrac{b}{a}$

$\therefore \dfrac{b}{a} = \dfrac{136}{45} \times \dfrac{9}{4} = \dfrac{34}{5}$

따라서 $a=5$, $b=34$이므로

$a+b=39$

채점 기준	
$3.0\dot{2}$를 분수로 나타내기	20%
$0.\dot{4}$를 분수로 나타내기	20%
주어진 식에 대입하여 계산하기	40%
답 구하기	20%

4　㈎에서 A가 될 수 있는 수는

11, 22, 33, $\cdots$, 99

㈏에서 $\dfrac{A}{1400} = \dfrac{A}{2^3 \times 5^2 \times 7}$이므로

A는 7의 배수이다.

$\therefore A = 11 \times 7 = 77$　　　　　답 77

채점 기준	
㈎에서 A의 조건 구하기	30%
㈏에서 A의 조건 구하기	50%
답 구하기	20%

02 단항식의 계산

P. 18~21

Step **1** 교과서 이해

01 5^8　　　　　**02** a^{13}

03 b^{10}　　　　　**04** x^{14}

05 $a^5 b^7$　　　　　**06** $x^6 y^3$

07 5^{12}　　　　　**08** a^{24}

09 x^{13}　　　　　**10** a^{10}

11 x^9　　　　　**12** a^{18}

13 $x^{10} y^{18}$　　　　　**14** 2^5

15 a^3　　　　　**16** a^2

17 1　　　　　**18** $\dfrac{1}{7^3}$

19 $\dfrac{1}{x^6}$　　　　　**20** 1

21 $\dfrac{1}{c^4}$　　　　　**22** x^5

23 a　　　　　**24** 2^5

25 $\dfrac{1}{a^4}$　　　　　**26** x^6

27 $\dfrac{1}{a^2}$　　　　　**28** 1

29 1　　　　　**30** $\dfrac{1}{x^{14}}$

31 $\dfrac{1}{y^{10}}$　　　　　**32** $a^6 b^{12}$

33 $-32y^{10}$　　　　　**34** $8a^3 b^3$

35 $x^2y^6z^8$

36 x^5y^2

37 $a^2b^3c^3$

38 x^6y^6

39 $x^{14}y^7z^7$

40 $a^{14}b^{14}$

41 $x^{19}y^8z^{21}$

42 $(2^4)^3=(2^3)^2\times2^{\square},\ 2^{12}=2^6\times2^{\square}$
$\therefore \square=6 \ \cdots$ 답

43 $9^{\square}=3^5\times3^4\div3^3=3^6=9^3$
$\therefore \square=3 \ \cdots$ 답

44 $a^{\square\times4}=a^{20} \quad \therefore \square=5 \ \cdots$ 답

45 $(a^3b^{\boxed{2}})^{\boxed{3}}=a^9b^6$

46 $(-2x^2y)^{\boxed{3}}=\boxed{-8}\,x^{\boxed{6}}y^3$

47 $\dfrac{125}{a^3}$

48 $\dfrac{x^5}{y^{10}}$

49 $\dfrac{x^{20}}{y^{16}}$

50 $\dfrac{16x^8}{a^4}$

51 $\dfrac{-8y^3}{x^6}$

52 $\dfrac{4a^2x^2}{y^4}$

53 $\dfrac{(-2b^3)^6}{a^{15}}=\dfrac{64b^{18}}{a^{15}}$

54 $x^6y^3\times\dfrac{1}{x^2y^2}=x^4y$

55 $\dfrac{b^{12}}{a^9}\times\dfrac{a^4}{b^8}=\dfrac{b^4}{a^5}$

56 $\left(\dfrac{b^{\boxed{2}}}{a}\right)^5=\dfrac{b^{10}}{a^{\boxed{5}}}$

57 $\left(\dfrac{a^{\boxed{2}}}{x}\right)^3=\dfrac{a^6}{x^{\boxed{3}}}$

58 $\left(\dfrac{\boxed{-2}\,x^3}{y^3z^4}\right)^5=\dfrac{-8x^9}{y^9z^{\boxed{12}}}$

59 $\left(\dfrac{abc^{\boxed{2}}}{x}\right)^6\times\dfrac{a^{\boxed{6}}b^{\boxed{6}}c^{12}}{x^{\boxed{6}}}$

60 $6ab$

61 $-3a^3$

62 $4x^2y$

63 $6x^8$

64 $-108x^5$

65 $100a^8b^4$

66 $567a^{10}b^7$

67 ab^5

68 $108x^{11}y^{16}$

69 $\dfrac{3b}{a}$

70 $-\dfrac{2a^2}{x}$

71 $-\dfrac{16}{y^3}$

72 $\dfrac{16}{27y^7}$

73 $-\dfrac{3x}{y^4}$

74 $-\dfrac{3}{4x^3}$

75 $4a^2b^2$

76 $\dfrac{16a^2}{b}$

77 $-\dfrac{26}{ab}$

78 $-2x^7y$

79 $8x^5y^5$

80 $-2x^5y$

81 $-\dfrac{a^3}{3x}$

82 $-\dfrac{2}{9}x^2y^3$

83 $\boxed{}=\dfrac{12x^3y^3}{-4x^2y}=-3xy^2$

84 $\boxed{}=6x^2y\div\dfrac{1}{2x}=6x^2y\times2x$
$=12x^3y$

85 $\boxed{}+3-2=5 \quad \therefore \boxed{}=4$

86 $\boxed{}=9x^6y^3\div9x^6y^4\times(-8x^3y^6)$
$=-8x^3y^5$

87 높이를 $\boxed{}$ 라고 하면

$7a \times 3b \times \boxed{} = 42a^2b$

$\therefore \boxed{} = 2a\,(\text{cm})$ **답** $2a\,\text{cm}$

88 $8x^6y^3 \div 4x^3y^2 \times 81x^2y^4 \div 36x^4y^2 = \dfrac{9}{2}xy^3$

89 $2a^2b^4 \times 27a^3b^6 \div (-8a^6b^3) \div 36a^2b^2$

$= -\dfrac{3b^5}{16a^3}$

P. 22~23

Step2 개념탄탄

01 $3^{x+2} = 3^x \times 3^2 = \boxed{9} \times 3^x$ **답** 9

02 $5^2 \times 5^6 = 5^8$ **답** 8

03 $64^2 = (2^6)^2 = 2^{12} = (2^3)^4$

$= x^4$ **답** ④

04 $x^{3 \times 4 \times 5} = x^{60}$ **답** ⑤

05 $(2x^a)^b = 2^b x^{ab} = 32x^{10}$

$32 = 2^5$이므로 $b = 5$

$ab = 10$에서 $b = 5$이므로 $a = 2$

$\therefore a + b = 7$ **답** 7

06 $\dfrac{3^{2x}}{3^6} = 3^{10}$에서 $2x - 6 = 10$

$\therefore x = 8$ **답** 8

07 $a^{10-5} \div a^5 = a^5 \div a^5 = 1$ **답** ①

08 $2^{12-4} = 2^{2x}$에서 $2x = 8$

$\therefore x = 4$ **답** ④

09 ①, ②, ④, ⑤ x^7

③ x^{12} **답** ③

10 $3^{10} + 3^{10} + 3^{10} = 3 \times 3^{10} = 3^{1+10}$

$= 3^{11}$ **답** ②

11 $a^9b^6 \times a^2b^4 = a^{11}b^{10}$

따라서 $m = 11$, $n = 10$이므로

$m + n = 21$ **답** 21

12 $-28x^{13}y^5 = Ax^By^C$이므로

$A = -28$, $B = 13$, $C = 5$ $\cdots$ **답**

13 $\dfrac{3}{4}a^3b^2 \times 16a^2b^2 = 12a^5b^4$ $\cdots$ **답**

14 $\dfrac{1}{4}a^2b^4 \times a^3b \times (-b^3) = -\dfrac{1}{4}a^5b^8$ $\cdots$ **답**

15 $-4x^2y$

16 $36a^{10}b^8 \div 9a^4b^6 \div \dfrac{4}{9}a^2b^4 = \dfrac{9a^4}{b^2}$ $\cdots$ **답**

17 $-4xy^2$

18 $9x^4y^2 \times 2y^2 \div 6x^3y^2 = 3xy^2$ $\cdots$ **답**

19 $\boxed{} = 4x^2 \div 4x^4 \times 3x^3 = 3x$ $\cdots$ **답**

20 $\boxed{} = 18a^7b^7 \div 2a^4b^5 = 9a^3b^2$ $\cdots$ **답**

P. 24~27

Step3 실력완성

01 ② $(ab)^m = a^m b^m$

③ $a^m \div a^n = \begin{cases} a^{m-n} & (m > n) \\ 1 & (m = n) \\ \dfrac{1}{a^{n-m}} & (m < n) \end{cases}$

⑤ $\left(\dfrac{b}{a}\right)^m = \dfrac{b^m}{a^m}$ **답** ①, ④

02 ① $(x^7)^3 = x^{21}$

③ $(3xy)^3 = 27x^3y^3$

④ $(x^2y^3)^2 = x^4y^6$ **답** ②, ⑤

03 $2^a \times (2^2)^2 \times (2^3)^3 = 2^{15}$에서

$a + 4 + 9 = 15$ $\therefore a = 2$

$(3^3)^3 \div \{(3^2)^4 \div 3^3\} = 3^b$에서

$9 - 5 = b$ $\therefore b = 4$ **답** $a = 2, b = 4$

04 $a^8 \div a^2 \div a^4 = a^2$

① $a^8 \div \dfrac{1}{a^2} = a^{10}$

② $a^8 \div a^6 = a^2$

③ $a^8 \times a^2 = a^{10}$

④ $a^2 \div a^8 = \dfrac{1}{a^6}$

⑤ $a^2 \times a^4 = a^6$ **답** ②

05 $(x^5)^{\square} \div x^{21} = \dfrac{1}{x}$에서

$21 - 5 \times \square = 1$이므로 $\square = 4$ **답** 4

06 (ㄷ) $(x^3)^4 \times x^3 = x^{12+3} = x^{15}$

(ㅁ) $\left(\dfrac{2x^3}{y^2}\right)^3 = \dfrac{8x^9}{y^6}$ **답** (ㄱ), (ㄴ), (ㄹ)

07 $216 = 2^3 \times 3^3$이므로

$216^3 = (2^3 \times 3^3)^3 = 2^9 \times 3^9$

따라서 $a = 3$, $b = 9$, $c = 9$이므로

$a + b + c = 21$ **답** ⑤

08 $3^{10} \times 2^{11} \times (1+2) = 2^{11} \times 3^{10} \times 3$

$= 2^{11} \times 3^{11}$

$= (2 \times 3)^{11} = 6^{11}$ **답** ③

09 $\dfrac{1}{4^{10}} = \dfrac{1}{(2^2)^{10}} = \dfrac{1}{2^{20}} = \dfrac{1}{(2^5)^4}$

$= \dfrac{1}{A^4}$ **답** ④

10 ② $5^n \times 5^{n+1} = 5^{n+n+1} = 5^{2n+1}$

$(5^2)^{n+1} = 5^{2 \times (n+1)} = 5^{2n+2}$ **답** ②

11 $4^8 \times 5^{20} = (2^2)^8 \times 5^{20} = 2^{16} \times 5^{16} \times 5^4$

$= 5^4 \times (2 \times 5)^{16}$

$= 625 \times 10^{16}$

$\therefore n = 3 + 16 = 19$ **답** ③

12 $A = 5 \times 5^5 = 5^6$

$B = 5 \times \dfrac{1}{5^5} = \dfrac{1}{5^4}$

$\therefore AB = 5^6 \times \dfrac{1}{5^4} = 5^2 = 25$ **답** 25

채점 기준

A의 값 구하기	40%
B의 값 구하기	40%
답 구하기	20%

13 ① $12x^7$ ② $27a^6$

③ $24x^2y^3$ ⑤ $8a$ **답** ④

14 ② $(-8a^6b^3) \times 4a^2b^2 = -32a^8b^5$ **답** ②

15 $2a \times 3b \times 4ab = 24a^2b^2$ $\cdots$ **답**

16 $(x^2y^6 \div x^3y^6)^2 = \left(\dfrac{1}{x}\right)^2 = \dfrac{1}{x^2}$ **답** ⑤

17 $-4b \div \square = -12a^2b$이므로

$\square = -4b \div (-12a^2b) = \dfrac{1}{3a^2}$ **답** ③

18 (직사각형의 넓이) $= 6x^2y^2 \times 3x^3y^4$

$= 18x^5y^6$

삼각형의 넓이가 $18x^5y^6$이므로 삼각형의 높이를 $\square$라고 하면

$\dfrac{1}{2} \times 12x^3y^4 \times \square = 18x^5y^6$

$\therefore \square = 3x^2y^2$ $\cdots$ **답**

채점 기준

직사각형의 넓이 구하기	30%
삼각형의 높이를 구하는 식 세우기	50%
답 구하기	20%

19 $8x^4y^A \div x^4y^2 \times \dfrac{Bx^2}{2y^3} = \dfrac{16x^C}{y^2}$

$4B=16$에서　$B=4$

$3-(A-2)=2$에서　$A=3$

$C=2$

$\therefore A+B+C=9$　　　답 ②

20 $\pi \times (3a)^2 \times h = 36\pi a^2 b$

$9\pi a^2 h = 36\pi a^2 b$　　$\therefore h=4b$　　답 ⑤

21 어떤 단항식을 A라 하면

$A \div 3y^2 = 4x^2y$　　$\therefore A = 4x^2y \times 3y^2 = 12x^2y^3$

따라서 바르게 계산하면

$12x^2y^3 \times 3y^2 = 36x^2y^5$ ⋯ 답

채점 기준	
주어진 단항식 구하기	50%
바르게 계산한 답 구하기	50%

22 구하는 높이를 h라 하면

$3xy^3 \times 5xy^2 \times h = 45x^4y^6$

$\therefore h = 3x^2y$ ⋯ 답

23 (원기둥 A의 부피)$=\pi r^2 h$

(원기둥 B의 부피)$=\pi \times (2r)^2 \times kh$

$\qquad\qquad\qquad = 4\pi kr^2 h$

$\pi r^2 h = 4\pi kr^2 h$이므로　　$k=\dfrac{1}{4}$　　답 $\dfrac{1}{4}$

24 $V_1 = \dfrac{1}{3} \times \pi \times \left(\dfrac{3}{2}a\right)^2 \times 2a$

$\qquad = \dfrac{3}{2}\pi a^3$

$V_2 = \dfrac{1}{3} \times \pi \times (2a)^2 \times \dfrac{3}{2}a = 2\pi a^3$

$\therefore \dfrac{V_1}{V_2} = \dfrac{3}{2}\pi a^3 \div 2\pi a^3 = \dfrac{3}{4}$　　답 $\dfrac{3}{4}$

채점 기준	
V_1 구하기	40%
V_2 구하기	40%
답 구하기	20%

P. 28

Step 4 유형클리닉

1 $3^2 \times 5^{13} \times (2^3)^4 = 3^2 \times 5^{13} \times 2^{12}$

$\qquad = 3^2 \times 5 \times 5^{12} \times 2^{12}$

$\qquad = 45 \times (2 \times 5)^{12}$

$\qquad = 45 \times 10^{12}$

$\therefore n = 2+12 = 14$　　답 ③

1-1 $2^{15} \times 5^{17} = 2^{15} \times 5^{15} \times 5^2$

$\qquad = (2 \times 5)^{15} \times 25$

$\qquad = 25 \times 10^{15}$

$\therefore n = 2+15 = 17$　　답 17

1-2 $\dfrac{2^{45} \times (3^2 \times 5)^{20}}{(2 \times 3^2)^{20}} = \dfrac{2^{45} \times 3^{40} \times 5^{20}}{2^{20} \times 3^{40}}$

$\qquad = 2^{25} \times 5^{20}$

$\qquad = 2^5 \times 2^{20} \times 5^{20}$

$\qquad = 32 \times (2 \times 5)^{20}$

$\qquad = 32 \times 10^{20}$

$\therefore n = 2+20 = 22$　　답 22

2 (직육면체의 부피)$=(3x^2y^2)^2 \times \dfrac{\pi x^2}{y}$

$\qquad\qquad\qquad = 9\pi x^6 y^3$

(구슬 1개의 부피)$=\dfrac{4}{3}\pi \times \left(\dfrac{1}{2}x^2y\right)^3$

$\qquad\qquad\qquad = \dfrac{4}{3}\pi \times \dfrac{1}{8}x^6y^3$

$\qquad\qquad\qquad = \dfrac{1}{6}\pi x^6 y^3$

따라서 만들 수 있는 구슬의 개수는

$9\pi x^6 y^3 \div \dfrac{1}{6}\pi x^6 y^3 = 54$(개)　　답 54개

2-1 $\dfrac{1}{3} \times \pi \times (6a^3b)^2 \times 4ab^2$

$\qquad = 48\pi a^7 b^4$ ⋯ 답

2-2 직사각형의 가로의 길이를 r라 하면
세로의 길이는 $2r$이므로
$$V_1=\pi r^2 \times 2r=2\pi r^3$$
$$V_2=\frac{4}{3}\pi r^3$$
$$\therefore \frac{V_1}{V_2}=2\pi r^3 \div \frac{4}{3}\pi r^3=\frac{3}{2}$$

답 $\dfrac{3}{2}$

---

3 $3x^3y^5 \times \left(-\dfrac{4}{3y^2}\right) \times \dfrac{1}{4}x^2=Ax^By^C$ 에서
$$A=3 \times \left(-\frac{4}{3}\right) \times \frac{1}{4}=-1$$
$$B=3+2=5, \quad C=5-2=3$$
$$\therefore A+B+C=7$$

답 7

채점 기준	
주어진 식의 좌변 정리하기	40%
A, B, C의 값 구하기	30%
답 구하기	30%

---

4 높이를 h라 하면
$$2x^2 \times 6xy \times h=144x^5y^3$$
$$12x^3y \times h=144x^5y^3$$
$$\therefore h=12x^2y^2 \ \cdots \ \text{답}$$

채점 기준	
식 세우기	50%
답 구하기	50%

P. 29

Step 5 서술형 만점 대비

1 $2 \times 3 \times 4 \times 5 \times 6 \times 7 \times 8 \times 9 \times 10$
$=2 \times 3 \times 2^2 \times 5 \times 2 \times 3 \times 7 \times 2^3 \times 3^2 \times 2 \times 5$
$=2^8 \times 3^4 \times 5^2 \times 7^1$
$$\therefore a+b+c+d=8+4+2+1=15$$

답 15

채점 기준	
각 수를 소인수분해하기	30%
지수법칙을 써서 간단히 하기	50%
답 구하기	20%

2 $A=\dfrac{3^x}{3^2}$ 에서 $\quad 3^x=9A$

$B=5^x \times 5$ 에서 $\quad 5^x=\dfrac{B}{5}$

$$\therefore 225^x=(3^2 \times 5^2)^x=3^{2x} \times 5^{2x}$$
$$=(3^x)^2 \times (5^x)^2$$
$$=(9A)^2 \times \left(\frac{B}{5}\right)^2$$
$$=81A^2 \times \frac{B^2}{25}$$
$$=\frac{81}{25}A^2B^2$$

답 $\dfrac{81}{25}A^2B^2$

채점 기준	
3^x을 A를 사용하여 나타내기	20%
5^x을 B를 사용하여 나타내기	20%
225를 소인수분해하기	30%
답 구하기	30%

정답 및 해설

3000제 꿀꺽수학

03 다항식의 계산

P. 30~34

Step **1** 교과서 이해

01 $8x+5$

02 $-7x-11$

03 $-5x-6y$

04 $7a+3b$

05 $-\dfrac{1}{2}a+\dfrac{14}{15}b$

06 $-x-y+1$

07 $-a+2b-2$

08 $-3x-y+2$

09 $4x-3y$

10 $-4x-4y$

11 이차식

12 $2x^2+7x-12$

13 x^2+x+2

14 $-x^2-3x-4$

15 $-x^2-8x+4$

16 $3x^2+x+12$

17 $-5x^2+6x+10$

18 $16x^2-16x$

19 $7x^2-5x+6$

20 $\dfrac{1}{6}x^2+\dfrac{7}{6}x+\dfrac{1}{3}$

21 $9x^2-5y^2$

22 $-x^2+9x+3$

23 전개

24 $6a+2b$

25 $15x-20y$

26 $3a-\dfrac{15}{2}b+6$

27 $-24x+28y+8$

28 $6a^2-10ab$

29 $-3x^2+6xy-15x$

30 $-10x^4+5x^3+15x^2$

31 $-8x^3+4x^2-8x$

32 $3a+\dfrac{2}{3}b$

33 $4a-3$

34 x^2y+xy^2

35 $-3y+2x$

36 $4+b-2a$

37 $-9x^2-6xy+3y^2$

38 $axy-a+a^2x^2$

39 $-6a+9b-3c$

40 $8x-7y$

41 $-3x+5y+16$

42 x^3-x^2

43 $-x^2-8xy$

44 a^2-2a

45 $-3a^3b^2+a^2b^3-7ab^4$

46 $-ab+b^2$

47 $10x$

48 $7x-y$

49 $6xy+9y^2$

50 $2ac+6ad+bc+3bd$

51 $2ab-a+6b-3$

52 $6xy+4x-9y-6$

53 $-x^2+8x-15$

54 $3x^2+7xy+4y^2$

55 $-3a^2+13ab-12b^2$

56 x^2-2x-y^2+2y

57 $2a^2-2ab-3a+b+1$

58 $2x^3-7x^2+12x-9$

59 $4a^3-7a^2+7a-3$

60 x^2+6x+9

61 $9x^2+12x+4$

62 $16x^2+40xy+25y^2$

63 $16x^2+4xy+\dfrac{1}{4}y^2$

64 x^2-4x+4

65 $4x^2-20x+25$

66 $4a^2-12ab+9b^2$

67 $\dfrac{1}{4}x^2-\dfrac{3}{5}xy+\dfrac{9}{25}y^2$

68 x^2-25

69 $16-a^2$

70 $9x^2-4$

71 $4x^2-9$

72 x^4-16

73 x^2+5x+6

74 $x^2+0.5x+0.06$

75 $x^2-11x+18$

76 x^2-4x-5

77 $x^2-6x-40$

78 $x^2+9x-36$

79 $6x^2+11x+4$

80 $4x^2-12x-7$

81 $12x^2+11x-15$

82 $6x^2-19x+15$

83 $103^2=(100+3)^2$
$\quad=100^2+2\times100\times3+3^2$
$\quad=10000+600+9$
$\quad=10609\ \cdots$ 답

84 $1.05^2=(1+0.05)^2$
$\quad=1^2+2\times1\times0.05+0.05^2$
$\quad=1+0.1+0.0025$
$\quad=1.1025\ \cdots$ 답

85 $98^2=(100-2)^2$
$\quad=100^2-2\times100\times2+2^2$
$\quad=10000-400+4$
$\quad=9604\ \cdots$ 답

86 $399^2=(400-1)^2$
$\quad=400^2-2\times400\times1+1^2$
$\quad=160000-800+1$
$\quad=159201\ \cdots$ 답

87 $81\times79=(80+1)\times(80-1)$
$\quad=80^2-1^2=6400-1$
$\quad=6399\ \cdots$ 답

88 $102\times98=(100+2)\times(100-2)$
$\quad=100^2-2^2=10000-4$
$\quad=9996\ \cdots$ 답

89 $50.3\times49.7=(50+0.3)\times(50-0.3)$
$\quad=50^2-0.3^2=2500-0.09$
$\quad=2499.91\ \cdots$ 답

90 $6.2\times5.8=(6+0.2)\times(6-0.2)$
$\quad=6^2-0.2^2=36-0.04$
$\quad=35.96\ \cdots$ 답

91 $91\times92=(90+1)\times(90+2)$
$\quad=90^2+(1+2)\times90+1\times2$
$\quad=8100+270+2$
$\quad=8372\ \cdots$ 답

92 $103\times105=(100+3)\times(100\times5)$
$\quad=100^2+(3+5)\times100+3\times5$
$\quad=10000+800+15$
$\quad=10815\ \cdots$ 답

93 (주어진 식)$=(-4x^2y^6)\div2y^5=-2x^2y$
$\quad=-2\times3^2\times(-1)=18\ \cdots$ 답

94 (주어진 식)$=x^2y^3\times\dfrac{2}{xy^4}\times\dfrac{1}{10}xy^2$
$\quad=\dfrac{1}{5}x^2y=\dfrac{1}{5}\times(-2)^2\times(-1)$
$\quad=-\dfrac{4}{5}\ \cdots$ 답

95 (주어진 식)$=xz-yz+xy-xz-yz+xy$
$\quad=2xy-2yz$
$\quad=2\times3\times(-5)-2\times(-5)\times10$
$\quad=70\ \cdots$ 답

96 (주어진 식)$=\dfrac{2}{z}-\dfrac{3}{x}+\dfrac{4}{y}=\dfrac{2}{4}-\dfrac{3}{2}+\dfrac{4}{3}$
$\quad=\dfrac{1}{3}\ \cdots$ 답

97 $a=2x-6$

98 $S=a+arn,\ arn=S-a$
$\therefore n=\dfrac{S-a}{ar}\ \cdots$ 답

99 $A=2\pi r^2+2\pi rh,\ 2\pi rh=A-2\pi r^2$
$\therefore h=\dfrac{A}{2\pi r}-r\ \cdots$ 답

100 $2S=ah+bh,\ ah=2S-bh$
$\therefore a=\dfrac{2S}{h}-b\ \cdots$ 답

101 $4(2a-3b)=3a,\ 5a=12b$

$\therefore a=\dfrac{12}{5}b$ … 답

102 $5(3x-2y)=3(x-4y),\ 12x=-2y$

$\therefore y=-6x$ … 답

103 $3x-(2x-1)+3=x+4$ … 답

104 $-4x+5(-3x+2)+3=-19x+13$ … 답

105 $y=-x-1$이므로

$3x+2(-x-1)-2=x-4$ … 답

106 $x=-y-1$이므로

$2(-y-1+y)-3y=-3y-2$ … 답

107 $x^2+y^2=(x+y)^2-2xy$

$\quad=5^2-2\times(-2)=29$ … 답

108 $(x-y)^2=(x+y)^2-4xy$

$\quad=5^2-4\times(-2)=33$ … 답

109 $x^2+y^2=(x-y)^2+2xy$

$\quad=1^2+2\times4=9$ … 답

110 $(x+y)^2=(x-y)^2+4xy$

$\quad=1^2+4\times4=17$ … 답

111 $(x-y)^2=4^2$에서 $x^2+y^2-2xy=16$

$20-2xy=16,\ 2xy=4 \qquad \therefore xy=2$ … 답

112 $(x+y)^2=5^2$에서 $x^2+y^2+2xy=25$

$17+2xy=25,\ 2xy=8 \qquad \therefore xy=4$ … 답

113 $\left(a+\dfrac{1}{a}\right)^2=3^2$에서 $a^2+\dfrac{1}{a^2}+2\cdot a\cdot\dfrac{1}{a}=9$

$a^2+\dfrac{1}{a^2}+2=9 \qquad \therefore a^2+\dfrac{1}{a^2}=7$ … 답

114 $\left(a-\dfrac{1}{a}\right)^2=6^2$에서 $a^2+\dfrac{1}{a^2}-2\cdot a\cdot\dfrac{1}{a}=36$

$a^2+\dfrac{1}{a^2}-2=36 \qquad \therefore a^2+\dfrac{1}{a^2}=38$ … 답

P. 35~36

Step2 개념탄탄

01 $21x^2-7x+17$

02 $-4a-17b$

03 어떤 식을 $\square$라고 하면

$5x^2-4x+9-\square=7x^2-9x+12$

$\therefore \square=(5x^2-4x+9)-(7x^2-9x+12)$

$\quad=-2x^2+5x-3$

따라서 바르게 계산한 식은

$5x^2-4x+9+(-2x^2+5x-3)=3x^2+x+6$

… 답

04 $6a^3b-4a^2b^2+3a^3b^2$

05 $3x-7y+2=ax+by+c$이므로

$a=3,\ b=-7,\ c=2$

$\therefore abc=-42$ … 답

06 $\square=5(x^2+x+1)-(2x^2-3x+5)$

$\quad=3x^2+8x$ … 답

07 (주어진 식)$=2x-3-2x+3=0$ … 답

08 $5x^2-8x-x^2+2x=4x^2-6x$

$\therefore a=4,\ b=-6$ … 답

09 $(x-y)(x-2y)=x^2-3xy+2y^2$ 답 -3

10 $(x-2y)^2=x^2-\boxed{4}\,xy+4y^2$ 답 4

11 $\left(a+\dfrac{1}{4}\right)^2=a^2+2\times a\times\dfrac{1}{4}+\left(\dfrac{1}{4}\right)^2$

$\quad=a^2+\boxed{\dfrac{1}{2}}\,a+\dfrac{1}{16}$ 답 $\dfrac{1}{2}$

12 $(x+5)(x-2)=x^2+3x-10$ 답 ①

13 $(2x-3y)(x+4y)=2x^2+5xy-12y^2$
$\therefore a=5,\ b=-12$ … 답

14 $49\times51=(50-1)\times(50+\boxed{1})$
$\qquad\qquad=2500-\boxed{1}$
$\qquad\qquad=\boxed{2499}$
$\qquad\qquad$ 답 (가) : 1, (나) : 1, (다) : 2499

15 (주어진 식)$=-2x+3y-3$
$\qquad\qquad=-2\times3+3\times1-3$
$\qquad\qquad=-6$ … 답

16 $b=3a-2$에서 $3a=b+2$ $\therefore a=\dfrac{b+2}{3}$
$\therefore 2\times\dfrac{b+2}{3}-3b+4=-\dfrac{7}{3}b+\dfrac{16}{3}$ … 답

17 $-2y=-2x+12$ $\therefore y=x-6$ … 답

18 $(x-y)^2=(x+y)^2-4xy=(-3)^2-4\times1$
$\qquad\qquad=5$ … 답

19 $\left(x+\dfrac{1}{x}\right)^2=2^2$에서 $x^2+\dfrac{1}{x^2}+2\times x\times\dfrac{1}{x}=4$
$\therefore x^2+\dfrac{1}{x^2}=2$ … 답

P. 37~41

Step 3 실력완성

01 (주어진 식)
$=\left(\dfrac{3}{2}a-\dfrac{2}{3}a-a\right)+\left(-2b+\dfrac{5}{3}b+2b\right)$
$=-\dfrac{1}{6}a+\dfrac{5}{3}b$ 답 ①

02 어떤 다항식을 A라고 하면
$A+2x^2-3x+4=5x^2+3x-1$
$\therefore A=3x^2+6x-5$
따라서 바르게 계산하면
$(3x^2+6x-5)-(2x^2-3x+4)=x^2+9x-9$
답 ①

03 $4x-\{4x+3y-(x+2y)\}=4x-(3x-y)$
$\qquad\qquad\qquad\qquad\qquad\quad=x-y$
따라서 $a=1,\ b=-1$이므로
$ab=-1$ 답 ②

04 ① $5a^2-5ab$ ② $3a^2b-6ab^3$
④ $-a^3-2a^2+a$ ⑤ $a^2b^2-2ab^2+3b^3$
답 ③

05 (주어진 식)$=\dfrac{14xy}{7x^2y}-\dfrac{35x^2y^2}{7x^2y}+\dfrac{21x^2y}{7x^2y}$
$=\dfrac{2}{x}-5y+3$ 답 ④

06 (주어진 식)$=\dfrac{16x^2y}{2x}-\dfrac{6xy^2}{2x}-\dfrac{12xy^2}{3y}+\dfrac{9y^3}{3y}$
$=8xy-3y^2-4xy+3y^2$
$=4xy$ … 답

07 $\square=(9x^3-12x^2+6x)\div(-3x)$
$\qquad=-3x^2+4x-2$ 답 ②

08 가로, 세로, 높이가 각각 a, b, c인 직육면체의
겉넓이는 $2(ab+bc+ca)$이므로 구하는 겉넓
이는
$2\{x^2\times(x+1)+(x+1)\times3x+3x\times x^2\}$
$=2(x^3+x^2+3x^2+3x+3x^3)$
$=8x^3+8x^2+6x$ … 답

09 ② $(-6+x)(-6-x)=(-6)^2-x^2$
$\qquad\qquad\qquad\qquad\quad=36-x^2$ 답 ②

10 ① $x^2-2xy+y^2$ ② $y^2-2xy+x^2$
③ $(-x+y)^2=x^2-2xy+y^2$
④ $-(x^2-2xy+y^2)=-x^2-2xy-y^2$
⑤ $x^2+2xy+y^2-4xy=x^2-2xy+y^2$ 답 ④

11 (주어진 식)$=x^2+\left(\dfrac{3}{4}-4a\right)x-3a$이므로

$-3a=3\times\left(\dfrac{3}{4}-4a\right),\ -3a=\dfrac{9}{4}-12a$

$9a=\dfrac{9}{4}\qquad\therefore a=\dfrac{1}{4}$ 　　　　답 $\dfrac{1}{4}$

채점 기준	
주어진 식 전개하기	40%
a의 값 구하기	60%

12 $ax^2+12x+b=9x^2+6cx+c^2$에서

$a=9,\ 6c=12,\ b=c^2$

따라서 $a=9,\ c=2,\ b=4$이므로

$a+b+c=15$ ⋯ 답

13 $(x+a)(x+b)=x^2+(a+b)x+ab$이므로

$a+b=c,\ ab=8$

$a,\ b$가 정수이므로

$ab=1\times8=(-1)\times(-8)$

$\quad\ =2\times4=(-2)\times(-4)$

따라서 c의 값이 될 수 있는 것은

$9,\ -9,\ 6,\ -6$ 　　　　답 ③

14 (주어진 식)$=-2ax^2+(ab-10)x+5b$이므로

$ab-10=11\qquad\therefore ab=21$

$a<b$이고 $a,\ b$가 한 자리의 자연수이므로

$a=3,\ b=7$ ⋯ 답

15 $(x-1)(x+1)=x^2-1,$

$(x^2-1)(x^2+1)=x^4-1,$

$(x^4-1)(x^4+1)=x^8-1,$

$(x^8-1)(x^8+1)=x^{16}-1$

$x^{16}-1=x^a+b$에서 $a=16,\ b=-1$

$\therefore a+b=15$ 　　　　답 15

16 $\left(-\dfrac{1}{3}x-2y\right)^2=\dfrac{1}{9}x^2+\dfrac{4}{3}xy+4y^2$

① $\dfrac{1}{3}x^2+4xy+12y^2$　② $\dfrac{1}{3}x^2-4xy+12y^2$

③ $-\dfrac{1}{3}x^2-4xy-12y^2$　④ $\dfrac{1}{9}x^2+\dfrac{4}{3}xy+4y^2$

⑤ $\dfrac{1}{9}x^2-\dfrac{4}{3}xy+4y^2$ 　　　　답 ④

17 (주어진 식)$=x^4+(a+2)x^3+(2a+b-3)x^2$
$\qquad\qquad\qquad+(-3a+2b)x-3b$

x^3의 계수가 0이므로 $a+2=0$

$\therefore a=-2$

x의 계수가 0이므로 $-3a+2b=0$

$b+2b=0\qquad\therefore b=-3$

$\therefore a+b=-5$ 　　　　답 -5

채점 기준	
주어진 식 전개하기	40%
a의 값 구하기	20%
b의 값 구하기	20%
답 구하기	20%

18 (주어진 식)$=4(x^2+4x+4)+6x^2-7x-20$
$\qquad\qquad\ =10x^2+9x-4$ 　　　　답 ④

19 윤아 : $(x+4)(x+a)=x^2+9x-b$에서

$x^2+(a+4)x+4a=x^2+9x-b$이므로

$a+4=9,\ 4a=-b$

$\therefore a=5,\ b=-20$

유리 : $(x+4)(cx-7)=cx^2+5x-28$에서

$cx^2+(4c-7)x-28=c^2+5x-28$이므로

$4c-7=5\qquad\therefore c=3$

$\therefore a+b-c=5-20-3=-18$ 　　　　답 -18

채점 기준	
윤아의 전개식에서 $a,\ b$의 값 구하기	50%
유리의 전개식에서 c의 값 구하기	40%
답 구하기	10%

20 ① $(80-1)^2 : (a-b)^2$

② $(200+5)^2 : (a+b)^2$

③ $(80-1)(80+1) : (a-b)(a+b)$

④ $(300-3)(300+3) : (a-b)(a+b)$

⑤ $(400+5)(400+3) : (x+a)(x+b)$

　　　　답 ⑤

21 전체 넓이에서 길의 넓이를 빼면

$3x\times2x-3x\times y-2x\times y+y\times y$

$=6x^2-3xy-2xy+y^2$

$=6x^2-5xy+y^2$ ⋯ 답

22 (ㄱ) $2002^2=(2000+2)^2$

(ㄴ) $1997^2=(2000-3)^2$

(ㄷ) $88\times71=(80+8)\times(80-9)$

$\Rightarrow (x+a)(x+b)$

(ㄹ) $201\times205=(200+1)(200+5)$

답 ③

23 구하는 겉넓이는

$2\{(3x+2)(2x-1)+(2x-1)(x+5)$

$+(x+5)(3x+2)\}$

$=2(6x^2+x-2+2x^2+9x-5+3x^2+17x+10)$

$=2(11x^2+27x+3)=22x^2+54x+6$

따라서 $a=22,\ b=54,\ c=6$이므로

$-a+b+c=-22+54+6=38$

답 38

24 $20.5\times19.5=(20+0.5)\times(20-0.5)$

$=20^2-0.5^2=400-0.25$

$=399.75\ \cdots$ **답**

25 (주어진 식)$=x^2y-xy^2-xy^2-x^2y=-2xy^2$

$=-2\times1\times(-2)^2=-8$

답 -8

26 (1) (주어진 식)$=\dfrac{2a^3bc}{abc}-\dfrac{3ab^2c}{abc}+\dfrac{4abc^2}{abc}$

$=2a^2-3b+4c$

(2) $2\times1^2-3\times2+4\times(-3)=2-6-12$

$=-16$

답 (1) $2a^2-3b+4c$ (2) -16

27 $\dfrac{1}{2}(x+x-1)=\dfrac{1}{2}(2x-1)=x-\dfrac{1}{2}$

답 ③

28 $8A+6B-3=8\times\dfrac{x-y}{2}+6\times\dfrac{2x-y+2}{3}-3$

$=4(x-y)+2(2x-y+2)-3$

$=8x-6y+1\ \cdots$ **답**

29 주어진 식을 모두 S에 대하여 풀면

② $S=a(1+rn)$ ③ $S=a(1+rn)$

④ $rn=\dfrac{S}{a}-1$에서 $\dfrac{S}{a}=1+rn$이므로

$S=a(1+rn)$

⑤ $rn=\dfrac{S-1}{a}$에서 $S-1=arn$이므로

$S=1+arn$

답 ⑤

30 $\dfrac{1}{x}=\dfrac{1}{z}-\dfrac{1}{y}=\dfrac{y-z}{yz}$이므로

$x=\dfrac{yz}{y-z}$

답 ②

31 $5(2x+y)=7(3x-2y)$에서

$10x+5y=21x-14y$

$19y=11x$ $\therefore\ \dfrac{x}{y}=\dfrac{19}{11}$

답 $\dfrac{19}{11}$

32 $S=\dfrac{1}{2}\times3a\times b+\dfrac{1}{2}\times2b\times b$

$+\dfrac{1}{2}\times2b\times(3a-2b)$

$=\dfrac{3}{2}ab+b^2+3ab-2b^2$

$=\dfrac{9}{2}ab-b^2$

즉, $\dfrac{9}{2}ab=S+b^2$이므로

$a=(S+b^2)\times\dfrac{2}{9b}=\dfrac{2S}{9b}+\dfrac{2}{9}b$

답 $a=\dfrac{2S}{9b}+\dfrac{2}{9}b$

33 $x^2+xy+y^2=(x+y)^2-xy$

$=5^2-(-2)=27$

답 27

34 $\left(x+\dfrac{1}{x}\right)^2=\left(x-\dfrac{1}{x}\right)^2+4\times x\times\dfrac{1}{x}$

$=5^2+4=29$

답 29

P. 42~43

Step**4** 유형클리닉

1 (주어진 식)$=-3x^2+6xy-3x^2+xy$
$\qquad\qquad\quad =-6x^2+7xy$

따라서 $a=-6$, $b=7$이므로
$ab=-42$ **답** -42

1-1 (주어진 식)$=2x^2-10xy+2x+xy-5y^2+y$
$\qquad\qquad\quad\ =2x^2-9xy-5y^2+2x+y$ **답** -9

1-2 $-2xy+2x^2-15xy+3x^2=-17xy+5x^2$
이므로 $A=-17$, $B=5$
$\therefore B-A=5-(-17)=22$ **답** 22

2 (좌변)$=(2-1)(2+1)(2^2+1)(2^4+1)(2^8+1)$
$\qquad\quad =(2^2-1)(2^2+1)(2^4+1)(2^8+1)$
$\qquad\quad =(2^4-1)(2^4+1)(2^8+1)$
$\qquad\quad =(2^8-1)(2^8+1)=2^{16}-1$
따라서 $x=16$, $y=1$이므로
$x+y=17$ **답** 17

2-1 (좌변)$=(5^2-1)(5^2+1)(5^4+1)(5^8+1)$
$\qquad\quad =(5^4-1)(5^4+1)(5^8+1)$
$\qquad\quad =(5^8-1)(5^8+1)=5^{16}-1$
따라서 $a=16$, $b=-1$이므로
$a+b=15$ **답** 15

2-2 $2018=x$라고 하면
(분모)$=x^2-(x-1)(x+1)=x^2-(x^2-1)$
$\qquad\quad =x^2-x^2+1=1$
$\therefore$ (주어진 식)$=\dfrac{2018}{1}=2018$ **답** 2018

3 (사다리꼴의 넓이)$=(2a^2b^2+6a^2b)\times 3ab\div 2$
$\qquad\qquad\qquad\qquad =3a^3b^3+9a^3b^2$

직사각형의 세로의 길이를 $\boxed{}$ 라고 하면
$3a^2b\times\boxed{}=3a^3b^3+9a^3b^2$
$\therefore \boxed{}=ab^2+3ab$ $\cdots$ **답**

3-1 $S=2(4\times 3+3x+4x)=14x+24$
$14x=S-24$이므로
$x=\dfrac{S-24}{14}$ $\cdots$ **답**

3-2 $\overline{AB}$를 밑변으로 생각하면
($\triangle ABC$의 넓이)$=\dfrac{1}{2}\times c\times b=\dfrac{1}{2}bc$ $\cdots\cdots$ ㉠
$\overline{BC}$를 밑변으로 생각하면
($\triangle ABC$의 넓이)$=\dfrac{1}{2}\times a\times h=\dfrac{1}{2}ah$ $\cdots\cdots$ ㉡
㉠, ㉡이 서로 같으므로
$\dfrac{1}{2}bc=\dfrac{1}{2}ah$ $\qquad \therefore h=\dfrac{bc}{a}$ $\cdots$ **답**

4 $2a+b=3(a-2b)$이므로 $2a+b=3a-6b$에서
$a=7b$
$\therefore \dfrac{2a+b}{a-2b}=\dfrac{14b+b}{7b-2b}=\dfrac{15b}{5b}=3$ **답** 3

4-1 $2y=3x$, 즉 $y=\dfrac{3}{2}x$이므로
$x^2+3xy-4y^2=x^2+3x\times\dfrac{3}{2}x-4\times\left(\dfrac{3}{2}x\right)^2$
$\qquad\qquad\qquad =x^2+\dfrac{9}{2}x^2-4\times\dfrac{9}{4}x^2$
$\qquad\qquad\qquad =-\dfrac{7}{2}x^2$ **답** $-\dfrac{7}{2}x^2$

4-2 $2(x-y)=x+y$이므로 $\qquad x=3y$
$\therefore (2x+7y)\div(x-2y)=(2\times 3y+7y)$
$\qquad\qquad\qquad\qquad\qquad\quad \div(3y-2y)$
$\qquad\qquad\qquad\qquad\quad =13y\div y=13$ **답** 13

P. 44

Step 5 서술형 만점 대비

1 어떤 식을 □라고 하면

$$□+3x^2-2x=5x^2+2x-1$$

$$\therefore □=2x^2+4x-1$$

따라서 바르게 계산한 식은

$$2x^2+4x-1-(3x^2-2x)=-x^2+6x-1$$

답 $-x^2+6x-1$

채점 기준	
어떤 식 구하기	50%
바르게 계산한 식 구하기	50%

2 어두운 부분의 넓이는 직사각형의 넓이에서 네 모퉁이에 있는 직각삼각형의 넓이를 모두 빼면 된다.

$$\therefore 6a\times3b-\frac{1}{2}\times3a\times2b-\frac{1}{2}\times3a\times b$$

$$-\frac{1}{2}\times2b\times2a-\frac{1}{2}\times4a\times b$$

$$=18ab-3ab-\frac{3}{2}ab-2ab-2ab$$

$$=\frac{19}{2}ab$$

답 $\frac{19}{2}ab$

채점 기준	
넓이를 구하는 식 세우기	50%
동류항끼리 정리하여 계산하기	50%

3 $\dfrac{x+y}{xy}=2$에서 $x+y=2xy$이므로

$$\frac{x+4xy+y}{x+xy+y}=\frac{x+y+4xy}{x+y+xy}=\frac{2xy+4xy}{2xy+xy}$$

$$=\frac{6xy}{3xy}=2$$

답 2

채점 기준	
주어진 등식 변형하기	40%
식의 값 구하기	60%

4 $x^2-3x+1=0$에서 $x\neq0$이므로 양변을 x로 나누면 $x-3+\dfrac{1}{x}=0$ $\quad\therefore x+\dfrac{1}{x}=3$

$$\left(x+\frac{1}{x}\right)^2=3^2에서 x^2+2+\frac{1}{x^2}=9$$

$$\therefore x^2+\frac{1}{x^2}=7$$

$$\therefore x^2+\frac{1}{x^2}+x+\frac{1}{x}=7+3=10$$

답 10

채점 기준	
주어진 등식을 변형하여 $x+\dfrac{1}{x}$의 값 구하기	40%
$x^2+\dfrac{1}{x^2}$의 값 구하기	40%
답 구하기	20%

P. 45~47

Step 6 도전 1등급

01 $2.7\dot{0}=\dfrac{270-27}{90}=\dfrac{243}{90}=\dfrac{27}{10}$

따라서 $a=243$, $b=27$, $c=10$이므로

$$a+b+c=280$$

답 280

02 $a=1$, 2, 4, 5일 때, b는 3의 배수가 아닌 수이어야 하므로 1, 2, 4, 5, 7

이때 순서쌍 $(a,\ b)$의 개수는

$$4\times5=20(개)$$

$a=3$, 6, 7일 때 b의 값에 관계없이 항상 순환소수가 되므로 순서쌍 $(a,\ b)$의 개수는

$$3\times7=21(개)$$

따라서 구하는 순서쌍 $(a,\ b)$의 개수는

$$20+21=41(개)$$

답 41개

03 $\dfrac{1}{7}=0.\dot{1}4285\dot{7}$이므로 $f(1)$, $f(2)$, $f(3)$, $\cdots$의 값은 1, 4, 2, 8, 5, 7의 6개의 수가 되풀이되어 나타난다. $50=6\times8+2$이므로

$$f(1)+f(2)+f(3)+\cdots+f(50)$$

$$=8(1+4+2+8+5+7)+1+4$$

$$=221$$

답 221

04 $450=2\times3^2\times5^2$이므로 a는 9의 배수이다.

또, $50<a<80$이고 $\dfrac{a}{450}=\dfrac{7}{b}$이므로

$a=9\times7=63$

$\dfrac{63}{450}=\dfrac{7}{50}$　　$\therefore b=50$

$\therefore a-b=13$　　　　　　　　답 13

05 $32=2^5$이므로 $2^{12}\div2^{10}\div A=2^2\div A=\dfrac{1}{2^5}$

$\therefore A=2^7=128$

$(3^4)^3\div3^9=3^{12-9}=3^3=27$이므로 $B=27$

$\therefore A+B=155$　　　　　　　답 155

06 (주어진 식)$=5\times5^5\times6\times2^7$

$=3\times2^8\times5^6$

$=3\times2^2\times(2\times5)^6$

$=12\times10^6$

따라서 8자리의 자연수이다.　　　답 ③

07 (주어진 식)$=4x^2-x^2y^2\div y^2+xy-x^2$

$=4x^2-x^2+xy-x^2$

$=2x^2+xy$

$=2\times(-3)^2+(-3)\times(-5)$

$=18+15=33$　　　　　답 33

08 주어진 등식을 y에 대하여 풀면 $y=-2x+4$

$\therefore 2x-3y+10=2x-3(-2x+4)+10$

$=2x+6x-12+10$

$=8x-2$

따라서 $A=8,\ B=-2$이므로

$A+B=6$　　　　　　　　　답 6

09 $x<y$이므로

$A=x(y-x)+3y^2+9xy$

$=xy-x^2+3y^2+9xy$

$=-x^2+10xy+3y^2$

$B=3y\{-(x-y)\}-7(4-y^2)$

$=-3xy+3y^2-28+7y^2$

$=-3xy+10y^2-28$

$\therefore A-B=-x^2+13xy-7y^2+28$

따라서 $a=-7,\ b=13$이므로

$a-b=-20$　　　　　　　답 -20

10 $\dfrac{5^{5x}}{5^{3x}+5^x}$ 의 분자, 분모를 5^x으로 나누면

(주어진 식)$=\dfrac{5^{4x}}{5^{2x}+1}=\dfrac{(5^{2x})^2}{5^{2x}+1}=\dfrac{a^2}{a+1}$

답 ④

11 지수 부분을 먼저 계산하면

$2b-\dfrac{2a-3b}{5}+\dfrac{2a-5b}{3}$

$=\dfrac{30b-6a+9b+10a-25b}{15}$

$=\dfrac{4a+14b}{15}$

$=\dfrac{2}{15}(2a+7b)$

$=\dfrac{2}{15}\times15=2$

따라서 구하는 값은

$8^2=64$　　　　　　　　　답 64

12 $S=15\times10-x\times10-15\times y+xy$

$=xy-10x-15y+150$

위의 식을 y에 대하여 풀면

$S=(x-15)y-10x+150$

$(x-15)y=S+10x-150$

$\therefore y=\dfrac{S+10x-150}{x-15}$　$\cdots$ 답

P. 48~50

Step 7 대단원 성취도 평가

01 기약분수로 나타내면

② $\dfrac{1}{2\times5}$　③ $\dfrac{3}{5\times7}$　④ $\dfrac{1}{2\times5^2}$　⑤ $\dfrac{3}{2\times5^3}$

따라서 유한소수로 나타낼 수 없는 것은 ③이다.

답 ③

02 ⑤ $1.2\dot{4}=\dfrac{124-12}{90}=\dfrac{112}{90}=\dfrac{56}{45}$ 답 ⑤

03 ① 0은 유리수이다.

② $1.432432432\cdots=1.\dot{4}3\dot{2}$이므로 순환마디는 432이다.

③ $\dfrac{27}{48}=\dfrac{9}{16}=\dfrac{9}{2^4}$이므로 유한소수로 나타낼 수 있다.

⑤ 정수가 아닌 유리수는 유한소수 또는 순환소수로 나타낼 수 있다.   답 ④

04 ①, ②, ③, ④ a^6 ⑤ a^3 답 ⑤

05 (주어진 식)$=6a^5\times(-8a^9)=-48a^{14}$

따라서 $A=-48,\ B=14$이므로

$A+B=-34$ 답 ②

06 $(-2y)\times\boxed{}=-6x^2y$이므로

$\boxed{}=3x^2$ 답 ③

07 $(-10)^4=10^4=(2\times5)^4=2^4\times5^4$

$\qquad\qquad\quad=16\times5^4$

$\therefore A=16$ 답 ⑤

08 ③ $(-a+b)(-a-b)=(-a)^2-b^2=a^2-b^2$ 답 ③

09 $(x-3y)(x+y-2)$

$=x^2+xy-2x-3xy-3y^2+6y$

$=x^2-2xy-3y^2-2x+6y$

따라서 $a=-2,\ b=6$이므로

$a+b=4$ 답 ⑤

10 (주어진 식)$=4x-3y-2x-1=2x-3y-1$

$\qquad\qquad\quad=2\times5-3\times2-1=3$ 답 ⑤

11 주어진 등식을 y에 대하여 풀면

$-y=x+1 \qquad \therefore y=-x-1$

$\therefore 3x+y-2=3x+(-x-1)-2=2x-3$ 답 ①

12 $a^2+3ab+b^2=(a+b)^2+ab$

$\qquad\qquad\qquad\ =7^2+12=61$ 답 ③

13 주어진 분수를 기약분수로 나타내면

$\dfrac{a}{2^3\times3^3}$이므로 a는 $3^3=27$의 배수이다.

따라서 가장 작은 자연수 a는 27이다.   답 27

14 (좌변)$=y+x+x-y=2x$이므로

$A=2,\ B=0$

$\therefore A+B=2$ 답 2

15 $(3x-4)(5x+m)=15x^2+(3m-20)x-4m$

에서

$3m-20=10 \qquad \therefore m=10$ 답 10

16 $2(x+3y)=3(3x-2y)$에서 $2x+6y=9x-6y$

$7x=12y \qquad \therefore x=\dfrac{12}{7}y$

$x=\dfrac{12}{7}y$를 $\dfrac{2x-4y}{5x+3y}=(2x-4y)\div(5x+3y)$

에 대입하면

$\left(\dfrac{24}{7}y-4y\right)\div\left(\dfrac{60}{7}y+3y\right)=\left(-\dfrac{4}{7}y\right)\div\dfrac{81}{7}y$

$\qquad\qquad\qquad\qquad\qquad\quad=-\dfrac{4}{81}$

답 $-\dfrac{4}{81}$

17 직사각형의 넓이는 ab

산책로는 밑변이 x, 높이가 a인 평행사변형 모양

이므로 그 넓이는 ax

따라서 $T=ab-ax$이므로

$ax=ab-T \qquad \therefore x=b-\dfrac{T}{a}$

답 $x=b-\dfrac{T}{a}$

채점 기준	
직사각형의 넓이 구하기	2점
산책로의 넓이 구하기	2점
T를 $a,\ b,\ x$에 대한 식으로 나타내기	2점
x에 대하여 풀기	2점

3000제 꿀꺽수학

01 연립방정식

P. 52~55

Step 1 교과서 이해

01 (ㄱ), (ㄹ), (ㅁ)

02 (ㄴ), (ㄹ)

03 $1200x+1500y=15000$
$\therefore 4x+5y=50 \cdots$ 답

04 $\dfrac{5}{100}x+\dfrac{15}{100}y=30$
$\therefore x+3y=600 \cdots$ 답

05 $4x+6y=80 \qquad \therefore 2x+3y=40 \cdots$ 답

06 $500x+1000y=10000$
$\therefore x+2y=20 \cdots$ 답

07

x	1	2	3	4	5	6	7	…
y	5	4	3	2	1	0	−1	…

$(1, \boxed{5}), (2, \boxed{4}), (3, \boxed{3}),$
$(4, \boxed{2}), (5, \boxed{1})$

08 $2\times1+1\neq2$ 답 ×

09 $3+2\times3=9$ 답 ○

10 $3\times2-2\times0-6=0$ 답 ○

11 $3\times(-2)+4\times3+6\neq0$ 답 ×

12 $(1, 8), (2, 7), (3, 6), (4, 5), (5, 4),$
$(6, 3), (7, 2), (8, 1)$

13 $(1, 6), (2, 2)$

14 $(1, 5), (4, 4), (7, 3), (10, 2), (13, 1)$

15 연립방정식, 연립일차방정식

16 (ㄱ), (ㄹ)

17 대입법

18 ㉠을 ㉡에 대입하면
$2(1+y)+5y=9, \ 7y=\boxed{7}$
$\therefore y=\boxed{1}$
$y=\boxed{1}$ 을 ㉠에 대입하면 $x=\boxed{2}$
따라서 주어진 연립방정식의 해는
$x=\boxed{2}, \ y=\boxed{1}$ 이다.

19 ㉡을 ㉠에 대입하면
$3x-(2x+3)=4 \qquad \therefore x=7$
$x=7$을 ㉠에 대입하면 $y=17$
$\therefore x=7, \ y=17 \cdots$ 답

20 ㉡을 ㉠에 대입하면
$3x+2(-7x+2)=15 \qquad \therefore x=-1$
$x=-1$을 ㉡에 대입하면 $y=9$
$\therefore x=-1, \ y=9 \cdots$ 답

21 ㉠을 ㉡에 대입하면
$3x-5=-4x+9 \qquad \therefore x=2$
$x=2$를 ㉠에 대입하면 $y=1$
$\therefore x=2, \ y=1 \cdots$ 답

22 ㉠을 ㉡에 대입하면
$2(4y+11)-5y=16 \qquad \therefore y=-2$
$y=-2$를 ㉠에 대입하면 $x=3$
$\therefore x=3, \ y=-2 \cdots$ 답

23 ㉡을 ㉠에 대입하면
$2(3y+5)+5y=-1 \qquad \therefore y=-1$
$y=-1$을 ㉡에 대입하면 $x=2$
$\therefore x=2, \ y=-1 \cdots$ 답

24 가감법

25 ㉡의 양변에 2를 곱하면

$2x+4y=\boxed{10}$ $\quad$ ······ ㉢

㉠에서 ㉢을 변끼리 빼면

$-y=\boxed{-4}$ $\quad$ $\therefore y=\boxed{4}$

$y=\boxed{4}$ 를 ㉡에 대입하면 $x=\boxed{-3}$

따라서 주어진 연립방정식의 해는

$x=\boxed{-3},\ y=\boxed{4}$

26 ㉠×3+㉡ : $\quad 6x-3y=9$

$\qquad\qquad\quad +)\ 5x+3y=1$

$\qquad\qquad\qquad\quad 11x\qquad =10$

$\therefore x=\dfrac{10}{11},\ y=-\dfrac{13}{11}$ ··· **답**

27 ㉠×2−㉡ : $\quad 10x-6y=6$

$\qquad\qquad\quad -)\ 10x+2y=4$

$\qquad\qquad\qquad\quad\ -8y=2$

$\therefore x=\dfrac{9}{20},\ y=-\dfrac{1}{4}$ ··· **답**

28 ㉠×2−㉡ : $\quad 6x-10y=8$

$\qquad\qquad\quad -)\ 6x+\ 4y=-20$

$\qquad\qquad\qquad\quad\ -14y=28$

$\therefore x=-2,\ y=-2$ ··· **답**

29 ㉠×2−㉡ : $\quad 2x-6y=10$

$\qquad\qquad\quad -)\ 2x+\ y=16$

$\qquad\qquad\qquad\quad\ -7y=-6$

$\therefore x=\dfrac{53}{7},\ y=\dfrac{6}{7}$ ··· **답**

30 ㉠×4−㉡×3 : $\quad 12x+28y=60$

$\qquad\qquad\qquad -)\ 12x+\ 9y=15$

$\qquad\qquad\qquad\qquad\quad 19y=45$

$\therefore x=-\dfrac{10}{19},\ y=\dfrac{45}{19}$ ··· **답**

31 ㉠×3−㉡×4 : $\quad 12m-\ 9n=60$

$\qquad\qquad\qquad -)\ 12m-20n=48$

$\qquad\qquad\qquad\qquad\quad 11n=12$

$\therefore m=\dfrac{64}{11},\ n=\dfrac{12}{11}$ ··· **답**

32 ㉠×3−㉡×5 : $\quad 15x+\ 9y=-15$

$\qquad\qquad\qquad -)\ 15x+35y=115$

$\qquad\qquad\qquad\qquad\ -26y=-130$

$\therefore x=-4,\ y=5$ ··· **답**

33 ㉠×2−㉡×3 : $\quad 6x-10y=-18$

$\qquad\qquad\qquad -)\ 6x-\ 9y=39$

$\qquad\qquad\qquad\qquad\ -y=-57$

$\therefore x=92,\ y=57$ ··· **답**

34 ㉠×10, ㉡×3을 하면

$\begin{cases} 3x+2y=11 \\ x+3y=6 \end{cases}$ $\quad \therefore x=3,\ y=1$ ··· **답**

35 ㉠, ㉡을 괄호를 풀어 정리하면

$\begin{cases} 5x+y=5 \\ x-y=6 \end{cases}$ $\quad \therefore x=\dfrac{11}{6},\ y=-\dfrac{25}{6}$ ··· **답**

36 ㉠×4, ㉡×6을 하면

$\begin{cases} 6x+y=12 \\ -2x+5y=12 \end{cases}$ $\quad \therefore x=\dfrac{3}{2},\ y=3$ ··· **답**

37 주어진 방정식은 $\begin{cases} x-2y=5 \ \cdots\cdots\ ㉠ \\ 2x+y=5 \ \cdots\cdots\ ㉡ \end{cases}$ 와

같으므로 ㉠+㉡×2를 하면

$x=3,\ y=-1$ ··· **답**

38 ㉠×2를 하면 $2x+4y=8$ $\qquad$ ······ ㉢

㉢은 ㉡과 같으므로 해는 무수히 많다. ··· **답**

39 ㉠×3을 하면 $6x-9y=9$ $\qquad$ ······ ㉢

㉡, ㉢의 좌변은 같지만 우변은 서로 다르다.

따라서 해는 없다. ··· **답**

40 ㉠×4를 하면 $4x+12y=8$ $\qquad$ ······ ㉢

㉢은 ㉡과 같으므로 해는 무수히 많다. ··· **답**

41 ㉠×3을 하면 $9x+6y=12$ $\qquad$ ······ ㉢

㉡, ㉢의 좌변은 같지만 우변은 서로 다르다.

따라서 해는 없다. ··· **답**

Step2 개념 탄탄

01 ②

02 ① $1+2\times4\neq12$ ② $2+2\times5=12$
③ $3+2\times5\neq12$ ④ $4+2\times3\neq12$
⑤ $5+2\times3\neq12$

답 ②

03 ① $2+2\times4=10$ ② $4+2\times3=10$
③ $6+2\times2=10$ ④ $8+2\times1=10$
⑤ $9+2\times5\neq10$

답 ⑤

04 $2\times a+5\times2-20=0$, $2a=10$
$\therefore a=5$

답 5

05 ②

06 $(1, 5)$, $(2, 3)$, $(3, 1)$

답 3개

07 ④

08 ③

09 $\begin{cases} x-y=3 \\ x+y=27 \end{cases}$

10 $\begin{cases} x+y=2 & \cdots\cdots\ \text{㉠} \\ 4x+3y=8 & \cdots\cdots\ \text{㉡} \end{cases}$

㉠$\times3-$㉡을 하면 $-x=-2$

$\therefore x=2$, $y=0$ $\cdots$ 답

11 $3+5a=8$ $\therefore a=1$
$3b+5=11$ $\therefore b=2$
$\therefore a+b=3$

답 3

12 $x=2$, $y=b$를 $5x-4y=6$에 대입하면
$10-4b=6$에서 $b=1$
$x=2$, $y=1$을 $3x+4y=a$에 대입하면
$6+4=a$ $\therefore a=10$
$\therefore ab=10\times1=10$

답 10

13 $x-2y=5$의 양변에 3을 곱하면
$3x-6y=15$
이 식이 $3x+ky=15$와 같아야 하므로
$k=-6$

답 -6

Step3 실력완성

01 ②, ④

02 $(2, 1)$, $(3, 3)$, $(4, 5)$, $(5, 7)$, $(6, 9)$

답 5개

03 $4\times3a+2a=-28$, $14a=-28$
$\therefore a=-2$

답 ①

04 ① $5\times2-2\times(-1)\neq10$
② $5\times4-2\times5=10$
③ $5\times0-2\times5\neq10$
④ $5\times(-2)-2\times10\neq10$
⑤ $5\times6-2\times11\neq10$

답 ②

05 ① $2\times2+1\neq15$
② $3\times2+5\times1\neq10$
③ $4\times2-2\times1\neq5$
④ $3\times2-1\neq6$
⑤ $4\times1=6-2$

답 ⑤

06 ① $12-5\times1=5$

② $7-5\times0=7$

③ $2-5\times(-1)=7$

④ $(-8)-5\times(-3)=7$

⑤ $0-5\times7\neq7$ 답 ⑤

07 $-4-b=7$ ∴ $b=-11$

$2x+11y=7$에서 $2a+55=7$

$2a=-48$ ∴ $a=-24$

∴ $a+b=-35$ 답 ①

08 $x=-1$을 $2x-y=5$에 대입하면 $y=-7$

$x=-1$, $y=-7$을 $ax+5y=-10$에 대입하면

$-a-35=-10$

∴ $a=-25$ 답 ③

09 ㉠에서 $y=-2x+5$이므로 이것을 ㉡에 대입하면

$7x-5(-2x+5)=9$, $17x-25=9$

따라서 $a=17$, $b=-25$이므로

$a+b=-8$ 답 -8

10 $2a-2=4$ ∴ $a=3$

$a+4b=1$ ∴ $b=-\dfrac{1}{2}$ 답 ③

11 $x=2$, $y=b$를 $5x-2y=8$에 대입하면

$10-2b=8$ ∴ $b=1$

$x=2$, $y=1$을 $2x+ay=7$에 대입하면

$4+a=7$ ∴ $a=3$

∴ $ab=3$ 답 3

채점 기준	
b의 값 구하기	40%
a의 값 구하기	40%
답 구하기	20%

12

$\quad\quad x-2y=-5$

$+)\ \ x+2y=11$

$\quad\quad 2x=6$ ∴ $x=3$, $y=4$

$x=3$, $y=4$를 $2x+ay=3$에 대입하면

$6+4a=3$ ∴ $a=-\dfrac{3}{4}$ 답 ③

13 ③

14 $\begin{cases}3x-4y=-15 & \cdots\cdots ㉠ \\ 2x+3y=7 & \cdots\cdots ㉡\end{cases}$

㉠$\times2-$㉡$\times3$을 하면 $-17y=-51$

∴ $y=3$, $x=-1$

따라서 $a=-1$, $b=3$이므로

$4a-b=-7$ 답 -7

채점 기준	
연립방정식의 해 구하기	70%
답 구하기	30%

15 a, b를 바꾼 연립방정식 $\begin{cases}bx+ay=10 \\ ax+by=-11\end{cases}$ 의

해가 $x=-2$, $y=1$이므로

$\begin{cases}-2b+a=10 \\ -2a+b=-11\end{cases}$ ∴ $a=4$, $b=-3$

따라서 처음의 연립방정식 $\begin{cases}4x-3y=10 \\ -3x+4y=-11\end{cases}$

을 풀면

$x=1$, $y=-2$ ⋯ 답

16 $x:y=1:3$, 즉 $y=3x$이므로

$\begin{cases}y=3x \\ 4x-y=6\end{cases}$ 에서 $x=6$, $y=18$

따라서 $6a-54=12$에서

$a=11$ 답 ③

17 $(9+a)x-2ay=18$이 $2x-y=3$의 양변에 6을

곱한 식, 즉 $12x-6y=18$과 같아야 하므로

$9+a=12$, $-2a=-6$

∴ $a=3$ 답 3

채점 기준	
연립방정식의 해가 무수히 많을 조건 알기	70%
답 구하기	30%

18 $-9+2a=-1$ ∴ $a=4$

$-12+2b=2$ ∴ $b=7$

∴ $b-a=3$ 답 ③

19 $\begin{cases} 7x+3y=26 & \cdots\cdots\ ㉠ \\ -4x+5y=12 & \cdots\cdots\ ㉡ \end{cases}$

㉠×4+㉡×7을 하면 $47y=188$

$\therefore x=2,\ y=4$

따라서 $a=2,\ b=4$이므로

$a^2+b^2=20$ 답 ⑤

20 $\dfrac{x+y+2}{7}=\dfrac{x+1}{3}$에서

$4x-3y=-1 \quad \cdots\cdots\ ㉠$

$\dfrac{x-y+10}{4}=\dfrac{x+1}{3}$에서

$x+3y=26 \quad \cdots\cdots\ ㉡$

㉠+㉡을 하면 $x=5,\ y=7 \cdots$ 답

21 $y=2x$를 $2(x-2y)+7=y-1$에 대입하면

$2(x-4x)+7=2x-1,\ -8x=-8$

$\therefore x=1,\ y=2$

$4=5\times2-a$

$\therefore a=6$ 답 6

채점 기준	
$y=2x$임을 알기	40%
연립방정식의 해 구하기	40%
답 구하기	20%

22 $\begin{cases} 2x-y=3 \\ y=3x-5 \end{cases}$를 풀면 $x=2,\ y=1$

$x=2,\ y=1$을 $ax-4y=6$에 대입하면

$2a-4=6 \quad \therefore a=5$

$x=2,\ y=1$을 $y=-4x+b$에 대입하면

$1=-8+b \quad \therefore b=9$

$\therefore ab=45$ 답 45

23 ③

24 $x+2y=2$의 양변에 2를 곱하면

$2x+4y=4$

위의 식이 $ax+4y=b$와 미지수의 계수는 모두
같고 상수항은 달라야 한다.

$\therefore a=2,\ b\ne4$ 답 ④

25 $5x-y+3=0$의 양변에 -2를 곱하면

$-10x+2y-6=0$

따라서 $k-1=-10$이므로 $k=-9$

답 ①

P. 62

Step4 유형클리닉

1 $\begin{cases} x-2y=0 \\ 2x+y=5 \end{cases}$를 풀면 $x=2,\ y=1$

$x=2,\ y=1$을 $ax+3y=6$에 대입하면

$2a+3=6$에서 $a=\dfrac{3}{2}$

$x=2,\ y=1$을 $x-by=8$에 대입하면

$2-b=8$에서 $b=-6$

$\therefore ab=-9$ 답 -9

1-1 $\begin{cases} x+y=4 \\ 3x-2y=7 \end{cases}$을 풀면 $x=3,\ y=1$

$\begin{cases} 3a+b=3 \\ 3b-a=5 \end{cases} \quad \therefore a=\dfrac{2}{5},\ b=\dfrac{9}{5} \cdots$ 답

1-2 $\begin{cases} 4x+3y=5 \\ 3x-5y=11 \end{cases}$을 풀면 $x=2,\ y=-1$

$\begin{cases} 2a-b=13 \\ 2a+2b=-2 \end{cases}$

$\therefore a=4,\ b=-5 \cdots$ 답

2 $3x+2y=a$의 양변에 2를 곱하면

$6x+4y=2a$

위의 식이 $bx+4y=3+a$와 같아야 하므로

$b=6,\ 3+a=2a \quad \therefore a=3$

$\therefore ab=18$ 답 18

2-1 $-\dfrac{1}{3}x+\dfrac{1}{6}y=a$의 양변에 -6을 곱하면

$2x-y=-6a$

따라서 연립방정식의 해가 없으려면

$-6a\ne3$

$\therefore a\ne-\dfrac{1}{2}$ 답 ①

2-2 $(3-k)x+y=0$의 양변에 3을 곱하면

$3(3-k)x+3y=0$

주어진 연립방정식이 $x=0$, $y=0$ 이외의 해를

가지려면 해가 무수히 많아야 하므로

$3(3-k)=2$

$3k=7$ $\therefore k=\dfrac{7}{3}$ **답** $\dfrac{7}{3}$

---

4 $\begin{cases} 2x-3y=-9 \\ 3x-y=4 \end{cases}$ 를 풀면 $x=3$, $y=5$

$3a+15=36$, $3a=21$ $\therefore a=7$

$3b+5=-7$, $3b=-12$ $\therefore b=-4$

$\therefore a-b=11$ **답** 11

<table>
<tr><td colspan="2">채점 기준</td></tr>
<tr><td>계수에 미지수가 없는 두 방정식을 연립하여 풀기</td><td>50%</td></tr>
<tr><td>a, b의 값 구하기</td><td>40%</td></tr>
<tr><td>답 구하기</td><td>10%</td></tr>
</table>

P. 63

Step 5 서술형 만점 대비

1 $x:y=1:2$, 즉 $y=2x$이므로

$x+2\times 2x=5$ $\therefore x=1$, $y=2$

$a-2\times 2=-1$

$\therefore a=3$ **답** 3

<table>
<tr><td colspan="2">채점 기준</td></tr>
<tr><td>x, y의 관계식 구하기</td><td>30%</td></tr>
<tr><td>연립방정식의 해 구하기</td><td>40%</td></tr>
<tr><td>답 구하기</td><td>30%</td></tr>
</table>

2 주어진 연립방정식은 $\begin{cases} x-2y=-4 \\ 2x+3y=48 \end{cases}$ 이므로

$x=12$, $y=8$

$12a+8=-16$, $12a=-24$

$\therefore a=-2$ **답** -2

<table>
<tr><td colspan="2">채점 기준</td></tr>
<tr><td>계수를 정수로 고치기</td><td>20%</td></tr>
<tr><td>연립방정식의 해 구하기</td><td>50%</td></tr>
<tr><td>답 구하기</td><td>30%</td></tr>
</table>

3 $2x-y-3=x$에서 $x-y=3$ ······ ㉠

$3x+4y+3=x$에서 $2x+4y=-3$ ······ ㉡

㉠, ㉡을 연립하여 풀면 $x=\dfrac{3}{2}$, $y=-\dfrac{3}{2}$

$\dfrac{3}{2}-\dfrac{3}{2}a+3=0$, $-\dfrac{3}{2}a=-\dfrac{9}{2}$

$\therefore a=3$ **답** 3

<table>
<tr><td colspan="2">채점 기준</td></tr>
<tr><td>주어진 방정식을 연립방정식으로 변형하기</td><td>30%</td></tr>
<tr><td>연립방정식의 해 구하기</td><td>40%</td></tr>
<tr><td>답 구하기</td><td>30%</td></tr>
</table>

3000제 꿀꺽수학
02 연립방정식의 활용

P. 64~65

Step 1 교과서 이해

01

	두 자리의 자연수
처음 수	$10x+y$
바꾼 수	$10y+x$

02 $\begin{cases} x+y=13 \\ 10y+x=(10x+y)-9 \end{cases}$

03 $x=7,\ y=6$

04

	아버지	아들
올해의 나이(세)	x	y
18년 후의 나이(세)	$x+18$	$y+18$

05 $\begin{cases} x-y=31 \\ x+18=2(y+18) \end{cases}$

06 $x=44,\ y=13$

07

	작년	증가 또는 감소한 학생 수
남학생 수(명)	x	$\dfrac{20}{100}x$
여학생 수(명)	y	$-\dfrac{10}{100}y$

08 $\begin{cases} x+y=900 \\ \dfrac{20}{100}x-\dfrac{10}{100}y=30 \end{cases}$

09 $x=400,\ y=500$

10

	과자	사탕
개수(개)	x	y
가격(원)	$1000x$	$600y$

11 $\begin{cases} x+y=12 \\ 1000x+600y=10000 \end{cases}$

12 $x=7,\ y=5$

13

	시속 80 km	시속 50 km
거리(km)	x	y
걸린 시간(시간)	$\dfrac{x}{80}$	$\dfrac{y}{50}$

14 $\begin{cases} x+y=210 \\ \dfrac{x}{80}+\dfrac{y}{50}=3 \end{cases}$

15 $x=160,\ y=50$

16

	12 %의 소금물	9 %의 소금물
소금물의 양(g)	x	y
소금의 양(g)	$\dfrac{12}{100}x$	$\dfrac{9}{100}y$

17 $\begin{cases} x+y=300 \\ \dfrac{12}{100}x+\dfrac{9}{100}y=\dfrac{10}{100}\times300 \end{cases}$

18 $x=100,\ y=200$

P. 66

Step 2 개념탄탄

01 토끼 한 마리의 다리는 4개, 오리 한 마리의 다리는 2개이므로
$\begin{cases} x+y=12 \\ 4x+2y=32 \end{cases}$ … **답**

02 두 정수 중 작은 수를 x, 큰 수를 y라고 하면
$y=\boxed{3x}$ …… ㉠
또, $x+y=28$ …… ㉡
㉠을 ㉡에 대입하면
$x+\boxed{3x}=28,\ 4x=28$
$\therefore x=\boxed{7}$

03 $x=\boxed{600}$, $y=\boxed{400}$

따라서 올해의 남학생 수는

$$600-600\times\frac{5}{100}=\boxed{570}\ (\text{명})$$

04 $\begin{cases} x+y=200 \\ \dfrac{2}{100}x+\dfrac{10}{100}y=\dfrac{8}{100}\times200 \end{cases}$

P. 67~69

Step 3 실력완성

01 작은 수를 x, 큰 수를 y라고 하면

$$\begin{cases} x+y=352 & \cdots\cdots\ \text{㉠} \\ y=10x+11 & \cdots\cdots\ \text{㉡} \end{cases}$$

㉠을 ㉡에 대입하면 $x+10x+11=352$

$11x=341$ $\quad\therefore x=31,\ y=321$ **답** 321

02 $4+x+(3x-y)=4+3x+2y$에서

$x=3y$ $\qquad\cdots\cdots\ \text{㉠}$

$4+x+(3x-y)=2y+7+2x$에서

$2x-3y=3$ $\qquad\cdots\cdots\ \text{㉡}$

㉠을 ㉡에 대입하면 $6y-3y=3$

$y=1,\ x=3$ **답** ②

03 십의 자리의 숫자를 x, 일의 자리의 숫자를 y라고 하면

$$\begin{cases} 2x=y+1 & \cdots\cdots\ \text{㉠} \\ 10y+x=10x+y+9 & \cdots\cdots\ \text{㉡} \end{cases}$$

㉠에서 $y=2x-1$이므로 ㉡에 대입하면

$9(2x-1)=9x+9,\ 9x=18$ $\quad\therefore x=2$

$x=2$를 ㉠에 대입하면 $y=3$ **답** 23

04 백의 자리의 숫자를 x, 일의 자리의 숫자를 y라고 하면

$x+3+y=6x$ $\quad\therefore 5x-y=3$ $\quad\cdots\cdots\ \text{㉠}$

$100y+30+x=(100x+30+y)+495$

$-99x+99y=495$

$\therefore -x+y=5$ $\qquad\qquad\cdots\cdots\ \text{㉡}$

㉠+㉡을 하면 $4x=8$

$\therefore x=2,\ y=7$ **답** 237

05 이 날 입장한 어른이 x명, 청소년이 y명이라고 하면

$$\begin{cases} x+y=150 & \cdots\cdots\ \text{㉠} \\ 1000x+700y=132000 & \cdots\cdots\ \text{㉡} \end{cases}$$

㉡에서 $10x+7y=1320$이므로

㉠을 변형한 식 $y=150-x$를 대입하면

$10x+7(150-x)=1320$

$\therefore x=90,\ y=60$ **답** ②

06 현재 아버지의 나이를 x세, 아들의 나이를 y세라고 하면

$$\begin{cases} x+y=58 & \cdots\cdots\ \text{㉠} \\ x+15=2(y+15)-2 & \cdots\cdots\ \text{㉡} \end{cases}$$

㉡에서 $x-2y=13$ $\qquad\cdots\cdots\ \text{㉢}$

㉠×2+㉢을 하면 $3x=129$

$\therefore x=43,\ y=15$

따라서 현재 아버지는 43세이다.

  답 43세

채점 기준	
연립방정식 세우기	30%
연립방정식 풀기	50%
답 구하기	20%

07 맞힌 문제를 x개, 틀린 문제를 y개라고 하면

$$\begin{cases} x+y=20 & \cdots\cdots\ \text{㉠} \\ 5x-2y=51 & \cdots\cdots\ \text{㉡} \end{cases}$$

㉠×5−㉡을 하면 $7y=49$

$\therefore y=7$ **답** ③

08 갑이 이긴 횟수를 x회, 진 횟수를 y회라 하면
을이 이긴 횟수는 y회, 진 횟수는 x회이므로

$$\begin{cases} 2x-y=14 & \cdots\cdots ㉠ \\ 2y-x=2 & \cdots\cdots ㉡ \end{cases}$$

㉠$\times 2+$㉡을 하면 $3x=30$

$\therefore x=10$ **답** ④

09 직사각형의 가로의 길이를 $x\,\mathrm{cm}$, 세로의 길이를 $y\,\mathrm{cm}$라 하면

$$\begin{cases} y=x+10 & \cdots\cdots ㉠ \\ 2(x+y)=36 & \cdots\cdots ㉡ \end{cases}$$

㉡에서 $x+y=18$이므로 ㉠을 대입하면
$2x=8$

$\therefore x=4,\ y=14$

답 가로의 길이 : $4\,\mathrm{cm}$, 세로의 길이 : $14\,\mathrm{cm}$

10 남학생을 x명, 여학생을 y명이라 하면

$$\begin{cases} x+y=540 & \cdots\cdots ㉠ \\ \dfrac{1}{7}x+\dfrac{1}{13}y=540\times\dfrac{1}{9} & \cdots\cdots ㉡ \end{cases}$$

㉡의 양변에 91을 곱하면

$13x+7y=5460 \qquad \cdots\cdots ㉢$

㉠$\times 7-$㉢을 하면 $-6x=-1680$

$\therefore x=280$ **답** 280명

11 처음에 있었던 쌀과 보리의 무게를 각각 $x\,\mathrm{kg}$, $y\,\mathrm{kg}$이라 하면

$$\begin{cases} x+y=200 & \cdots\cdots ㉠ \\ \dfrac{10}{100}x-\dfrac{5}{100}y=200\times\dfrac{4}{100} & \cdots\cdots ㉡ \end{cases}$$

㉡의 양변에 100을 곱하면

$10x-5y=800$

$\therefore 2x-y=160 \qquad \cdots\cdots ㉢$

㉠$+$㉢을 하면 $3x=360$

$\therefore x=120,\ y=80$

따라서 처음에 있었던 쌀의 무게는 $120\,\mathrm{kg}$, 보리의 무게는 $80\,\mathrm{kg}$이다.

답 쌀 : $120\,\mathrm{kg}$, 보리 : $80\,\mathrm{kg}$

채점 기준	
연립방정식 세우기	40%
연립방정식 풀기	50%
답 구하기	10%

12 올라간 거리를 $x\,\mathrm{km}$, 내려온 거리를 $y\,\mathrm{km}$라 하면

$$\begin{cases} y=x+4 & \cdots\cdots ㉠ \\ \dfrac{x}{3}+\dfrac{y}{5}=4 & \cdots\cdots ㉡ \end{cases}$$

㉡에서 $5x+3y=60 \qquad \cdots\cdots ㉢$

㉠을 ㉢에 대입하면 $8x=48$

$\therefore x=6,\ y=10$ **답** ⑤

13 갑의 속력을 초속 $x\,\mathrm{m}$, 을의 속력을 초속 $y\,\mathrm{m}$라고 하면

$$\begin{cases} 80(x+y)=800 \\ 200(x-y)=800 \end{cases}$$

$$\therefore \begin{cases} x+y=10 \\ x-y=4 \end{cases}$$

$\therefore x=7,\ y=3$

따라서 갑의 속력은 초속 $7\,\mathrm{m}$이다.

답 초속 $7\,\mathrm{m}$

14 강물이 흐르는 속력을 시속 $x\,\mathrm{km}$, 정지한 강물에서의 보트의 속력을 시속 $y\,\mathrm{km}$라 하면

$$\begin{cases} (y-x)\times 1=5 \\ (x+y)\times\dfrac{1}{2}=5 \end{cases}$$

$$\therefore \begin{cases} y-x=5 \\ x+y=10 \end{cases}$$

$\therefore x=2.5,\ y=7.5$ **답** 시속 $7.5\,\mathrm{km}$

15 열차의 길이를 $x\,\mathrm{m}$, 열차의 속력을 초속 $y\,\mathrm{m}$라고 하면

$$\begin{cases} 60y=1400+x & \cdots\cdots ㉠ \\ 90y=2150+x & \cdots\cdots ㉡ \end{cases}$$

㉠$-$㉡을 하면 $-30y=-750$

$\therefore y=25,\ x=100$

따라서 열차의 길이는 $100\,\mathrm{m}$이다.

답 $100\,\mathrm{m}$

16 소금물 A의 농도를 $x\%$, 소금물 B의 농도를 $y\%$라고 하면

$$\begin{cases} \dfrac{x}{100}\times 200+\dfrac{y}{100}\times 100=\dfrac{10}{100}\times 300 \\ \dfrac{x}{100}\times 300+\dfrac{y}{100}\times 300=\dfrac{11}{100}\times 600 \end{cases}$$

$$\therefore \begin{cases} 2x+y=30 \\ 3x+3y=66 \end{cases}$$

$\therefore x=8,\ y=14$ **답** ②

17 전체 일의 양을 1이라 하고, 갑, 을이 하루 동안 하는 일의 양을 각각 x, y라고 하면

$$\begin{cases} 4(x+y)=1 & \cdots\cdots\ \text{㉠} \\ 2x+8y=1 & \cdots\cdots\ \text{㉡} \end{cases}$$

㉠$-$㉡$\times 2$를 하면 $-12y=-1$

$\therefore y=\dfrac{1}{12}$

따라서 을이 하루에 $\dfrac{1}{12}$만큼의 일을 하므로 혼자 일을 완성하려면 12일이 걸린다. **답** ③

18 A가 x g, B가 y g 필요하다고 하면

$$\begin{cases} \dfrac{15}{100}x+\dfrac{10}{100}y=250 \\ \dfrac{15}{100}x+\dfrac{30}{100}y=450 \end{cases}$$

$$\therefore \begin{cases} 3x+2y=5000 \\ x+2y=3000 \end{cases}$$

$\therefore x=1000,\ y=1000$ **답** ③

19 6%의 설탕물을 x g, 10%의 설탕물을 y g 섞었다고 하면

$$\begin{cases} x+y=1000 & \cdots\cdots\ \text{㉠} \\ \dfrac{6}{100}x+\dfrac{10}{100}y=\dfrac{7}{100}\times 1200 & \cdots\cdots\ \text{㉡} \end{cases}$$

㉡에서 $3x+5y=4200$ $\cdots\cdots$ ㉢

㉠$\times 5-$㉡을 하면 $2x=800$

$\therefore x=400$ **답** ③

P. 70

Step4 유형클리닉

1 소금물 A의 농도를 $x\%$, 소금물 B의 농도를 $y\%$라고 하면

$$\begin{cases} \dfrac{x}{100}\times 100+\dfrac{y}{100}\times 100=\dfrac{10}{100}\times 200 \\ \dfrac{x}{100}\times 300+\dfrac{y}{100}\times 100=\dfrac{9}{100}\times 400 \end{cases}$$

$$\therefore \begin{cases} x+y=20 \\ 3x+y=36 \end{cases} \qquad \therefore x=8,\ y=12$$

답 A : 8%, B : 12%

1-1 3%의 소금물을 x g, 8%의 소금물을 y g 섞었다고 하면

$$\begin{cases} x+y=500 & \cdots\cdots\ \text{㉠} \\ \dfrac{3}{100}x+\dfrac{8}{100}y=\dfrac{6}{100}\times 500 & \cdots\cdots\ \text{㉡} \end{cases}$$

㉡에서 $3x+8y=3000$ $\cdots\cdots$ ㉢

㉠$\times 8-$㉢을 하면 $5x=1000$

$\therefore x=200$ **답** 200 g

1-2 5%의 소금물을 x g, 10%의 소금물을 y g 섞었다고 하면 증발시킨 물의 양은 $\dfrac{9}{10}x$ g이므로

$$\begin{cases} x+y-\dfrac{9}{10}x=320 & \cdots\cdots\ \text{㉠} \\ \dfrac{5}{100}x+\dfrac{10}{100}y=\dfrac{12.5}{100}\times 320 & \cdots\cdots\ \text{㉡} \end{cases}$$

㉠에서 $x+10y=3200$ $\cdots\cdots$ ㉢

㉡에서 $x+2y=800$ $\cdots\cdots$ ㉣

㉢$-$㉣$\times 5$를 하면 $-4x=-800$

$\therefore x=200$

따라서 증발시킨 물의 양은

$$\dfrac{9}{10}\times 200=180\,(\text{g})$$

답 180 g

2 작년의 남학생 수를 x명, 여학생 수를 y명이라고 하면

$$\begin{cases} x+y=1050 & \cdots\cdots\ \text{㉠} \\ \dfrac{4}{100}x-\dfrac{2}{100}y=9 & \cdots\cdots\ \text{㉡} \end{cases}$$

ⓒ에서 $2x-y=450$ $\qquad$ ······ ⓒ

ⓐ$\times 2-$ⓒ을 하면 $3y=1650$

$\therefore y=550$

따라서 올해의 여학생 수는

$$550-\frac{2}{100}\times 550=539\text{(명)}$$

답 539명

채점 기준

직사각형의 가로의 길이와 세로의 길이에 대한 연립방정식 세우기	50%
연립방정식 풀기	40%
답 구하기	10%

2-1 $\begin{cases} x+y=200 \\ \dfrac{10}{100}x-\dfrac{5}{100}y=200\times\dfrac{4}{100} \end{cases}$ ··· 답

2-2 지난 주에 생산한 제품 A, B의 개수를 각각 x개, y개라고 하면

$$\begin{cases} x+y=500 & \cdots\cdots\ ⓐ \\ -\dfrac{5}{100}x+\dfrac{10}{100}y=500\times\dfrac{4}{100} & \cdots\cdots\ ⓒ \end{cases}$$

ⓒ에서 $-x+2y=400$ $\qquad$ ······ ⓒ

ⓐ$+$ⓒ을 하면 $3y=900$

$\therefore y=300,\ x=200$

따라서 이번 주에 생산한 개수는

$$\text{A}:200-\frac{5}{100}\times 200=190\text{(개)}$$

$$\text{B}:300+\frac{10}{100}\times 300=330\text{(개)}$$

답 A : 190개, B : 330개

2 학생 수를 x명, 전체 입장료의 합을 y원이라고 하면

$$\begin{cases} 1000x+16000=y \\ 2000x-24000=y \end{cases}$$

$$1000x+16000=2000x-24000$$

$$-1000x=-4000$$

$$\therefore x=40$$

$$\therefore y=40000+16000=56000$$

전체 입장료의 합이 56000원이므로 한 사람의 입장료는

$$56000\div 40=1400\text{(원)}$$

답 학생 수 : 40명,
한 사람의 입장료 : 1400원

채점 기준

학생 수와 입장료의 합에 대한 연립방정식 세우기	40%
연립방정식 풀기	30%
답 구하기	30%

P. 71

Step 5 서술형 만점 대비

01 직사각형의 가로의 길이를 $x\,\text{cm}$, 세로의 길이를 $y\,\text{cm}$라고 하면

$$\begin{cases} y=x+20 \\ 2(x+y)=72 \end{cases} \qquad \therefore x=8,\ y=28$$

따라서 넓이는 $8\times 28=224\,(\text{cm}^2)$

답 $224\,\text{cm}^2$

3 걸어간 거리를 $x\,\text{km}$, 달린 거리를 $y\,\text{km}$라고 하면

$$\begin{cases} x+y=5 & \cdots\cdots\ ⓐ \\ \dfrac{x}{4}+\dfrac{y}{6}=1 & \cdots\cdots\ ⓒ \end{cases}$$

ⓒ에서 $3x+2y=12$ $\qquad$ ······ ⓒ

ⓐ$\times 3-$ⓒ을 하면 $y=3$ 답 $3\,\text{km}$

채점 기준

걸어간 거리와 달린 거리에 대한 연립방정식 세우기	50%
연립방정식 풀기	30%
답 구하기	20%

4 전체 일의 양을 1이라 하면 갑이 하루 동안 하는 일의 양은 $\dfrac{1}{8}$, 을이 하루 동안 하는 일의 양은 $\dfrac{1}{12}$이다. 갑이 일한 날 수를 x일, 을이 일한 날 수를 y일이라고 하면

$$\begin{cases} x+y=10 & \cdots\cdots \ \text{㉠} \\ \dfrac{x}{8}+\dfrac{y}{12}=1 & \cdots\cdots \ \text{㉡} \end{cases}$$

㉡에서 $3x+2y=24$ $\qquad\cdots\cdots$ ㉢

㉠$\times3-$㉢을 하면 $y=6$ $\qquad$ 답 6일

채점 기준	
갑, 을이 하루에 하는 일의 양 알기	20%
갑, 을이 일한 날 수에 대한 연립방정식 세우기	40%
연립방정식 풀기	20%
답 구하기	20%

내신 만점 테스트 1회

01 기약분수로 나타내었을 때 분모에 2나 5 이외의 소인수가 있으면 유한소수로 나타낼 수 없다.

$\dfrac{3}{15}=\dfrac{1}{5}$이므로 유한소수로 나타낼 수 없는 것은 $\dfrac{2}{3}$, $\dfrac{5}{7}$의 2개이다.

$\qquad$ 답 ②

02 ③ 유리수는 유한소수 또는 순환소수로 나타낼 수 있다. $\qquad$ 답 ③

03 $x=0.399\cdots$

$$\begin{array}{r} 100x=39.999\cdots \\ -)\ \ 10x=\ \ 3.999\cdots \\ \hline 90x=36 \end{array}$$

$\quad \therefore x=\dfrac{36}{90}=\dfrac{2}{5}$

$\qquad$ 답 ④

04 ① $a^2\times a^4=a^6$

② $(-a)\times(-a^2)\times a^5=a^{1+2+5}=a^8$

③ $(a^5)^2\div(a^2)^3\div a=a^{10}\div a^6\div a$
$\qquad\qquad\qquad\qquad =a^{10-6-1}=a^3$

④ $\left(\dfrac{a}{b}\right)^4\times\left(\dfrac{a^3}{b}\right)^2=\dfrac{a^4}{b^4}\times\dfrac{a^6}{b^2}=\dfrac{a^{10}}{b^6}$

⑤ $a^2b^3\times(-2a^3b^2)\div\dfrac{b^2}{4}=-2a^5b^5\times\dfrac{4}{b^2}$
$\qquad\qquad\qquad\qquad\qquad\qquad =-8a^5b^3$

$\qquad$ 답 ⑤

05 (좌변)$=4y-\{x-(5x+2y-3y+2x)\}$
$\qquad\quad =4y-\{x-(7x-y)\}$
$\qquad\quad =4y-(x-7x+y)$
$\qquad\quad =4y-(-6x+y)=6x+3y$

따라서 $a=6$, $b=3$이므로
$a+b=9$ $\qquad$ 답 ⑤

06 $x+y=4$에서 $(x+y)^2=16$
$x^2+2xy+y^2=16$, $10+2xy=16$
$\therefore xy=3$ $\qquad$ 답 ③

07 $3x^2y \times \boxed{} \times \dfrac{y^3}{x^3} = xy^2$ 이므로

$\boxed{} = \dfrac{x^2}{3y^2}$ 　　　답 ②

08 어떤 식을 $\boxed{}$ 라 하면

$\boxed{} = 3x^2 + 5x - 3 + (2x^2 - 3x + 6)$
$\phantom{\boxed{}} = 5x^2 + 2x + 3$

따라서 바르게 계산한 식은
$5x^2 + 2x + 3 + (2x^2 - 3x + 6) = 7x^2 - x + 9$

답 ⑤

09 ④

10 $\begin{cases} 6x - 15 = -3y \\ x + y = 1 \end{cases}$ 을 풀면

$x = 4, \ y = -3$

$x = 4, \ y = -3$ 을 $6y - 6 = -2ax$,
$6x - 24 = 2by$ 에 각각 대입하면

$-18 - 6 = -8a$ 　　$\therefore a = 3$

$24 - 24 = -6b$ 　　$\therefore b = 0$

$\therefore a + b = 3$ 　　　답 ③

11 $ax - y = -3$ 의 양변에 -3을 곱하면
$-3ax + 3y = 9$

주어진 연립방정식의 해가 없으므로

$-3a = 1$ 　　$\therefore a = -\dfrac{1}{3}$

답 ①

12 $\dfrac{36}{7} = 5\dfrac{1}{7} = 5.\dot{1}4285\dot{7}$ 이므로

$\dfrac{1}{7} = 0.\dot{1}4285\dot{7}$

$\therefore \dfrac{104}{91} = \dfrac{8}{7} = 1\dfrac{1}{7} = 1.\dot{1}4285\dot{7}$

따라서 $\dfrac{104}{91}$ 를 소수로 나타낼 때 소수점 아래

30번째 자리의 수는 7이다. 　　　답 ④

13 $2x + 3y = k + 6$ 에서 $k = 2x + 3y - 6$ 이므로

$3x - 2y = 2(2x + 3y - 6)$

$\therefore x + 8y = 12$ 　　…… ㉠

㉠을 $x + y = 5$ 와 연립하여 풀면

$x = 4, \ y = 1$

$\therefore k = 2 \times 4 + 3 \times 1 - 6 = 5$

답 ③

14 $3a = 0.\dot{1}00\dot{0} = \dfrac{1000}{9999}$,

$5b = 0.\dot{0}01\dot{5} = \dfrac{15}{9999}$

$\therefore 3a + 5b = \dfrac{1000}{9999} + \dfrac{15}{9999}$

$ = \dfrac{1015}{9999} = 0.\dot{1}01\dot{5}$ 　　답 ⑤

15 A, B가 1분 동안 걷는 거리를 각각 $x\,\mathrm{m}, \ y\,\mathrm{m}$
라고 하면

$\begin{cases} 10(x + y) = 1600 \\ 40(x - y) = 2 \times 1600 \end{cases}$ 　$\therefore \begin{cases} x + y = 160 \\ x - y = 80 \end{cases}$

$\therefore x = 120, \ y = 40$ 　　　답 ⑤

16 $\dfrac{a}{72} = \dfrac{a}{2^3 \times 3^2}$ 이므로 a는 9의 배수이다.

$0.\dot{2} < \dfrac{a}{72} < 0.\dot{8}$, 즉 $\dfrac{2}{9} < \dfrac{a}{72} < \dfrac{8}{9}$ 에서

$2 < \dfrac{a}{8} < 8$ 　　$\therefore 16 < a < 64$

따라서 a는 18, 27, 36, 45, 54, 63의 6개
이다.

답 6개

17 $\dfrac{6a^2b - 8ab^2}{a^2b^2} = \dfrac{6}{b} - \dfrac{8}{a}$

$\phantom{\dfrac{6a^2b - 8ab^2}{a^2b^2}} = 6 \div b - 8 \div a$

$\phantom{\dfrac{6a^2b - 8ab^2}{a^2b^2}} = 6 \div \dfrac{3}{7} - 8 \div \left(-\dfrac{1}{3}\right)$

$\phantom{\dfrac{6a^2b - 8ab^2}{a^2b^2}} = 6 \times \dfrac{7}{3} - 8 \times (-3)$

$\phantom{\dfrac{6a^2b - 8ab^2}{a^2b^2}} = 14 + 24 = 38$ 　　답 38

18 $(좌변)=4x^2+12x+9-(16-x^2)$

$\qquad =5x^2+12x-7$

따라서 $a=5$, $b=12$, $c=-7$이므로

$a+b+c=10$ 답 10

19 $6=b+3$ $\quad\therefore b=3$

$3a+\dfrac{1}{3}\times 3=-2$에서 $a=-1$

$\therefore a+b=2$ 답 2

20 $\begin{cases} x+y=15 & \cdots\cdots\ \text{㉠} \\ 900x+700y=11900 & \cdots\cdots\ \text{㉡} \end{cases}$

㉡은 $9x+7y=119$ $\qquad\cdots\cdots$ ㉢

㉠, ㉢을 풀면

$x=7$, $y=8$

답 빵 : 7개, 우유 : 8개

21 조건 ㈏에서 $\dfrac{A}{630}=\dfrac{A}{2\times 3^2\times 5\times 7}$ 이므로 A는

$3^2\times 7$, 즉 63의 배수이다.

$A=63\times n$으로 나타낼 수 있고 조건 ㈎에 의하여 n은 1보다 큰 홀수이다.

$\dfrac{A}{630}\times 40=\dfrac{63\times n}{630}\times 40=4n$

이고 이 수가 어떤 자연수의 제곱이 되려면

$n=(홀수)^2$이어야 한다.

따라서 $n=3^2$, 5^2, 9^2, $\cdots$이므로 A가 세 자리

의 홀수가 되려면 $n=3^2=9$

$\therefore A=63\times 9=567$

답 567

<table>
<tr><td colspan="2">채점 기준</td></tr>
<tr><td>A가 63의 배수임을 알기</td><td>2점</td></tr>
<tr><td>조건 ㈎, ㈐를 이용하여 A가 될 수 있는 수 찾기</td><td>4점</td></tr>
<tr><td>답 구하기</td><td>2점</td></tr>
</table>

22 작년의 남학생과 여학생 수를 각각 x명, y명이라 하면

$\begin{cases} x+y=600 \\ -\dfrac{2}{100}x+\dfrac{6}{100}y=8 \end{cases}$

$\therefore x=350$, $y=250$

따라서 올해의 남학생의 수는

$350-\dfrac{2}{100}\times 350=343$(명)

이고 여학생의 수는

$250+\dfrac{6}{100}\times 250=265$(명)

답 남학생 : 343명, 여학생 : 265명

<table>
<tr><td colspan="2">채점 기준</td></tr>
<tr><td>작년의 남녀 학생수를 미지수로 하여 연립방정식 세우기</td><td>3점</td></tr>
<tr><td>연립방정식 풀기</td><td>3점</td></tr>
<tr><td>답 구하기</td><td>2점</td></tr>
</table>

중간고사 대비 P. 76~79
내신 만점 테스트 2회

01 ① $\dfrac{3}{40}=\dfrac{3}{2^3\times5}$

② $\dfrac{15}{96}=\dfrac{5}{32}=\dfrac{5}{2^5}$

③ $\dfrac{2\times3\times7}{3\times5^2\times7}=\dfrac{2}{5^2}$

④ $\dfrac{3\times7\times13}{2\times3^2\times5\times7}=\dfrac{13}{2\times3\times5}$

⑤ $\dfrac{3\times7}{2\times5}$ 　　　　답 ④

02 ① $\dfrac{31}{99}$ 　　② $\dfrac{53-5}{90}$

③ $\dfrac{364-3}{99}$ 　　④ $\dfrac{245-2}{990}$ 　답 ⑤

03 ⑤ $\left(-\dfrac{2b}{a^2}\right)^3=-\dfrac{8b^3}{a^6}$ 　답 ⑤

04 $\dfrac{5x^2+3xy}{x}-\dfrac{xy-2y^2}{y}=5x+3y-(x-2y)$

$\phantom{\dfrac{5x^2+3xy}{x}}=4x+5y$

$\phantom{\dfrac{5x^2+3xy}{x}}=4\times3+5\times(-2)$

$\phantom{\dfrac{5x^2+3xy}{x}}=2$ 　답 ①

05 $7x+2y+1=5x+y-2$에서

$2x=-y-3$

$\therefore -2x+y+2=-(-y-3)+y+2$

$=2y+5$ 　답 ④

06 $\begin{cases}2a-5b=-1 & \cdots\cdots\ \text{㉠}\\ 2b-5a=-8 & \cdots\cdots\ \text{㉡}\end{cases}$

㉠$\times5+$㉡$\times2$를 하면 $b=1$

$b=1$을 ㉠에 대입하면 $a=2$

$\therefore ab=2$ 　답 ④

07 주어진 연립방정식을 정리하면

$\begin{cases}3x+(a-6)y=2 & \cdots\cdots\ \text{㉠}\\ 6x-10y=1-b & \cdots\cdots\ \text{㉡}\end{cases}$

㉠$\times2$를 하면 $6x+2(a-6)y=4$ $\cdots\cdots$ ㉢

㉡, ㉢이 일치해야 하므로

$2(a-6)=-10,\ 4=1-b$

따라서 $a=1,\ b=-3$이므로

$a-b=4$ 　답 ④

08 $\dfrac{6}{100}\times x+\dfrac{9}{100}\times y=\dfrac{z}{100}\times300$에서

$6x+9y=300z$ 　　$\therefore 2x+3y=100z$

x에 대하여 풀면 $2x=100z-3y$

$\therefore x=50z-\dfrac{3}{2}y$ 　답 ②

09 ① $(-x+y)^2=x^2-2xy+y^2$

② $(3x-5y)^2=9x^2-30xy+25y^2$

④ $(x-y)^2=(y-x)^2$

⑤ $(x+y)^2-(y-x)^2=4xy$ 　답 ③

10 ① $15a^2-10ab-2a^2-8ab=13a^2-18ab$

② $(2x-3y)-(3x-5y)=-x+2y$

③ $5x-\{y-(-x+5y)\}=4x+4y$

④ $\dfrac{6a+3b}{6}-\dfrac{2a-4b}{6}=\dfrac{4a+7b}{6}$

⑤ $9a^2\times\dfrac{5}{3}a\div(-5a)=15a^3\div(-5a)=-3a^2$

　답 ④

11 (좌변)$=5ax^2+(ab-20)x-4b$이므로

$5a=c,\ ab-20=-11,\ -4b=-12$

따라서 $b=3,\ a=3,\ c=15$이므로

$a+b+c=21$ 　답 ③

12 $x^2-5x+\dfrac{5}{x}+\dfrac{1}{x^2}=x^2+\dfrac{1}{x^2}-5\left(x-\dfrac{1}{x}\right)$

$\phantom{x^2-5x+\dfrac{5}{x}+\dfrac{1}{x^2}}=\left(x-\dfrac{1}{x}\right)^2+2-5\left(x-\dfrac{1}{x}\right)$

$\phantom{x^2-5x+\dfrac{5}{x}+\dfrac{1}{x^2}}=2^2+2-5\times2=-4$

　답 ①

13 $(x+1)(y+1)=9$, $xy=3$이므로

$3+x+y+1=9$ $\therefore x+y=5$

① $(x-y)^2=(x+y)^2-4xy=25-12=13$

② $x^2+y^2=(x+y)^2-2xy=25-6=19$

③ $\dfrac{1}{x}+\dfrac{1}{y}=\dfrac{x+y}{xy}=\dfrac{5}{3}$

④ $\dfrac{x}{y}+\dfrac{y}{x}=\dfrac{x^2+y^2}{xy}=\dfrac{19}{3}$

⑤ $(x+y)^2=25$ 　　　　　　답 ④

14 x, y의 값이 절댓값이 같고 부호가 반대이면

$x+y=0$ $\therefore y=-x$ 　　……　㉠

㉠을 $\dfrac{x}{2}-\dfrac{y}{3}=5$에 대입하면

$\dfrac{x}{2}+\dfrac{x}{3}=5$, $\dfrac{5}{6}x=5$ $\therefore x=6$, $y=-6$

$x=6$, $y=-6$을 $3x-ay=-6$에 대입하면

$18+6a=-6$ $\therefore a=-4$ 　　　답 ①

15 2, 3학년 학생 수를 각각 x명, y명이라 하면

$x+y=100$ 　　　　　……　㉠

$x=\dfrac{3}{2}y$이므로 ㉠에 대입하면 $\dfrac{5}{2}y=100$

$\therefore y=40$, $x=60$

2학년 점수의 평균을 a점이라 하면

3학년 점수의 평균은 $\dfrac{3}{2}a$점이므로

$60a+\dfrac{3}{2}a\times40=100\times100$

$120a=10000$ $\therefore a=\dfrac{250}{3}$

따라서 3학년 점수의 평균은

$\dfrac{3}{2}\times\dfrac{250}{3}=125$(점) 　　답 ③

16 갑 : $0.58\dot{3}=\dfrac{583-58}{900}=\dfrac{525}{900}=\dfrac{7}{12}$

을 : $0.\dot{8}\dot{1}=\dfrac{81}{99}=\dfrac{9}{11}$

갑은 분자를, 을은 분모를 바르게 보았으므로 처음의 기약분수는 $\dfrac{7}{11}$이다.

$\therefore \dfrac{7}{11}=0.\dot{6}\dot{3}$ 　　　　답 $0.\dot{6}\dot{3}$

17 $A=\dfrac{12x^5}{-3x^2}=-4x^3$, $B=\dfrac{32x^7}{2x^5}=16x^2$,

$C=\dfrac{4^6\times4}{4^8}=\dfrac{4^7}{4^8}=\dfrac{1}{4}$

$\therefore A\times B\times C=(-4x^3)\times16x^2\times\dfrac{1}{4}=-16x^5$

답 $-16x^5$

18 $(4x+3)(x-6)=4x^2-21x-18$이므로

$2a+3=21$, $ab=-18$

$\therefore a=9$, $b=-2$ … 답

19 $5(x-y)=2(x+y)$, $3x=7y$

$\therefore y=\dfrac{3}{7}x$

$\therefore \dfrac{x}{x+y}+\dfrac{y}{x-y}=x\div(x+y)+y\div(x-y)$

$=x\div\left(x+\dfrac{3}{7}x\right)$

$+\dfrac{3}{7}x\div\left(x-\dfrac{3}{7}x\right)$

$=x\div\dfrac{10}{7}x+\dfrac{3}{7}x\div\dfrac{4}{7}x$

$=\dfrac{7}{10}+\dfrac{3}{4}=\dfrac{29}{20}$

답 $\dfrac{29}{20}$

20 $\dfrac{x-y+1}{3}=\dfrac{x-6}{5}$에서 $5x-5y+5=3x-18$

$\therefore 2x-5y=-23$ 　　　……　㉠

㉠과 $2x+3y=1$을 연립하여 풀면

$x=-4$, $y=3$

따라서 $\dfrac{x+y+1}{4}-k=\dfrac{x-6}{5}$에 대입하면

$\dfrac{-4+3+1}{4}-k=\dfrac{-4-6}{5}$, $-k=-2$

$\therefore k=2$ 　　　　　　　답 2

21
$$m^2+n^2=(ax+by)^2+(bx+ay)^2$$
$$=a^2x^2+2abxy+b^2y^2+b^2x^2+2abxy+a^2y^2$$
$$=x^2(a^2+b^2)+y^2(a^2+b^2)+4abxy$$
$$\cdots\cdots\ \text{㉠}$$

$$a^2+b^2=(a+b)^2-2ab=25-6=19$$

㉠에 $a^2+b^2=19$, $ab=3$을 대입하면

$$19(x^2+y^2)+12xy$$
$$=19\{(x+y)^2-2xy\}+12xy$$
$$=19\{(-3)^2-2\times(-5)\}-60$$
$$=19\times19-60=301$$

답 301

채점 기준

m^2+n^2을 a, b, x, y에 대한 식으로 나타내기	3점
a^2+b^2, x^2+y^2의 값 구하기	2점
답 구하기	3점

22 $x=-2$, $y=-6$을 $cx-2y=18$에 대입하면

$$-2c+12=18 \qquad \therefore c=-3$$

$x=-2$, $y=-6$을 $ax+by=-2$에 대입하면

$$-2a-6b=-2 \qquad \therefore a+3b=1 \quad\cdots\cdots\ \text{㉠}$$

$x=-4$, $y=-14$를 $ax+by=-2$에 대입하면

$$-4a-14b=-2 \qquad \therefore 2a+7b=1 \cdots\cdots\ \text{㉡}$$

㉠, ㉡을 연립하여 풀면 $a=4$, $b=-1$

$$\therefore abc=4\times(-1)\times(-3)=12$$

답 12

채점 기준

c의 값 구하기	2점
a, b에 대한 식 얻기	2점
a, b의 값 구하기	2점
답 구하기	2점

03 부등식

P. 80~83

Step 1 교과서 이해

01 부등식

02 $x-3>2x$

03 $5x\geq1000$

04 $3\times300+2x<2000$
$$\therefore 2x+900<2000$$

05 2 **06** -2, -1, 0, 1

07 0, 1, 2 **08** -2, -1, 0

09 $<$ **10** $<$

11 $<$ **12** $<$

13 $>$ **14** $\leq$

15 $<$ **16** $\geq$

17 $<$ **18** $\geq$

19 $\geq$ **20** $\geq$

21 $\geq$ **22** $>$

23 $\geq$ **24** $<$

25 $\leq$ **26** $<$

27 $<$ **28** $<$

29 $<$ **30** $<$

31 $\geq$ **32** $<$

33 $\geq$ **34** $\leq$

35 $\geq$ **36** $\leq$

37 $\geq$ **38** $\geq$

39 일차부등식

40 $x<8$ 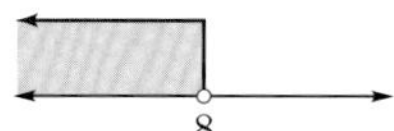

41 $x\leq-15$ 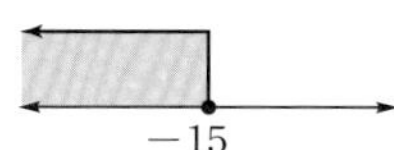

42 $x>-7$ 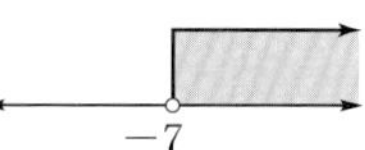

43 $x\geq6$ 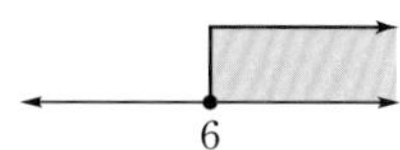

44 $x>-3$ 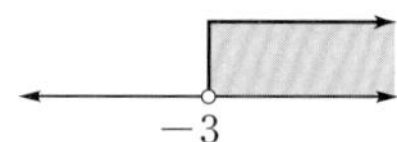

45 $x\geq9$ 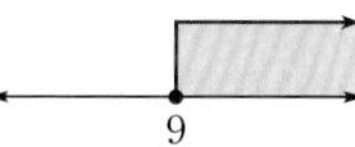

46 $x\leq-8$ 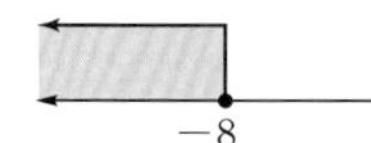

47 $x<4$ 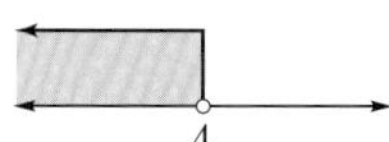

48 $x<-5$ 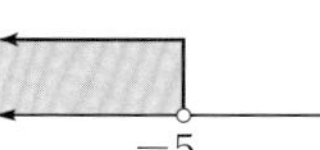

49 $4x-3x<2+8$　$\therefore x<10$ … 답

50 $7x-5x\leq-10-4,\ 2x\leq-14$
$\therefore x\leq-7$ … 답

51 $-5x-2x>12-12,\ -7x>0$
$\therefore x<0$ … 답

52 $5x-8x\geq5+10,\ -3x\geq15$
$\therefore x\leq-5$ … 답

53 $2x-2<5,\ 2x<7$
$\therefore x<\dfrac{7}{2}$ … 답

54 $2x-5x+4\geq-5,\ -3x\geq-9$
$\therefore x\leq3$ … 답

55 $-2x-16\leq3x-6,\ -5x\leq10$
$\therefore x\geq-2$ … 답

56 $3x-6>5x-2,\ -2x>4$
$\therefore x<-2$ … 답

57 $x-5x-20\leq2x-10,\ -6x\leq10$
$\therefore x\geq-\dfrac{5}{3}$ … 답

58 양변에 100을 곱하면 $50-10x<24x$
$-34x<-50$　　$\therefore x>\dfrac{25}{17}$ … 답

59 양변에 10을 곱하면 $6x-35>2x+13$
$4x>48$　　$\therefore x>12$ … 답

60 $0.9x-12\leq x+0.1,\ -0.1x\leq12.1$
$\therefore x\geq-121$ … 답

61 $5x+7.5\geq15-10x,\ 15x\geq7.5$
$\therefore x\geq\dfrac{1}{2}$ … 답

62 $x-2\leq3x-3,\ -2x\leq-1$
$\therefore x\geq\dfrac{1}{2}$ … 답

63 $x+4>2x-6,\ -x>-10$
$\therefore x<10$ … 답

64 $6x-3x+1<3,\ 3x<2$
$\therefore x<\dfrac{2}{3}$ … 답

65 $4x-5x+8>-4,\ -x>-12$
$\therefore x<12$ … 답

66 $x+2-6x\geq2x-18,\ -7x\geq-20$
$\therefore x\leq\dfrac{20}{7}$ … 답

67 $5x-1>x-6$, $4x>-5$

$\therefore x>-\dfrac{5}{4}$ … 답

68 $15x-3-2x-2\leq-1$, $13x\leq4$

$\therefore x\leq\dfrac{4}{13}$ … 답

69 $8x-6>9x$, $-x>6$

$\therefore x<-6$ … 답

70 $3(2x-5)>2(x+3)$, $6x-15>2x+6$

$4x>21$ $\therefore x>\dfrac{21}{4}$ … 답

71 $3x-10\leq x+35$, $2x\leq45$

$\therefore x\leq\dfrac{45}{2}$ … 답

72 $8x+12-9x+15<12$, $-x<-15$

$\therefore x>-15$ … 답

73 $12-x-2\geq2x-6$, $-3x\geq-16$

$\therefore x\leq\dfrac{16}{3}$ … 답

P. 84~85

Step2 개념 탄탄

01 ② : 등식, ③, ⑤ : 다항식

02 $6x<5500$

답 ①, ④

03 ③

04 (ㄱ) $3-1<0$ (거짓)

(ㄴ) $4\times3-3\geq0$ (참)

(ㄷ) $2\times3\leq-4$ (거짓)

(ㄹ) $2\times3+1>-3$ (참)

답 (ㄴ), (ㄹ)

05 $x=-1$일 때, $2\times(-1)-1\leq1$ (참)

$x=0$일 때, $2\times0-1\leq1$ (참)

$x=1$일 때, $2\times1-1\leq1$ (참)

$x=2$일 때, $2\times2-1\leq1$ (거짓)

답 ④

06 $x\leq5$이므로 자연수 x는 1, 2, 3, 4, 5의 5개이다.

답 ⑤

07 (1) $<$ (2) $>$ (3) $<$ (4) $>$

08 (1) $\leq$ (2) $\geq$ (3) $\leq$

09 ④ $8x\leq-24$에서 양변을 8로 나누면 $x\leq-3$

답 ④

10 ① $4<0$ ②, ④ : 등식

③ $x^2+x-5<0$ ⑤ $x-8>0$ 답 ⑤

11 $-2x+3\leq7$의 양변에 -3을 더하면

$-2x+3+\boxed{-3}\leq7-3$

$\boxed{-2}\,x\leq\boxed{4}$

$\therefore x\geq\boxed{-2}$

12 $2x+x<10-3$, $3x<7$

$\therefore x<\dfrac{7}{3}$ … 답

13 $x+3x\geq1-5$, $4x\geq-4$

$\therefore x\geq-1$ … 답

14 $2x+x>2+10$, $3x>12$

$\therefore x>4$ … 답

15 $9x-4x\leq-10$, $5x\leq-10$

$\therefore x\leq-2$ … 답

Step **3** 실력완성

01 (ㄱ) : 다항식(이차식)

(ㄷ), (ㄹ) : 등식 답 ⑤

02 ① $4x+7\leq10$ ② $2x-3>7$

④ $5x<30000$ ⑤ $5x+700>10000$ 답 ③

03 ① $-1-2<4$ (참)

② $1-3\times(-1)>5$ (거짓)

③ $3\times(-1)+1\geq7$ (거짓)

④ $4-(-1)\geq6$ (거짓)

⑤ $2\times(-1)+5<3\times(-1)$ (거짓) 답 ①

04 각 부등식의 해는

① $-1,\ 0,\ 1,\ 2$ ② $1,\ 2$

③ 해가 없다. ④ 2

⑤ $-2,\ -1,\ 0,\ 1,\ 2$ 답 ③

05 ① $3x>3$ ∴ $x>1$ ➡ 2

② $x<1$ ➡ $-1,\ 0$

③ $-2x>-3$ ∴ $x<\dfrac{3}{2}$ ➡ $-1,\ 0,\ 1$

④ $4x>7$ ∴ $x>\dfrac{7}{4}$ ➡ 2

⑤ $x<-3$ ➡ 해가 없다. 답 ③

06 ① $2\times6-1>5$ (참)

② $3>3\times3-2$ (거짓)

③ $3\times0+1<0$ (거짓)

④ $1-3\times(-1)\geq5$ (거짓)

⑤ $1-3\times(-2)\leq1-(-2)$ (거짓) 답 ①

07 ⑤ $a>b$이면 $-\dfrac{a}{7}<-\dfrac{b}{7}$

∴ $-\dfrac{a}{7}+6<-\dfrac{b}{7}+6$ 답 ⑤

08 $4a-5<4b-5$에서 $4a<4b$

∴ $a<b$ 답 ④

09 ①, ②, ③, ⑤ : $<$, ④ : $>$ 답 ④

10 $-1\leq x<4$에서 $2\geq-2x>-8$

∴ $-3<-2x+5\leq7$ 답 ③

11 $-1<x<3$에서 $3>-3x>-9$

∴ $-7<2-3x<5$

따라서 $a=-7,\ b=5$이므로

$ab=-35$ 답 -35

채점 기준	
부등식의 성질을 이용하여 $2-3x$의 값의 범위 구하기	60%
$a,\ b$의 값 구하기	20%
답 구하기	20%

12 $2-2\leq3x+2-2<5-2$, $0\leq3x<3$

∴ $0\leq x<1$ 답 ④

13 $2\leq x\leq4$, $-4\leq-y\leq1$이므로

$-2\leq x-y<5$ 답 ③

14 (ㄱ) 부등식이 아니다.

(ㄴ) $2x-2>3+2x$ ∴ $-5>0$

(일차식)>0의 꼴이 아니다.

(ㄷ) $\dfrac{1}{x}$은 일차식이 아니다.

(ㄹ) $3x-3\geq0$

(ㅁ) $x^2+4x<x^2-1$

∴ $4x+1<0$

(ㅂ) $3x+1\leq3x-6$

∴ $7\leq0$

따라서 일차부등식인 것은 (ㄹ), (ㅁ)이다. 답 (ㄹ), (ㅁ)

15 ① $x>-3$ ② $x<7$

③ $x>3$ ④ $x<-3$

⑤ $x>5$ 답 ③

16 ① $x>-3$　　　　② $x>-3$
③ $x>-3$　　　　④ $x<-3$
⑤ $-2x<6$　　$\therefore x>-3$

답 ④

17 $2x+x\le 8-3,\ 3x\le 5$
$\therefore x\le \dfrac{5}{3}$
따라서 자연수 x는 1의 1개뿐이다.

답 1개

18 $5(x-2)-4(2x+1)<0,$
$5x-10-8x+4<0$
$-3x<6$　　$\therefore x>-2$
따라서 가장 작은 정수 x는 -1이다.

답 -4

19 $4x-x>-7+1,\ 3x>-6$
$\therefore x>-2$

답 ①

20 ① $x<-2$　　　　② $x<2$
③ $x-3x>4+2$　　$\therefore x<-3$
④ $x<3$　　　　⑤ $x>-2$

답 ③

21 $(a-1)x>a-1$에서 $a<1$, 즉 $a-1<0$이므로
양변을 $a-1$로 나누면
$x<1$　　　　답 $x<1$

채점 기준	
$a-1<0$임을 알기	50%
부등식의 해 구하기	50%

22 $2x+1\le 8-ax+a$
$2x+ax\le 8+a-1,\ (a+2)x\le 7+a$
이 부등식의 해가 $x\le 2$이므로
$a+2>0$이고 $\dfrac{7+a}{a+2}=2$
$7+a=2a+4$
$\therefore a=3$

답 ③

23 $5x-5-3x<2x-x-3,\ 2x-x<-3+5$
$\therefore x<2$　　　　…… ㉠
$\dfrac{x-2}{4}-\dfrac{x+a}{5}<0$에서 $5x-10-4x-4a<0$
$\therefore x<10+4a$　　…… ㉡
㉠, ㉡이 같아야 하므로
$10+4a=2$
$\therefore a=-2$　　　　답 -2

채점 기준	
각 일차부등식 풀기	각 40%
답 구하기	20%

24 $4x-9\le 6a-3x,\ 4x+3x\le 6a+9$
$7x\le 6a+9$　　$\therefore x\le \dfrac{6a+9}{7}$
$\dfrac{6a+9}{7}=-3$이므로 $6a+9=-21$
$6a=-30$
$\therefore a=-5$

답 ①

25 $4(x-2)<3(x+a),\ 4x-8<3x+3a$
$\therefore x<3a+8$
즉, $3a+8$보다 작은 자
연수가 1, 2, 3의 3개이
어야 하므로

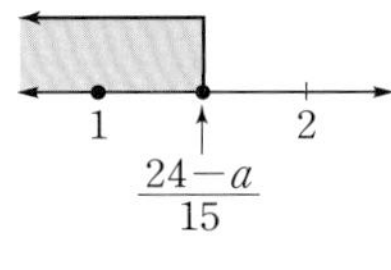

$3<3a+8\le 4,\ -5<3a\le -4$
$\therefore -\dfrac{5}{3}<a\le -\dfrac{4}{3}$

답 ①

26 $24-12x\ge 3x+a$
$-15x\ge a-24$
$\therefore x\le \dfrac{24-a}{15}$
즉, $\dfrac{24-a}{15}$ 이하인 자연수가 1의 1개뿐이어야
하므로
$1\le \dfrac{24-a}{15}<2,\ 15\le 24-a<30$
$-9\le -a<6$
$\therefore -6<a\le 9\ \cdots$ 답

27 $(a-3b)x \geq 4b-2bx-4a$

$(a-3b)x+2bx \geq 4(b-a)$

$\therefore (a-b)x \geq -4(a-b)$

$a<b$, 즉 $a-b<0$이므로

$x \leq -4 \cdots$ 답

28 $5(x-2)-4(2x-3)>20a$

$5x-10-8x+12>20a$

$-3x>20a-2$

$\therefore x<-\dfrac{20a-2}{3}$

$-5<-\dfrac{20a-2}{3}\leq -4$ 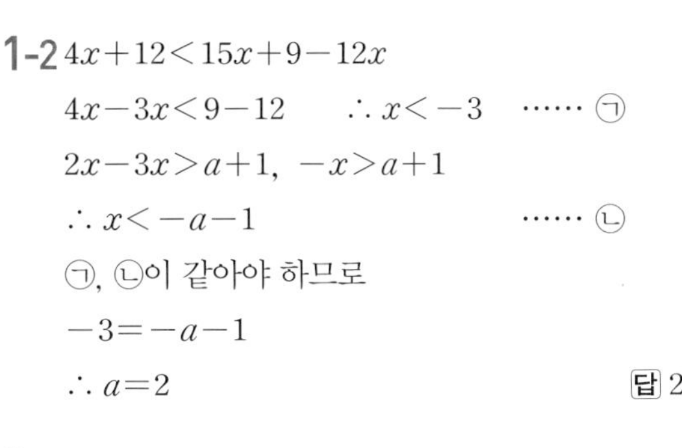

$12 \leq 20a-2 < 15$

$14 \leq 20a < 17$

$\therefore \dfrac{7}{10} \leq a < \dfrac{17}{20}$ 답 ①

29 $\dfrac{1}{2}(x-4)-x \leq \dfrac{3}{10}(x-8)$의 양변에 10을

곱하면

$5(x-4)-10x \leq 3(x-8)$ 답 ㉠

30 양변에 10을 곱하면

$2x-3(x+2)>70-3(2x-3)$

$2x-3x-6>70-6x+9$

$-x+6x>79+6, \ 5x>85$

$\therefore x>17 \cdots$ 답

P. 91

Step 4 유형클리닉

1 $3x-5x+5<-1, \ -2x<-6$

$\therefore x>3 \qquad \cdots\cdots$ ㉠

$5x-3x>a+2, \ 2x>a+2$

$\therefore x>\dfrac{a+2}{2} \qquad \cdots\cdots$ ㉡

㉠, ㉡이 같아야 하므로

$3=\dfrac{a+2}{2}$

$\therefore a=4$ 답 4

1-1 $ax>-2$의 해가 $x<3$이므로

$a<0$이고 $-\dfrac{2}{a}=3$

$\therefore a=-\dfrac{2}{3}$ 답 $-\dfrac{2}{3}$

1-2 $4x+12<15x+9-12x$

$4x-3x<9-12 \qquad \therefore x<-3 \quad \cdots\cdots$ ㉠

$2x-3x>a+1, \ -x>a+1$

$\therefore x<-a-1 \qquad\qquad \cdots\cdots$ ㉡

㉠, ㉡이 같아야 하므로

$-3=-a-1$

$\therefore a=2$ 답 2

2 $10x-6 \leq 9x+3a$

$\therefore x \leq 3a+6$ 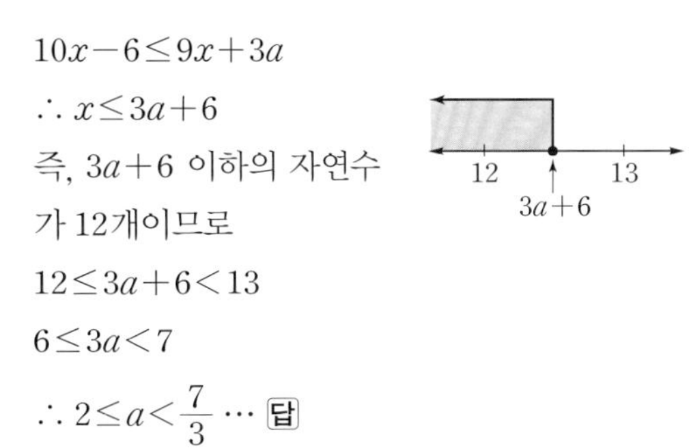

즉, $3a+6$ 이하의 자연수

가 12개이므로

$12 \leq 3a+6 < 13$

$6 \leq 3a < 7$

$\therefore 2 \leq a < \dfrac{7}{3} \cdots$ 답

2-1 $4x-12<3x-9 \qquad \therefore x<3$

따라서 자연수 x는 1, 2의 2개이다.

답 2개

2-2 $8x+18>20x+3a, \ -12x>3a-18$

$\therefore x<\dfrac{6-a}{4}$

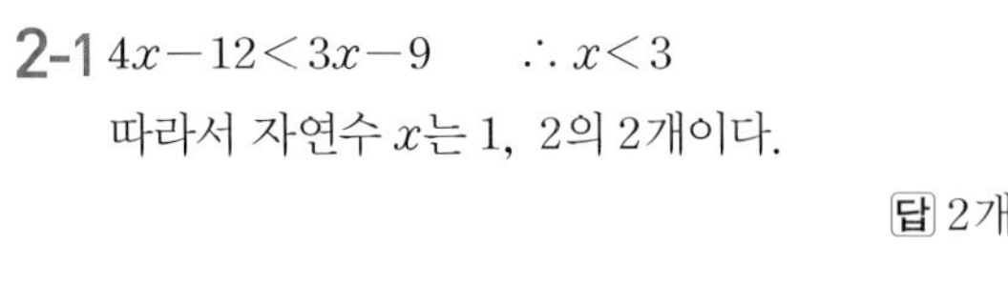

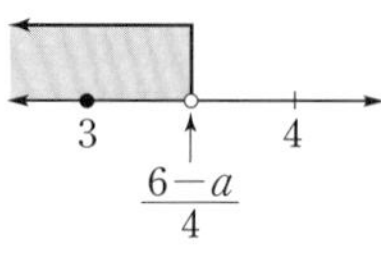

즉, $\dfrac{6-a}{4}$ 보다 작은 자

연수가 1, 2, 3의 3개이

려면

$3<\dfrac{6-a}{4}\leq4,\ 12<6-a\leq16$

$\therefore\ -10\leq a<-6\ \cdots$ 답

채점 기준	
각 일차부등식 풀기	각 30%
해가 같을 조건 알기	30%
답 구하기	10%

4 $3x-12=x+a,\ 2x=a+12$

$\therefore\ x=\dfrac{a+12}{2}$

즉, $\dfrac{a+12}{2}\geq3$이므로 $a+12\geq6$

$\therefore\ a\geq-6\ \cdots$ 답

채점 기준	
일차방정식의 해 구하기	40%
답 구하기	60%

P. 92

Step **5** 서술형 만점 대비

1 $-2<x\leq4$에서 $1>-\dfrac{1}{2}x\geq-2$

즉, $-2\leq-\dfrac{1}{2}x<1$에서

$1\leq3-\dfrac{1}{2}x<4$

$\therefore\ 1\leq A<4\ \cdots$ 답

채점 기준	
부등식의 각 변에 $-\dfrac{1}{2}$을 곱하기	40%
부등식의 각 변에 3을 더하기	40%
답 구하기	20%

2 $3(3x-1)\geq4(2x+1)+6(x-3)$

$9x-3\geq8x+4+6x-18$

$9x-14x\geq-14+3$

$-5x\geq-11\quad\therefore\ x\leq\dfrac{11}{5}\ \cdots$ 답

채점 기준	
부등식의 양변에 12를 곱하기	30%
간단히 정리하기	40%
해 구하기	30%

3 $2x+35<6x-13,\ -4x<-48$

$\therefore\ x>12\qquad\cdots\cdots\ ㉠$

$2(5x-a)>3(3x+2),\ 10x-2a>9x+6$

$\therefore\ x>2a+6\qquad\cdots\cdots\ ㉡$

㉠, ㉡이 같아야 하므로 $12=2a+6$

$\therefore\ a=3\qquad\qquad$ 답 3

---

04 연립일차부등식

P. 93~94

Step 1 교과서 이해

01 연립부등식, 연립일차부등식

02 $x \geq 3$

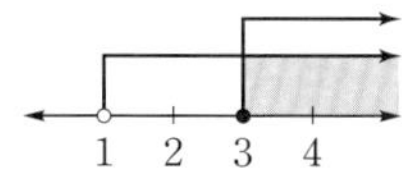

03 $x \leq -1$

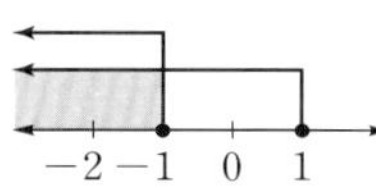

04 $1 \leq x < 5$

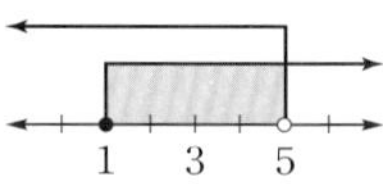

05 $0 \leq x \leq 2$

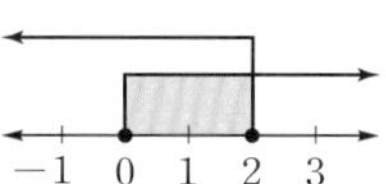

06 ㉠을 풀면 $2x \leq 8$ ∴ $x \leq 4$
ㄴ을 풀면 $-3x > 6$ ∴ $x < -2$
∴ $x < -2$ … 답

07 ㉠을 풀면 $x < -3$
ㄴ을 풀면 $x \leq 1$
∴ $x < -3$ … 답

08 ㉠을 풀면 $2x < -4$ ∴ $x < -2$
ㄴ을 풀면 $-x > -1$ ∴ $x < 1$
∴ $x < -2$ … 답

09 ㉠을 풀면 $4x \geq -8$ ∴ $x \geq -2$
ㄴ을 풀면 $-3x < -9$ ∴ $x > 3$
∴ $x > 3$ … 답

10 ㉠을 풀면 $-x \geq -4$ ∴ $x \leq 4$
ㄴ을 풀면 $-3x \leq 6$ ∴ $x \geq -2$
∴ $-2 \leq x \leq 4$ … 답

11 ㉠을 풀면 $-4x < 12$ ∴ $x > -3$
ㄴ을 풀면 $-4x \geq -16$ ∴ $x \leq 4$
∴ $-3 < x \leq 4$ … 답

12 ㉠을 풀면 $5x + 5 < 3x - 4$, $2x < -9$
∴ $x < -\dfrac{9}{2}$
ㄴ을 풀면 $2x - 2 > -2x - 30$
$4x > -28$ ∴ $x > -7$
∴ $-7 < x < -\dfrac{9}{2}$ … 답

13 ㉠을 풀면 $4x - 4 + 2 > 8 - x$
$5x > 10$ ∴ $x > 2$
ㄴ을 풀면 $x - 1 < 3x - 3$
$-2x < -2$ ∴ $x > 1$
∴ $x > 2$ … 답

14 ㉠을 풀면 $-6x \leq -3$ ∴ $x \geq \dfrac{1}{2}$
ㄴ을 풀면 $9 + 3x \leq 10 + 2x$ ∴ $x \leq 1$
∴ $\dfrac{1}{2} \leq x \leq 1$ … 답

15 ㉠을 풀면 $2x + 2 \geq x + 6$ ∴ $x \geq 4$
ㄴ을 풀면 $6x - 9 \leq 2x + 15$
$4x \leq 24$ ∴ $x \leq 6$
∴ $4 \leq x \leq 6$ … 답

16 ㉠을 풀면 $4x - 7x < 3$ ∴ $x > -1$
ㄴ을 풀면 $2x + 6 \leq 9$ ∴ $x \leq \dfrac{3}{2}$
∴ $-1 < x \leq \dfrac{3}{2}$ … 답

17 ㉠을 풀면 $4x \geq 4$ ∴ $x \geq 1$
ㄴ을 풀면 $2x < -4$ ∴ $x < -2$
공통 부분이 없으므로 해가 없다. … 답

18 ㉠을 풀면 $4x \geq -4$ ∴ $x \geq -1$
ㄴ을 풀면 $3x \leq -3$ ∴ $x \leq -1$
따라서 해는 $x = -1$이다. … 답

19 ㉠을 풀면 $4x \geq 12$ $\quad \therefore x \geq 3$
ㄴ을 풀면 $x \leq 3$
$\therefore x = 3 \cdots$ 답

20 ㉠을 풀면 $5y \geq 25$ $\quad \therefore y \geq 5$
ㄴ을 풀면 $4y + 20 \leq 40$ $\quad \therefore y \leq 5$
$\therefore y = 5 \cdots$ 답

21 $2x + 3 \leq x + 7$을 풀면 $x \leq 4$
$x + 7 < 3x + 3$을 풀면
$-2x < -4$ $\quad \therefore x > 2$
$\therefore 2 < x \leq 4 \cdots$ 답

22 $5x + 6 \geq 7x + 2$를 풀면
$-2x \geq -4$ $\quad \therefore x \leq 2$
$7x + 2 > 3x - 26$을 풀면
$4x > -28$ $\quad \therefore x > -7$
$\therefore -7 < x \leq 2 \cdots$ 답

23 $4x - 6 < 3x + 6$을 풀면 $x < 12$
$3x + 6 \leq 5x + 10$을 풀면
$-2x \leq 4$ $\quad \therefore x \geq -2$
$\therefore -2 \leq x < 12 \cdots$ 답

24 $4x - 3 \leq 2x + 8$을 풀면
$2x \leq 11$ $\quad \therefore x \leq \dfrac{11}{2}$
$2x + 8 \leq 20 - 8x$를 풀면
$10x \leq 12$ $\quad \therefore x \leq \dfrac{6}{5}$
$\therefore x \leq \dfrac{6}{5} \cdots$ 답

25 $\dfrac{2}{3}(x-1) < \dfrac{5}{3}x + 2$를 풀면
$2(x-1) < 5x + 6$
$-3x < 8$ $\quad \therefore x > -\dfrac{8}{3}$
$\dfrac{5}{3}x + 2 \leq 2x$를 풀면 $5x + 6 \leq 6x$
$-x \leq -6$ $\quad \therefore x \geq 6$
$\therefore x \geq 6 \cdots$ 답

26 $3x - 8 < 2x + 1$을 풀면 $x < 9$
$2x + 1 < \dfrac{10x + 7}{3}$을 풀면
$6x + 3 < 10x + 7$
$-4x < 4$ $\quad \therefore x > -1$
$\therefore -1 < x < 9 \cdots$ 답

01 $-2 \leq x < 1$

02 ㉠을 풀면 $2x > -4$ $\quad \therefore x > \boxed{-2}$
ㄴ을 풀면 $3x \geq 3$ $\quad \therefore x \geq \boxed{1}$
따라서 연립부등식의 해는
$\boxed{x \geq 1}$

03 $3y - 2 > 2(y-2)$를 풀면 $y > -2$
$3 - y > 2y - 3$을 풀면 $y < 2$
$\therefore -2 < y < 2 \cdots$ 답

04 $\begin{cases} 12 < 2x + 8 & \cdots\cdots ㉠ \\ \boxed{2x+8} \leq 14 & \cdots\cdots ㄴ \end{cases}$
㉠을 풀면 $x > \boxed{2}$
ㄴ을 풀면 $x \leq \boxed{3}$
$\therefore \boxed{2 < x \leq 3}$

01 ②

02 $5x-8>3x$를 풀면

$2x>8$ $\quad\therefore x>4$

$4x-9\leq x+6$을 풀면

$3x\leq15$ $\quad\therefore x\leq5$

따라서 구하는 해는

$4<x\leq5$ 답 ④

03 $5x-1>7-3x$를 풀면

$8x>8$ $\quad\therefore x>1$

$4x+5\leq6x-1$을 풀면

$-2x\leq-6$ $\quad\therefore x\geq3$

따라서 구하는 해는 $x\geq3$ 답 ④

04 $5-2x<8-x$를 풀면

$-x<3$ $\quad\therefore x>-3$

$2(x-3)<x-a$를 풀면 $x<6-a$

주어진 연립부등식의 해가 $-3<x<2$이므로

$6-a=2$

$\therefore a=4$ 답 4

채점 기준	
각 일차부등식 풀기	각 30%
답 구하기	40%

05 $2x-6<12$를 풀면

$2x<18$ $\quad\therefore x<9$

$24-3x\leq3$을 풀면

$-3x\leq-21$ $\quad\therefore x\geq7$

따라서 $7\leq x<9$이므로 자연수 x는 7, 8의 2개

이다. 답 ②

06 $4x+2>x+8$을 풀면

$3x>6$ $\quad\therefore x>2$

$2x-1\leq9$를 풀면

$2x\leq10$ $\quad\therefore x\leq5$

따라서 $2<x\leq5$를 만족하는 정수는 3, 4, 5이

므로 $M=5$, $m=3$

$\therefore Mm=15$ 답 15

07 $2(x-1)\leq x+1$을 풀면 $x\leq3$

$3x+4\geq2(x+3)$을 풀면 $x\geq2$

$\therefore 2\leq x\leq3$ 답 ③

08 $4-2x<12$를 풀면

$-2x<8$ $\quad\therefore x>-4$

$\dfrac{3x-1}{2}-\dfrac{x+2}{3}\leq x-1$을 풀면

$9x-3-2x-4\leq6x-6$ $\quad\therefore x\leq1$

따라서 $-4<x\leq1$이므로 정수 x는

-3, -2, -1, 0, 1의 5개이다. 답 5개

채점 기준	
각 일차부등식 풀기	각 30%
답 구하기	40%

09 $\dfrac{1}{2}x-3\leq2$를 풀면

$\dfrac{1}{2}x\leq5$ $\quad\therefore x\leq10$

$2x-5>9$를 풀면

$2x>14$ $\quad\therefore x>7$

$3(6-x)\leq4$를 풀면

$-3x\leq-14$ $\quad\therefore x\geq\dfrac{14}{3}$

따라서 구하는 해는

$7<x\leq10$ ⋯ 답

10 $2x-1\geq9$를 풀면

$2x\geq10$ $\quad\therefore x\geq5$

$3-4x>7$을 풀면

$-4x>4$ $\quad\therefore x<-1$

공통 부분이 없으므로 해가 없다. 답 ⑤

11 ① $2x+1>x-1$을 풀면 $x>-2$

$x+3\geq2x$를 풀면 $x\leq3$

$\therefore -2<x\leq3$

② $3x-1\geq x-3$을 풀면 $x\geq-1$

$x+2>2x-3$을 풀면 $x<5$

$\therefore -1\leq x<5$

③ $3x+2>8$을 풀면 $x>2$

$5x+2\geq2x-1$을 풀면 $x\geq-1$

$\therefore x>2$

④ $x-5\geq3x+1$을 풀면 $x\leq-3$

　$x-2<3x+4$를 풀면 $x>-3$

　$\therefore$ 해가 없다.

⑤ $2x+1<-5$를 풀면 $x<-3$

　$5x\leq3x+2$를 풀면 $x\leq1$

　$\therefore x<-3$　　　　　답 ④

12 $-2x\geq x-6$을 풀면 $x\leq2$

$3x-1\geq7-x$을 풀면 $x\geq2$

따라서 구하는 해는 $x=2$　　　답 ③

13 $2x-1\leq x$을 풀면 $x\leq1$

$2x+2\leq3x+1$을 풀면 $x\geq1$

따라서 구하는 해는 $x=1$　　　답 ③

14 (ㄱ)을 풀면 $x<2$

(ㄴ)을 풀면 $x>2$

(ㄷ)을 풀면 $x\geq2$

(ㄹ)을 풀면 $x\leq2$

따라서 연립부등식 $\begin{cases}(ㄷ)\\(ㄹ)\end{cases}$의 해는 $x=2$ 하나뿐이다.　　　답 ⑤

15 $-2x+3<x+6$을 풀면 $x>-1$

$x+6\leq-2x+18$을 풀면 $x\leq4$

$\therefore -1<x\leq4$　　　답 ②

16 $0.2x-1.5<0.5x+0.6$을 풀면

$2x-15<5x+6$　　$\therefore x>-7$

$\dfrac{1}{2}(x-2)-\dfrac{1}{3}(x-3)<1$을 풀면

$3x-6-2x+6<6$　　$\therefore x<6$

따라서 연립부등식의 해는 $-7<x<6$이므로

$a=-7,\ b=6$

$\therefore a+b=-1$　　　답 -1

채점 기준	
각 일차부등식 풀기	각 40%
답 구하기	20%

17 $x-3>2a$를 풀면 $x>2a+3$

$2x-1<7$을 풀면 $x<4$

이 연립부등식의 해가 $-1<x<4$이므로

$2a+3=-1$

$\therefore a=-2$　　　답 ①

18 $3x-6\leq0$을 풀면 $x\leq2$

$x-3<3x-5$를 풀면 $x>1$

따라서 해는 $1<x\leq2$이고, 자연수 x의 값은 2이다.

$x=2$가 $4x-2a=5+a$의 해이므로

$8-2a=5+a$

$\therefore a=1$　　　답 1

채점 기준	
연립부등식의 해 구하기	40%
답 구하기	60%

19 $3x-1<2(x+2)$를 풀면 $x<5$

$2(x+2)\leq5x-a$를 풀면 $x\geq\dfrac{4+a}{3}$

주어진 부등식의 해가 $2\leq x<5$이려면

$\dfrac{4+a}{3}=2$　　$\therefore a=2$

답 ④

20 $5x+4\geq3x+2$를 풀면 $x\geq-1$

$3x-2<2x+a$를 풀면 $x<a+2$

주어진 연립부등식의 해가 없으려면

$a+2\leq-1$

$\therefore a\leq-3$　　　답 ①

21 $4x+1\geq x+4$를 풀면 $x\geq1$

$2x+a\leq5$를 풀면 $x\leq\dfrac{5-a}{2}$

주어진 연립부등식이 해를 가지려면

$\dfrac{5-a}{2}\geq1$　　$\therefore a\leq3$

답 $a\leq3$

채점 기준	
각 일차부등식 풀기	각 30%
답 구하기	40%

22 $6(x+a)<6-3(2-x)$를 풀면

$6x+6a<6-6+3x$

$3x<-6a$ $\quad\therefore x<-2a$

$6-3(2-x)\leq2(2x+1)$을 풀면

$6-6+3x\leq4x+2$ $\quad\therefore x\geq-2$

주어진 부등식을 만족하는
정수 x가 3개이므로
오른쪽 그림에서

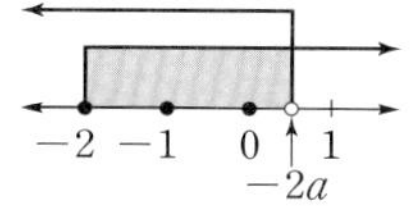

$0<-2a\leq1$ $\quad\therefore -\dfrac{1}{2}\leq a<0$

$\qquad\qquad\qquad\qquad$ 답 ③

주어진 연립부등식이 해를 가지려면

$10-4a\leq\dfrac{3}{2}$, $4a\geq\dfrac{17}{2}$

$\therefore a\geq\dfrac{17}{8}$

따라서 정수 a의 최솟값은 3이다. $\qquad$ 답 3

2-1 $3x+1>x+5$를 풀면 $x>2$

$2x+1\leq a$를 풀면 $x\leq\dfrac{a-1}{2}$

주어진 연립부등식의 해가 없으므로

$\dfrac{a-1}{2}\leq2$ $\quad\therefore a\leq5$

따라서 정수 a의 최댓값은 5이다. $\qquad$ 답 5

2-2 $2x-1\geq0$을 풀면 $x\geq\dfrac{1}{2}$

$2x+3\geq3x-a$를 풀면 $x\leq a+3$

주어진 연립부등식을 만
족하는 정수 x가 1, 2,
3의 3개이려면 오른쪽
그림에서

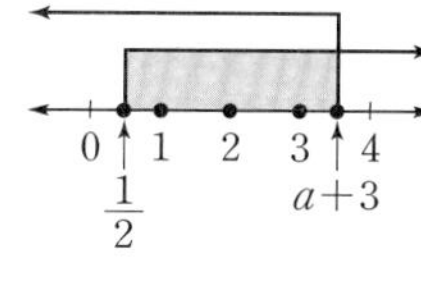

$3\leq a+3<4$

$\therefore 0\leq a<1 \cdots$ 답

P. 100

Step **4** 유형클리닉

1 $x-4>3a$를 풀면 $x>3a+4$

$4x-5<7$을 풀면 $x<3$

주어진 연립부등식의 해가 $-2<x<3$이므로

$3a+4=-2$

$\therefore a=-2$ $\qquad\qquad$ 답 -2

1-1 $x+a\leq3$을 풀면 $x\leq3-a$

$2x-1\leq3x-1$을 풀면 $x\geq0$

주어진 연립부등식의 해가 $b\leq x\leq2$이므로

$3-a=2$, $b=0$ $\quad\therefore a=1$, $b=0$

$\therefore a+b=1$ $\qquad\qquad$ 답 1

1-2 $x+2\geq4$를 풀면 $x\geq2$

$x-2\geq2x-a$을 풀면 $x\leq a-2$

주어진 연립부등식의 해가 $x=2$이므로

$a-2=2$

$\therefore a=4$ $\qquad\qquad$ 답 4

2 $6x-5\leq2x+1$을 풀면 $x\leq\dfrac{3}{2}$

$\dfrac{1}{4}(10-x)\leq a$을 풀면 $x\geq10-4a$

P. 101

Step **5** 서술형 만점 대비

1 $5x+2>3x-4$를 풀면

$2x>-6$ $\quad\therefore x>-3$

$2x-1<-7x+26$을 풀면

$9x<27$ $\quad\therefore x<3$

주어진 연립부등식의 해가 $-3<x<3$이므로

$a=-3$, $b=3$

$\therefore a+b=0$ $\qquad\qquad$ 답 0

채점 기준

각 일차부등식 풀기	각 30%
연립부등식의 해 구하기	20%
답 구하기	20%

2 $8-3x<2x+3$을 풀면

$-5x<-5$ $\therefore x>1$

$3(x-2)-1<5+x$를 풀면

$2x<12$ $\therefore x<6$

따라서 연립부등식의 해는 $1<x<6$이므로

$M=5,\ N=2$

$\therefore M-N=3$ 답 3

채점 기준

각 일차부등식 풀기	각 20%
연립부등식의 해 구하기	20%
$M,\ N$의 값 구하기	20%
답 구하기	20%

3 $3x+1\geq2x+3$을 풀면

$3x-2x\geq3-1$ $\therefore x\geq2$

$3-2x\geq-1$을 풀면

$-2x\geq-4$ $\therefore x\leq2$

따라서 연립부등식의 해는

$x=2$ 답 $x=2$

채점 기준

각 일차부등식 풀기	각 30%
연립부등식의 해 구하기	40%

4 $2x-3\leq7$을 풀면 $x\leq5$

$x+1>a$를 풀면 $x>a-1$

주어진 연립부등식을 만족하는 정수가 1개뿐이려면

$4\leq a-1<5$

$\therefore 5\leq a<6$ … 답

채점 기준

각 일차부등식 풀기	각 20%
a의 값의 범위 구하기	60%

3000제 꿀꺽수학

05 부등식의 활용

P. 102~103

Step 1 교과서 이해

01 (과자값)$=500x$(원),

(상자 값)$=1200\times2=2400$(원)

이므로 지불해야 할 비용은

$500x+2400$(원) … 답

02 $500x+2400\leq15000$

03 부등식을 풀면 $500x\leq12600$

$\therefore x\leq25\dfrac{1}{5}$

x는 자연수이어야 하므로 과자는 최대 25개까지 살 수 있다.   답 25개

04

	갑	을
현재 저축액(원)	50000	70000
매월 저축액(원)	15000	5000
x개월 후의 저축액(원)	$50000+15000x$	$70000+5000x$

05 $50000+15000x>70000+5000x$

06 부등식을 풀면 $10000x>20000$

$\therefore x>2$

따라서 3개월 후이다.   답 3개월 후

07 (1) $2x-4<10$

(2) $3x-5>7$

08 $2x-4<10$을 풀면 $x<7$

$3x-5>7$을 풀면 $x>4$

$\therefore 4<x<7$

09 $4<x<7$을 만족하는 정수는 5, 6이다.

답 5, 6

10		8 %의 소금물	2 %의 소금물
소금물의 양(g)		100g	x g
소금의 양(g)		$\dfrac{8}{100}\times100$	$\dfrac{2}{100}\times x$

11 소금의 양의 합은 $8+\dfrac{2}{100}x=8+0.02x$ (g)

$$4\leq\dfrac{8+0.02x}{100+x}\times100\leq6$$

$$4(100+x)\leq800+2x\leq6(100+x)$$

$4(100+x)\leq800+2x$ 에서 $x\leq200$

$800+2x\leq6(100+x)$ 에서 $x\geq50$

$$\therefore 50\leq x\leq200$$

답 50 g 이상 200 g 이하

12		올라갈 때	내려올 때
속력		시속 2 km	시속 3 km
걸린 시간(시간)		$\dfrac{x}{2}$ 시간	$\dfrac{x}{3}$ 시간

13 $\dfrac{x}{2}+\dfrac{x}{3}\leq2$, $3x+2x\leq12$

$\therefore x\leq\dfrac{6}{5}$ **답** $\dfrac{6}{5}$ km

14 형의 몫을 x 원이라 하면 동생의 몫은 $(20000-x)$ 원이므로

$3x\geq2(20000-x)$, $5x\geq40000$

$\therefore x\geq8000$

따라서 형의 몫은 최소한 8000원이다.

답 8000 원

15 정가를 x 원이라 하면 판매한 금액은 $0.9x$ 원이 므로

$$0.9x-9000\geq9000\times\dfrac{30}{100}$$

$0.9x\geq11700$ $\therefore x\geq13000$

답 13000 원

16 감을 x 개 산다고 하면 귤은 $(15-x)$ 개를 사게 되므로

$$11500\leq900x+700(15-x)\leq12000$$

$$1000\leq200x\leq1500$$

$$\therefore 5\leq x\leq\dfrac{15}{2}$$

따라서 감은 5개 또는 6개 또는 7개 사야 한다.

$\cdots$ **답**

17 세로의 길이를 x cm라 하면

$$120\leq2(x+8)\leq180$$

$60\leq x+8\leq90$ $\therefore 52\leq x\leq82$

답 52 cm 이상 82 cm 이하

18 학생 수를 x 명이라 하면

$$\begin{cases}4x<31\\5x>31\end{cases}\quad\therefore \dfrac{31}{5}<x<\dfrac{31}{4}$$

x 는 자연수이므로 $x=7$

답 7명

19 연속하는 세 자연수를 x, $x+1$, $x+2$ 라 하면

$$9<x+(x+1)+(x+2)<15$$

$9<3x+3<15$ $\therefore 2<x<4$

따라서 세 자연수는 3, 4, 5이다.

답 3, 4, 5

P. 104

Step2 개념탄탄

01 연속하는 세 짝수를 x, $x+2$, $\boxed{x+4}$ 라고 하면

$$\boxed{45}<x+(x+2)+(\boxed{x+4})<51$$

$45<3x+6<51$, $39<3x<45$

$\therefore \boxed{13}<x<\boxed{15}$

따라서 구하는 수는 $\boxed{14}$ 이다.

02 세 번째 수학 시험 점수를 x 점이라 하면

$$\dfrac{75+90+x}{3}\geq85,\ 165+x\geq255$$

$\therefore x\geq90$

답 90점 이상

03 한 송이에 3000원인 꽃을 x송이 넣는다고 하면
$$2000 \times 6 + 3000x \leq 30000$$
$$3x \leq 18 \qquad \therefore x \leq 6$$

답 6송이

04 시속 $4\,\mathrm{km}$로 걸어간 거리를 $x\,\mathrm{km}$라고 하면
$$\frac{x}{4} + \frac{10-x}{5} \leq \frac{9}{4},\ 5x + 40 - 4x \leq 45$$
$$\therefore x \leq 5$$

답 $5\,\mathrm{km}$ 이하

05 8%의 소금물을 $x\,\mathrm{g}$ 섞었다고 하면 섞은 소금물에 들어 있는 소금의 양은
$$\frac{5}{100} \times 200 + \frac{8}{100} \times x = 10 + 0.08x(\mathrm{g})$$
$$\frac{10 + 0.08x}{200 + x} \times 100 \geq 6,\ 1000 + 8x \geq 1200 + 6x$$
$$\therefore x \geq 100$$

답 $100\,\mathrm{g}$ 이상

06 $25 < 3(\boxed{x+3}) < 30$
$$16 < 3x < 21 \qquad \therefore \boxed{\dfrac{16}{3}} < x < 7$$
따라서 구하는 정수는 $\boxed{6}$ 이다.

07 1500원짜리 과자를 x개 산다고 하면
1000원짜리 과자는 $(15-x)$개 사게 되므로
$$\begin{cases} 1500x + 1000(15-x) \leq 20000 & \cdots\cdots ㉠ \\ x > 15 - x & \cdots\cdots ㉡ \end{cases}$$
㉠을 풀면 $500x \leq 5000 \qquad \therefore x \leq 10$
㉡을 풀면 $x > \dfrac{15}{2}$
따라서 $\dfrac{15}{2} < x \leq 10$이므로 1500원짜리 과자는
8개, 9개, 10개를 살 수 있다.

답 8개, 9개, 10개

08 삼각형의 높이를 $x\,\mathrm{cm}$라고 하면
$$20 \leq \frac{1}{2} \times 8 \times x < 28$$
$$\therefore 5 \leq x < 7$$

답 $5\,\mathrm{cm}$ 이하 $7\,\mathrm{cm}$ 이상

P. 105~109

Step 3 실력완성

01 $3x - 15 < 4x + 3 \qquad \therefore x > -18$
따라서 가장 작은 정수는 -17이다.

답 ④

02 5회째 수학 시험 점수를 x점이라 하면
4회까지의 점수의 총합이 $82 \times 4 = 328$(점)이므로
$$\frac{328 + x}{5} \geq 85,\ 328 + x \geq 425$$
$$\therefore x \geq 97$$

답 97점

채점 기준	
5회째의 점수를 x라 하고 부등식 세우기	50%
부등식 풀기	30%
답 구하기	20%

03 600원짜리 볼펜을 x자루 산다고 하면
$$60x + 450(20 - x) \leq 10000$$
$$150x \leq 1000 \qquad \therefore x \leq \frac{20}{3} = 6\frac{2}{3}$$

답 ④

04 x명까지 입장한다고 하면
$$2000 \times 5 + 900(x - 5) \leq 30000$$
$$900x \leq 24500$$
$$\therefore x \leq \frac{245}{9} = 27\frac{2}{9}$$

답 ②

05 형이 동생에게 구슬을 x개 준다고 하면
$$30 - x > 2(5 + x),\ -3x > -20$$
$$\therefore x < \frac{20}{3} = 6\frac{2}{3}$$

답 ④

06 x개월 후라고 하면
$$30000 + 7000x > 2(45000 + 3000x)$$
$$1000x > 60000 \qquad \therefore x > 60$$
따라서 61개월 후부터이다.

답 61개월 후

---

07 x권 이상 사는 것이 유리하다고 하면

$420x+700<500x, \quad -80x<-700$

$\therefore x>8\dfrac{3}{4}$

답 9권 이상

08 사용 시간을 x시간이라 하면

A회사를 선택했을 때 요금은 $2000+900x$(원)

B회사를 선택했을 때 요금은 20000(원)

$2000+900x>20000, \quad 900x>18000$

$\therefore x>20$ **답** 21시간 이상

채점 기준	
미지수 정하기	20%
부등식 세워 풀기	60%
답 구하기	20%

09 사용 시간을 x분이라 하면

A요금제 : $17000+105x$(원)

B요금제 : $10000+145x$(원)

$17000+105x<10000+145x$

$-40x<-7000 \qquad \therefore x>175$

따라서 사용 시간이 175분보다 많은 민혁, 동재
는 A요금제가 더 유리하다.

답 민혁, 동재

10 x명부터 유리하다고 하면

$45\times5000\times\dfrac{70}{100}\leq5000x$

$\therefore x\geq31.5$ **답** ②

11 원가를 x원이라 하면

$(정가)=x\times\left(1+\dfrac{40}{100}\right)=\dfrac{140}{100}x=\dfrac{7}{5}x$(원)

$(정가의 20\%를 할인한 금액)=\dfrac{7}{5}x\times\dfrac{80}{100}$

$=\dfrac{28}{25}x$(원)

$\dfrac{28}{25}x-x\geq7200, \quad \dfrac{3}{25}x\geq7200$

$\therefore x\geq60000$

답 ③

12 시속 $5\,\mathrm{km}$로 걸어야 할 거리를 $x\,\mathrm{km}$라 하면

$\dfrac{x}{5}+\dfrac{20-x}{4}+\dfrac{1}{2}\leq5$

$4x+100-5x+10\leq100$

$\therefore x\geq10$ **답** ⑤

13 상점까지의 거리를 $x\,\mathrm{km}$라 하면

$\dfrac{x}{3}+\dfrac{1}{3}+\dfrac{x}{3}\leq\dfrac{4}{3}, \quad 2x+1\leq4$

$\therefore x\leq\dfrac{3}{2}$ **답** ④

14 물을 $x\,\mathrm{g}$ 증발시킨다고 하면

$(소금의 양)=\dfrac{6}{100}\times200=12(\mathrm{g})$이므로

$\dfrac{12}{200-x}\times100\geq8, \quad 1200\geq1600-8x$

$\therefore x\geq50$ **답** ④

15 물을 $x\,\mathrm{g}$ 더 넣는다고 하면

$(설탕의 양)=\dfrac{30}{100}\times500=150(\mathrm{g})$이므로

$\dfrac{150}{500+x}\times100\leq20, \quad 1500\leq1000+2x$

$2x\geq500 \qquad \therefore x\geq250$ **답** ③

16 소금을 $x\,\mathrm{g}$ 더 넣는다고 하면

$\dfrac{35+x}{985+x}\times100\geq5$

$3500+100x\geq4925+5x$

$95x\geq1425 \qquad \therefore x\geq15$ **답** 15 g 이상

17 $a<a+3<a+6$이므로

$a+6<a+a+3 \qquad \therefore a>3$

답 $a>3$

채점 기준	
세 변의 길이 비교하기	30%
삼각형이 될 조건을 이용하여 부등식 세우기	50%
답 구하기	20%

18 $(x+10)\times7\times\dfrac{1}{2}\geq56, \quad x+10\geq16$

$\therefore x\geq6$ **답** ①

19 세 홀수를 x, $x+2$, $x+4$라고 하면

$30 < x+x+2+x+4 < 37$

$24 < 3x < 31$ $\therefore 8 < x < \dfrac{31}{3}$

따라서 세 홀수는 9, 11, 13이므로 가장 큰 수는 13이다.

답 13

20 합이 84인 두 정수를 x, $84-x$라고 하면

$2x+13 < 84-x < 3x-7$

$2x+13 < 84-x$를 풀면

$x < \dfrac{71}{3} = 23\dfrac{2}{3}$

$84-x < 3x-7$을 풀면

$x > \dfrac{91}{4} = 22\dfrac{3}{4}$

$\therefore \dfrac{91}{4} < x < \dfrac{71}{3}$

x는 정수이므로 $x=23$

따라서 두 정수는 23, 61이다.

답 23, 61

채점 기준	
미지수 정하기	20%
부등식 세우기	20%
부등식 풀기	40%
답 구하기	20%

21 $4.5 \leq \dfrac{x-1}{4} < 5.5$, $18 \leq x-1 < 22$

$\therefore 19 \leq x < 23$

답 ⑤

22 배를 x개 사면 사과는 $(15-x)$개 사게 되므로

$\begin{cases} 1500x+1000(15-x)+3000 \leq 23000 & \cdots\cdots \ \unicode{x24D8} \\ x > 15-x & \cdots\cdots \ \unicode{x24DB} \end{cases}$

$\unicode{x24D8}$을 풀면 $500x \leq 5000$ $\therefore x \leq 10$

$\unicode{x24DB}$을 풀면 $x > \dfrac{15}{2}$

따라서 $\dfrac{15}{2} < x \leq 10$이므로 배는 최대 10개까지 살 수 있다.

답 10개

23 A를 x번 타면 B는 $(5-x)$번 타게 되므로

$\begin{cases} 4000x+3000(5-x) < 19000 & \cdots\cdots \ \unicode{x24D8} \\ 5x+2(5-x) \leq 20 & \cdots\cdots \ \unicode{x24DB} \end{cases}$

$\unicode{x24D8}$을 풀면 $1000x < 4000$ $\therefore x < 4$

$\unicode{x24DB}$을 풀면 $3x \leq 10$ $\therefore x \leq \dfrac{10}{3}$

따라서 $x \leq \dfrac{10}{3}$이므로 A는 최대 3번 탈 수 있다.

답 3번

24 $x\,\mathrm{km}$까지 올라갔다가 내려온다고 하면

$3\dfrac{3}{4} \leq \dfrac{x}{2} + \dfrac{x}{4} \leq 4\dfrac{1}{2}$

$\dfrac{15}{4} \leq \dfrac{x}{2} + \dfrac{x}{4}$를 풀면 $x \geq 5$

$\dfrac{x}{2} + \dfrac{x}{4} \leq \dfrac{9}{2}$를 풀면 $x \leq 6$

$\therefore 5 \leq x \leq 6$

답 ④

25 4 % 소금물의 양을 $x\,\mathrm{g}$이라고 하면 10 %의 소금물의 양은 $(600-x)\mathrm{g}$이므로 전체 소금의 양은

$\dfrac{4}{100} \times x + \dfrac{10}{100} \times (600-x) = 0.04x+60-0.1x$

$\qquad\qquad\qquad\qquad = 60-0.06x\,(\mathrm{g})$

$6 \leq \dfrac{60-0.06x}{600} \times 100 \leq 8$

$6 \leq \dfrac{60-0.06x}{600} \times 100$을 풀면 $x \leq 400$

$\dfrac{60-0.06x}{600} \times 100 \leq 8$을 풀면 $x \geq 200$

$\therefore 200 \leq x \leq 400$

답 ③

26 소금을 $x\,\mathrm{g}$ 더 넣었을 때 소금의 양은

$\dfrac{5}{100} \times 200 + x = 10 + x\,(\mathrm{g})$

$10 \leq \dfrac{10+x}{200+x} \times 100 \leq 12$

$10 \leq \dfrac{10+x}{200+x} \times 100$을 풀면

$x \geq \dfrac{100}{9} = 11\dfrac{1}{9}$

$$\frac{10+x}{200+x} \times 100 \leq 12$$ 를 풀면

$$x \leq \frac{175}{11} = 15\frac{10}{11}$$

$$\therefore 11\frac{1}{9} \leq x \leq 15\frac{10}{11} \qquad \text{답} \ ①$$

27 n각형의 내각의 크기의 합은 $(n-2) \times 180°$이므로

$$500 \leq (n-2) \times 180 \leq 700$$

$$2\frac{7}{9} \leq n-2 \leq 3\frac{8}{9} \qquad \therefore 4\frac{7}{9} \leq n \leq 5\frac{8}{9}$$

$$\therefore n = 5 \qquad \text{답} \ 5$$

28 $24 \leq \frac{1}{2} \times 6 \times x \leq 30, \ 24 \leq 3x \leq 30$

$$\therefore 8 \leq x \leq 10 \qquad \text{답} \ ④$$

29 세로의 길이를 $x\,\text{m}$라고 하면 가로의 길이는 $(x+50)\,\text{m}$이므로

$$400 \leq 2\{x+(x+50)\} < 500$$

$$200 \leq 2x+50 < 250$$

$$150 \leq 2x < 200 \qquad \therefore 75 \leq x < 100$$

$$\text{답} \ 75\,\text{m 이상 } 100\,\text{m 미만}$$

30 학생 수를 x명이라고 하면

$$\begin{cases} 12x < 75 & \cdots\cdots ㉠ \\ 13x > 75 & \cdots\cdots ㉡ \end{cases}$$

㉠을 풀면 $x < \dfrac{25}{4} = 6\dfrac{1}{4}$

㉡을 풀면 $x > \dfrac{75}{13} = 5\dfrac{10}{13}$

따라서 $5\dfrac{10}{13} < x < 6\dfrac{1}{4}$이므로 학생 수는 6명이다.

$$\text{답} \ 6\text{명}$$

31 의자가 x개 있다고 하면 학생 수는 $(5x+13)$명이므로

$$6(x-3)+1 \leq 5x+13 \leq 6(x-3)+6$$

$6(x-3)+1 \leq 5x+13$을 풀면 $x \leq 30$

$5x+13 \leq 6(x-3)+6$을 풀면 $x \geq 25$

$$\therefore 25 \leq x \leq 30 \qquad \text{답} \ ③$$

32 A식품을 $x\,\text{g}$ 섭취하면 B식품은 $(400-x)\,\text{g}$ 섭취하므로

$$\begin{cases} \dfrac{150}{100}x + \dfrac{350}{100}(400-x) \geq 900 & \cdots\cdots ㉠ \\ \dfrac{12}{100}x + \dfrac{6}{100}(400-x) \geq 30 & \cdots\cdots ㉡ \end{cases}$$

㉠을 풀면 $200x \leq 50000 \qquad \therefore x \leq 250$

㉡을 풀면 $6x \geq 600 \qquad \therefore x \geq 100$

$$\therefore 100 \leq x \leq 250$$

$$\text{답} \ 100\,\text{g 이상 } 250\,\text{g 이하}$$

P. 110

Step **4** 유형클리닉

1 연속하는 세 정수를 $x, \ x+1, \ x+2$라 하면

$$\begin{cases} x+x+1+x+2 \geq 25 & \cdots\cdots ㉠ \\ x+x+1-(x+2) < 8 & \cdots\cdots ㉡ \end{cases}$$

㉠을 풀면 $3x \geq 22 \qquad \therefore x \geq \dfrac{22}{3}$

㉡을 풀면 $x < 9$

$\dfrac{22}{3} \leq x < 9$이므로 $x = 8$

따라서 세 정수는 8, 9, 10이므로 가장 큰 수는 10이다. $\qquad \text{답} \ 10$

1-1 차가 4인 두 정수 중 작은 수를 x라 하면 큰 수는 $x+4$이므로

$$x+x+4 \leq 20$$

$$\therefore x \leq 8 \qquad \text{답} \ 8$$

1-2 나온 눈의 수를 x라 하면

$$\begin{cases} 3x \leq 12 & \cdots\cdots ㉠ \\ 2x > x+2 & \cdots\cdots ㉡ \end{cases}$$

㉠을 풀면 $x \leq 4$

㉡을 풀면 $x > 2$

따라서 $2 < x \leq 4$이므로 나온 눈의 수는 3 또는 4이다. $\qquad \text{답} \ 3, \ 4$

2 자동차 한 대를 판매했을 때의 수당은

$$10000000 \times \frac{3}{100} = 300000(원)$$

매달 자동차를 x대 판매한다고 하면

$$1000000 + 300000x \geq 2500000$$

$$300000x \geq 1500000$$

$$\therefore x \geq 5$$

답 5대 이상

2-1 학생 수를 x명이라고 하면

연필의 수는 $2x + 23$(자루)이므로

$$0 \leq 2x + 23 - 4x < 3$$

$$-23 \leq -2x < -20$$

$$\therefore 10 < x \leq 11.5$$

$$\therefore x = 11$$

답 11명

2-2 달걀 1개에 $x\%$의 이익을 붙인다고 하고, 달걀 1개의 원가를 a원이라고 하면

$$1900a \times \left(1 + \frac{x}{100}\right) - 2000a \geq 2000a \times \frac{14}{100}$$

$$1900a + 19ax - 2000a \geq 280a$$

$$19x \geq 380 \qquad \therefore x \geq 20$$

답 20 % 이상

P. 111

Step **5** 서술형 만점 대비

1 구하는 정수를 x라 하면

$$\begin{cases} \dfrac{x-2}{3} > 1 & \cdots\cdots \ \text{㉠} \\ \dfrac{1}{2}x + 1 \geq \dfrac{2}{3}x & \cdots\cdots \ \text{㉡} \end{cases}$$

㉠을 풀면 $x > 5$ $\qquad \cdots\cdots$ ㉢

㉡을 풀면 $x \leq 6$ $\qquad \cdots\cdots$ ㉣

$$\therefore 5 < x \leq 6$$

따라서 정수 x는 6의 1개이다.

답 1개

채점 기준	
연립부등식 세우기	40%
연립부등식 풀기	40%
답 구하기	20%

2 소금을 $x\,\mathrm{g}$ 더 넣는다고 하면 전체 소금의 양은

$$\frac{8}{100} \times 990 + x = 79.2 + x\,(\mathrm{g})$$

$$10 \leq \frac{79.2 + x}{990 + x} \times 100 \leq 12$$

$$10 \leq \frac{79.2 + x}{990 + x} \times 100 \text{을 풀면}$$

$$9900 + 10x \leq 7920 + 100x$$

$$90x \geq 1980 \qquad \therefore x \geq 22$$

$$\frac{79.2 + x}{990 + x} \times 100 \leq 12 \text{를 풀면}$$

$$7920 + 100x \leq 11880 + 12x$$

$$88x \leq 3960 \qquad \therefore x \leq 45$$

$$\therefore 22 \leq x \leq 45$$

답 22 g 이상 45 g 이하

채점 기준	
더 넣는 소금의 양을 $x\,\mathrm{g}$이라 하여 부등식 세우기	40%
부등식 풀기	40%
답 구하기	20%

3 작년의 남자 회원 수를 $5x$명이라 하면 여자 회원 수는 $2x$명이므로

$$\begin{cases} 5x + 2x \leq 200 & \cdots\cdots \ \text{㉠} \\ 5x + 5 + 2x + 5 > 200 & \cdots\cdots \ \text{㉡} \end{cases}$$

㉠을 풀면 $x \leq \dfrac{200}{7} = 28\dfrac{4}{7}$

㉡을 풀면 $x > \dfrac{190}{7} = 27\dfrac{1}{7}$

x는 자연수이므로 $x = 28$

따라서 올해 남자 회원의 수는

$$5 \times 28 + 5 = 145(명)$$

답 145명

채점 기준	
작년의 남녀 회원의 수를 식으로 나타내기	20%
부등식 세우기	30%
부등식 풀기	30%
답 구하기	20%

4 처음 물통에 물이 $x\,\mathrm{L}$ 들어 있었다고 하면

$$x-5-\frac{2}{3}(x-5)\geq 3$$

$$3x-15-2x+10\geq 9 \qquad \therefore\ x\geq 14$$

따라서 처음에 최소한 $14\,\mathrm{L}$가 있었다.

답 $14\,\mathrm{L}$

채점 기준	
처음 물의 양을 $x\,\mathrm{L}$라 하고 부등식 세우기	40%
부등식 풀기	40%
답 구하기	20%

P. 112~114

Step **6** 도전 1등급

1 $y=3x$를 주어진 연립방정식에 대입하면

$$\begin{cases} x-3x=2a \\ 3x+2\times 3x=7-2a \end{cases}$$

$$\therefore\ \begin{cases} x=-a & \cdots\cdots\ \bigcirc \\ 9x=7-2a & \cdots\cdots\ \bigcirc \end{cases}$$

$\bigcirc$을 $\bigcirc$에 대입하면

$$-9a=7-2a \qquad \therefore\ a=-1$$

답 -1

2 $\begin{cases} x-3y=-9 \\ 2x+7y=34 \end{cases}$를 풀면 $x=3,\ y=4$

$6x+ay=10$에 $x=3,\ y=4$를 대입하면

$$18+4a=10 \qquad \therefore\ a=-2$$

$ax-by=-6$에 $x=3,\ y=4$를 대입하면

$$3a-4b=-6$$

$a=-2$이므로 $-6-4b=-6 \qquad \therefore\ b=0$

$$\therefore\ a+b=-2$$

답 -2

3 $\begin{cases} x+|y|=10 & \cdots\cdots\ \bigcirc \\ x-|y|=4 & \cdots\cdots\ \bigcirc \end{cases}$

$\bigcirc+\bigcirc$을 하면 $2x=14 \qquad \therefore\ x=7$

$x=7$을 $\bigcirc$에 대입하면 $|y|=3$

$$\therefore\ y=-3 \text{ 또는 } y=3$$

$x+y+z=9$에 $x=7,\ y=-3$을 대입하면

$$z=5$$

$x+y+z=9$에 $x=7,\ y=3$을 대입하면

$$z=-1$$

답 ④

4 $6x-5y=12$의 양변에 -1을 곱하면

$$-6x+5y=-12 \cdots\cdots\ \bigcirc$$

$\bigcirc$이 $(a^2+5a-6)x+5y=a-7$과 일치해야 하므로

$$a^2+5a-6=-6,\ a-7=-12$$

따라서 $a=-5$이므로

$$a^2+a=(-5)^2+(-5)=20$$

답 20

5 A소금물의 농도를 $x\,\%$, B소금물의 농도를 $y\,\%$라 하면

$$\begin{cases} \dfrac{x}{100}\times 100+\dfrac{y}{100}\times 200=\dfrac{8}{100}\times 300 \\[2mm] \dfrac{x}{100}\times 200+\dfrac{y}{100}\times 100=\dfrac{9}{100}\times 300 \end{cases}$$

$$\therefore\ \begin{cases} x+2y=24 \\ 2x+y=27 \end{cases} \qquad \therefore\ x=10,\ y=7$$

답 A : $10\,\%$, B : $7\,\%$

6 전체 일의 양을 1이라 하고, 갑, 을, 병이 하루에 하는 일의 양을 각각 $x,\ y,\ z$라 하면

$$\begin{cases} 5(x+y+z)=1 \\ 6(x+y)=1 \\ 10(y+z)=1 \end{cases}$$

$$\therefore\ \begin{cases} x+y+z=\dfrac{1}{5} & \cdots\cdots\ \bigcirc \\[2mm] x+y=\dfrac{1}{6} & \cdots\cdots\ \bigcirc \\[2mm] y+z=\dfrac{1}{10} & \cdots\cdots\ \bigcirc \end{cases}$$

$\bigcirc-\bigcirc$을 하면 $x=\dfrac{1}{10}$

$x=\dfrac{1}{10}$을 $\bigcirc$에 대입하면 $y=\dfrac{1}{15}$

따라서 을이 하루에 하는 일이 양이 $\dfrac{1}{15}$이므로 을이 혼자서 일하면 15일 걸린다.

답 15일

7
(ㄱ) $-b>0$, $c<0$이므로 $-b>c$

(ㄴ) $a>0$, $b<0$, $c<0$이므로 $abc>0$

(ㄷ) $a-b>0$, $c<0$이므로 $a-b>c$

(ㄹ) $a+b+c>0$일 수도 있고 $a+b+c<0$일 수
도 있다.

(ㅁ) $b<a$, $c<0$이므로 $bc>ac$

$\qquad -bc<-ac \qquad \therefore 1-bc<1-ac$

(ㅂ) $ab<0$, $ac<0$이므로 $ab+ac<0$

따라서 옳은 것은 (ㄱ), (ㅁ), (ㅂ)이다.

답 (ㄱ), (ㅁ), (ㅂ)

8
$-2<x<3$에서 $-\dfrac{2}{3}<\dfrac{1}{3}x<1$

$-\dfrac{8}{3}<\dfrac{1}{3}x-2<-1$

따라서 $a=-\dfrac{8}{3}$, $b=-1$이므로

$3a-b=-8-(-1)=-7$ 답 ②

9
$\dfrac{x}{4}+\dfrac{a}{6}\leq\dfrac{x}{3}$를 풀면 $x\geq 2a$

$2x+1\geq 4x-7$을 풀면 $x\leq 4$

따라서 $2a\leq x\leq 4$를 만족하는 음의 정수가 2개
이므로 $2a=-2$

$\therefore a=-1$ 답 -1

10
$5x-4\geq 2x-1$을 풀면 $x\geq 1$ $\quad\cdots\cdots$ ㉠

$4x-3<3x+a$를 풀면 $x<a+3$ $\quad\cdots\cdots$ ㉡

㉠, ㉡의 공통 부분이 없을 조건은

$a+3\leq 1 \qquad \therefore a\leq -2$ 답 ②

11
의자의 개수를 x개라고 하면

학생 수는 $(7x+10)$명이므로

$8(x-3)+1\leq 7x+10\leq 8(x-3)+8$

$8(x-3)+1\leq 7x+10$을 풀면 $x\leq 33$

$7x+10\leq 8(x-3)+8$을 풀면 $x\geq 26$

따라서 $26\leq x\leq 33$이므로 $x=33$일 때 학생 수
는 최대

$7\times 33+10=231+10=241$(명)
이다. 답 ③

12 x km 이내에 있는 서점을 이용한다고 하면

$\dfrac{x}{3}+\dfrac{1}{6}+\dfrac{x}{4}\leq\dfrac{5}{6}$

$4x+2+3x\leq 10 \qquad \therefore x\leq\dfrac{8}{7}$

답 $\dfrac{8}{7}$ km 이내

P. 115~118

Step **7** 대단원 성취도 평가

01 ③

02 ③

03 $2(a-5a)=2-3a$, $-8a=2-3a$

$-5a=2 \qquad \therefore a=-\dfrac{2}{5}$ 답 ②

04 ⑤

05 $\begin{cases} 8x-5y=5 & \cdots\cdots ㉠ \\ \dfrac{1}{2}x-\dfrac{3}{4}y=-\dfrac{11}{4} & \cdots\cdots ㉡ \end{cases}$

㉡$\times 16$을 하면 $8x-12y=-44$ $\quad\cdots\cdots$ ㉢

㉠$-$㉢을 하면 $7y=49 \qquad \therefore y=7$

$y=7$을 ㉡에 대입하면 $x=5$

$\therefore 2a+b=17$ 답 ④

06 $x=-1$, $y=2$를 대입하면

$\begin{cases} -a-2b=-1 & \cdots\cdots ㉠ \\ -b+2a=7 & \cdots\cdots ㉡ \end{cases}$

㉠$\times 2+$㉡을 하면 $b=-1$

$b=-1$을 ㉠에 대입하면 $a=3$ 답 ②

07 ② $a=-5$, $b=1$이면 $a^2>b^2$

③ $a=3$, $b=5$이면 $a^2<b^2$

④ $a=1$, $b=2$이면 $\dfrac{1}{a}>\dfrac{1}{b}$

⑤ $c-a<c-b$에서 $-a<-b \qquad \therefore a>b$

답 ①

08 ① $x \leq 1$ ② $x \leq 2$

③ $x \geq -2$ ④ $x \leq -2$

⑤ $x \geq 2$ **답** ④

09 $2x < 12$ $\therefore x < 6$

따라서 자연수 x는 1, 2, 3, 4, 5의 5개이다.

답 ③

10 $4x+3 \leq 7x-a$를 풀면 $x \geq \dfrac{a+3}{3}$

$2(5-3x)+1 \geq 5-2x$를 풀면 $x \leq \dfrac{3}{2}$

따라서 연립부등식의 해가 없으려면

$\dfrac{a+3}{3} > \dfrac{3}{2}$, $2a+6 > 9$

$\therefore a > \dfrac{3}{2}$

따라서 정수 a의 최솟값은 2이다.   **답** ⑤

11 $5-2x < 8-x$를 풀면 $x > -3$

$2(x-3) < x-a$를 풀면 $x < 6-a$

연립부등식의 해가 $-3 < x < 2$이므로

$6-a = 2$ $\therefore a = 4$ **답** ⑤

12 $2(2x+1) < 2x+3$을 풀면 $x < \dfrac{1}{2}$

$\dfrac{1}{4}(x-2) \leq \dfrac{2}{3}x+1$을 풀면 $x \geq -\dfrac{18}{5}$

따라서 $-\dfrac{18}{5} \leq x < \dfrac{1}{2}$이므로

$M=0$, $m=-3$

$\therefore M-m = 3$ **답** ③

13 $\begin{cases} 3x-5 > \dfrac{3}{5}x+4 & \cdots\cdots ㉠ \\ 3x-5 < 50 & \cdots\cdots ㉡ \end{cases}$

㉠을 풀면 $12x > 45$ $\therefore x > \dfrac{15}{4}$

㉡을 풀면 $x < \dfrac{55}{3}$

따라서 $\dfrac{15}{4} < x < \dfrac{55}{3}$를 만족하는 자연수 중에서 3의 배수인 것은 6, 9, 12, 15, 18의 5개이다.   **답** ⑤

14 $\begin{cases} 5x+4y=18 \\ 3x-4y=22 \end{cases}$를 풀면 $x=5$, $y=-\dfrac{7}{4}$

따라서 $a=5$, $b=-\dfrac{7}{4}$이므로

$a+4b = 5-7 = -2$ **답** -2

15 $\begin{cases} 3x+2y=7 \\ -x+2y=3 \end{cases}$에서 $x=1$, $y=2$

$x=1$, $y=2$를 $2x-y=a$에 대입하면

$2-2=a$ $\therefore a=0$

$x=1$, $y=2$를 $5x+by=4$에 대입하면

$5+2b=4$ $\therefore b=-\dfrac{1}{2}$

답 $a=0$, $b=-\dfrac{1}{2}$

16 $2x-1 \leq \dfrac{1}{5}(2x+3)$을 풀면 $x \leq 1$

$\dfrac{1}{5}(2x+3) < \dfrac{1}{2}(x+2)$를 풀면 $x > -4$

따라서 $-4 < x \leq 1$을 만족하는 정수 x는 -3, -2, -1, 0, 1의 5개이다.   **답** 5개

17 $2x-a \leq 3x-4$를 풀면 $x \geq 4-a$

$\dfrac{1}{3}x-1 < 3-\dfrac{2}{3}x$를 풀면 $x < 4$

$4-a \leq x < 4$을 만족하는 정수 x가 3개이므로

$0 < 4-a \leq 1$ $\therefore 3 \leq a < 4$ **답** $3 \leq a < 4$

18 $-3x+1 < -5$를 풀면 $x > 2$ $\therefore a=2$

$2x-1 \leq x-\dfrac{1}{3}$을 풀면 $x \leq \dfrac{2}{3}$ $\therefore b=\dfrac{2}{3}$

$\begin{cases} 2x+\dfrac{2}{3} > 0 & \cdots\cdots ㉠ \\ \dfrac{2}{3}x-2 \leq 0 & \cdots\cdots ㉡ \end{cases}$

㉠을 풀면 $x > -\dfrac{1}{3}$

㉡을 풀면 $x \leq 3$

$\therefore -\dfrac{1}{3} < x \leq 3$ $\cdots\cdots$ **답**

채점 기준	
a, b의 값 구하기	각 1점
연립부등식 풀기	3점
해 구하기	2점

정답
및
해설

01 일차함수와 그 그래프

P. 120~125

Step**1** 교과서 이해

01 일차함수

02 ○ **03** ×

04 × **05** ×

06 ○ **07** ○

08 × **09** ○

10 × **11** ○

12 ○ **13** ×

14 ○ **15** ○

16 × **17** ○

18 $y=3x$, ○

19 $y=\dfrac{1}{2}x^2$, ×

20 $y=60x$, ○

21 $y=4x$, ○

22 $y=\pi x^2$, ×

23 $y=5x$, ○

24 평행이동

25 y축, b

26 5 **27** $\dfrac{3}{2}$

28 -32

29 (ㄱ) $y=2x+2$ (ㄴ) $y=2x-3$

답 (ㄱ) 2 (ㄴ) -3

[30~31]

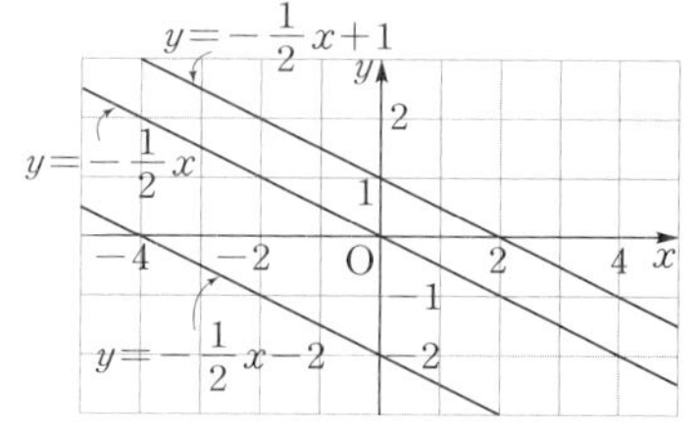

32 $y=-3x+1$ **33** $y=3x-5$

34 $y=-2x-3$ **35** $y=\dfrac{2}{3}x+3$

36 8

37 $4\neq 0-4$　　　　　答 ×

38 $\dfrac{7}{2}=-2\times\left(-\dfrac{1}{2}\right)+\dfrac{5}{2}$　　　答 ○

39 $1=3\times(-1)+4$　　　　答 ○

40 $3\neq-\dfrac{1}{3}\times 3-2$　　　答 ×

41 $k=-2\times 1+5=3$　　　答 3

42 $5=3\times 1+a$　∴$a=2$　　答 2

43 x절편, y절편

44 $-\dfrac{b}{a}$, b

45 $(2,\ 0)$ **46** $(0,\ 1)$

47 2 **48** 1

49 x절편 : 2, y절편 : -3

50 x절편 : -1, y절편 : 5

51 x절편 : -3, y절편 : -6

52 $-2x+6=0$　　$\therefore x=3$

　　　　　　【답】x절편 : 3, y절편 : 6

53 $\dfrac{4}{5}x+\dfrac{1}{2}=0$, $\dfrac{4}{5}x=-\dfrac{1}{2}$　　$\therefore x=-\dfrac{5}{8}$

　　　　　　【답】x절편 : $-\dfrac{5}{8}$, y절편 : $\dfrac{1}{2}$

54 $-\dfrac{3}{4}x-1=0$, $-\dfrac{3}{4}x=1$　　$\therefore x=-\dfrac{4}{3}$

　　　　　　【답】x절편 : $-\dfrac{4}{3}$, y절편 : -1

55 $2(x-3)=0$　　$\therefore x=3$

　　　　　　【답】x절편 : 3, y절편 : -6

56 기울기

57 $-\dfrac{3}{2}$, -3

58 -5　　　　　　**59** $\dfrac{2}{3}$

60 $-\dfrac{3}{4}$

61 $\dfrac{\square}{4}=-3$에서 $\square=-12$　　　　【답】-12

62 $\dfrac{\square}{4}=2$에서 $\square=8$　　　　【답】8

63 $\dfrac{\square}{4}=\dfrac{1}{2}$에서 $\square=2$　　　　【답】2

64 $\dfrac{3-0}{5-2}=1$　　　　【답】1

65 $\dfrac{3-0}{0-3}=-1$　　　　【답】-1

66 $\dfrac{-5-3}{4-2}=-4$　　　　【답】-4

67 3, -1　　　　**68** -3, 1

69 3, 3　　　　**70** 2, -3

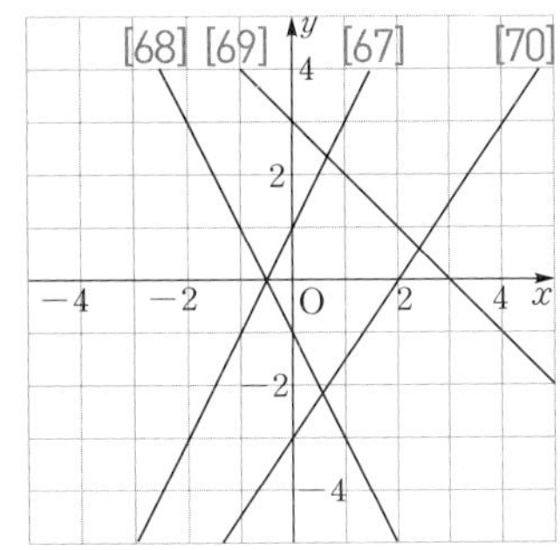

71 3, -2　　　　**72** $-\dfrac{2}{3}$, 1

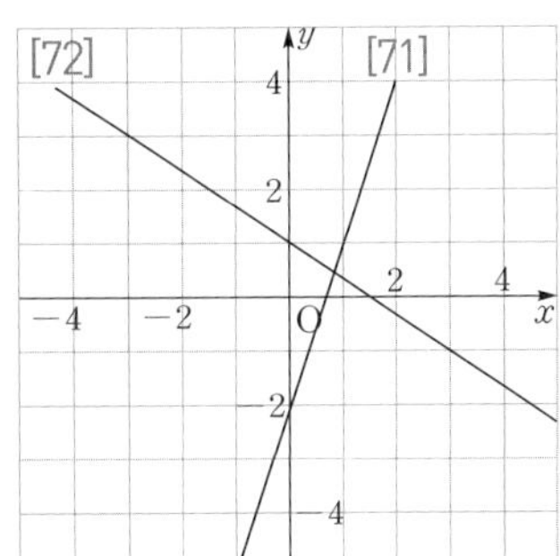

73 $a>0$, $a<0$

74 평행, 일치

75 (ㄱ)과 (ㄹ), (ㄴ)과 (ㅁ), (ㄷ)과 (ㅂ)

76 (ㄱ)과 (ㄷ), (ㄴ)과 (ㅁ)

77 양초가 10분에 $4\,\mathrm{cm}$씩 짧아지므로 1분에 $\boxed{0.4}\,\mathrm{cm}$씩 짧아진다. 즉, x분 후에는 $\boxed{0.4x}\,\mathrm{cm}$ 짧아지므로 x분 후의 양초의 길이를 라고 하면

$y=\boxed{-0.4x+25}$　$\cdots\cdots$ ㉠

$y=5$를 ㉠에 대입하면 $x=\boxed{50}$

따라서 $\boxed{50}$ 분 후에 양초의 길이가 $5\,\mathrm{cm}$가 된다.

P. 126~128

Step**2** 개념 탄탄

01 ①, ⑤

02 ① $x+y=24$ $\therefore y=-x+24$

② $\dfrac{xy}{2}=6$ $\therefore y=\dfrac{12}{x}$

③ $y=x^2$

④ $500x+1000y=10000$ $\therefore y=-\dfrac{1}{2}x+10$

⑤ $y=\dfrac{20}{100}\times x$ $\therefore y=\dfrac{1}{5}x$

답 ②, ③

03 $2\neq2\times(-1),\ 0=2\times0,\ -4=2\times(-2),$
$4=2\times2,\ 6\neq2\times(-3)$

답 3개

04 ⑤

05 일차함수 $y=-2x+k$의 그래프가 점 $(2,\ 1)$을
지나므로 $1=-2\times2+k$
$\therefore k=5$

답 5

06 ① $-1\neq3\times1-2$ ② $3\neq3\times2-2$
③ $-3\neq3\times(-1)-2$ ④ $-5\neq3\times(-2)-2$
⑤ $-2=3\times0-2$

답 ⑤

07 $y=2x-4$의 x절편은 $2x-4=0$에서 $x=2$

답 x절편 : 2, y절편 : -4

08 $(-3,\ 0)$을 지나므로 $0=-3a+6$
$\therefore a=2$

답 2

09 $-\dfrac{2}{3}m+1=0$ $\therefore m=\dfrac{3}{2}$

$\therefore m+n=\dfrac{3}{2}+1=\dfrac{5}{2}$

답 $\dfrac{5}{2}$

10 $\dfrac{\square}{6-(-3)}=\dfrac{1}{3}$ $\therefore \square=3$

답 3

11 -2

12 $-1=2a+5$ $\therefore a=-3$

답 -3

13 $a=\dfrac{-8}{2}=-4$

답 -4

14 $(기울기)=\dfrac{4}{2}=2$이므로 $m=2$

답 2

15 $a=\dfrac{3}{4},\ b=4,\ c=-3$

16 $y=2x+6,\ y=2x-1$

17 $y=-3x+6$의 그래프의 x절편은
$-3x+6=0$에서 $x=2$
$\therefore a=2,\ b=0$
y절편은 6이므로 $c=0,\ d=6$
$\therefore a+b+c+d=8$

답 8

18 $(2,\ 0)$을 지나므로 $-4+b=0$
$\therefore b=4$

답 4

19 (ㄱ), (ㄹ), (ㅁ)

P. 129~134

Step**3** 실력완성

01 ① $y=2\pi x$ ② $y=6x^2$

③ $y=80x$ ④ $y=\dfrac{90}{x}$

⑤ 세로는 $(10-x)\text{cm}$이므로 $y=x(10-x)$

답 ①, ③

02 $y=3x+b-3$이 $y=ax-1$과 같으므로
$a=3,\ b-3=-1$ $\therefore b=2$
$\therefore a+b=5$

답 ⑤

03 $y=2x+b+3$이 $y=2x-2$와 같으므로
$b+3=-2$ $\therefore b=-5$
따라서 $y=2x-5$의 그래프를 y축의 방향으로
-5만큼 평행이동하면
$y=2x-10$

답 ⑤

04 $\begin{cases} 2a+b=3 \\ 4a+b=-1 \end{cases}$ 을 풀면 $a=-2$, $b=7$

$\therefore a+b=5$ 답 5

05 $4=\dfrac{1}{2}\times2+b$ $\therefore b=3$

따라서 $y=\dfrac{1}{2}x+3$의 그래프가 점 $(-2, m)$을

지나므로 $m=\dfrac{1}{2}\times(-2)+3=2$ 답 2

06 $y=-2x+4+a$의 그래프가 점 $(2, 5)$를 지나

므로 $5=-2\times2+4+a$

$\therefore a=5$ 답 ⑤

07 $y=\dfrac{k}{3}x+1+m$의 그래프가 두 점 $(6, 0)$,

$(9, 1)$을 지나므로

$\dfrac{k}{3}\times6+1+m=0$, $\dfrac{k}{3}\times9+1+m=1$

$\begin{cases} 2k+m=-1 \\ 3k+m=0 \end{cases}$ 을 풀면 $k=1$, $m=-3$

$\therefore k+m=-2$ 답 -2

채점 기준	
평행이동한 그래프의 식 구하기	40%
k, m의 값 구하기	40%
답 구하기	20%

08 $0=\dfrac{1}{3}x-2$에서 $x=6$ $\therefore a=6$

$b=-2$

$\therefore a+b=4$ 답 ⑤

09 $1=-\dfrac{1}{3}\times6+b$ $\therefore b=3$ 답 ③

10 x절편, y절편을 차례로 쓰면

① -1, 4 ② -1, 2

③ 1, -2 ④ -2, 2

⑤ 2, 2 답 ⑤

11 $\dfrac{1}{2}\times4\times8=16$ 답 ②

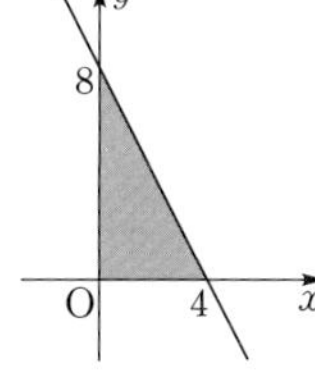

12 ②

13 (기울기)$=\dfrac{-6}{2}=-3$이므로

$\dfrac{\square}{3}=-3$에서 $\square=-9$

따라서 -9만큼 증가, 즉 9만큼 감소한다. 답 ④

17 $\dfrac{k-3}{3-(-2)}=2$, $k-3=10$

$\therefore k=13$ 답 13

18 두 점 $(-4, 0)$, $(0, 3)$을 지나므로

(기울기)$=\dfrac{3-0}{0-(-4)}=\dfrac{3}{4}$ 답 $\dfrac{3}{4}$

19 $\dfrac{2-(-8)}{3-(-2)}=\dfrac{k-2}{4-3}$, $2=k-2$

$\therefore k=4$ 답 ⑤

20 세 점이 한 직선 위에 있으므로

$\dfrac{1-(-7)}{3-(-1)}=\dfrac{a-1-1}{a-3}$, $2=\dfrac{a-2}{a-3}$

$2a-6=a-2$ $\therefore a=4$ 답 ④

21 $3=a\times(-1)-2$ $\therefore a=-5$

따라서 $y=-5x-2$이므로

① $-12\neq-5\times3-2$

② $12\neq-5\times2-2$

③ $13=-5\times(-3)-2$

④ $15\neq-5\times5-2$

⑤ $12\neq-5\times6-2$ 답 ③

22 (ㄱ) (기울기)$=\dfrac{-2}{1}=-2$

(ㄹ) $y=ax+b$의 그래프가 점 $(1, 0)$을 지나므

로 $a+b=0$ 답 (ㄴ), (ㄷ), (ㄹ)

23 $4=2a+3$ $\therefore a=\dfrac{1}{2}$

따라서 $y=\dfrac{1}{2}x+3$에서 $l=\dfrac{1}{2}$, $m=3$

또, 점 $(n, 5)$를 지나므로

$5=\dfrac{1}{2}n+3$ $\therefore n=4$

$\therefore lmn=6$ 답 6

채점 기준	
일차함수의 식 구하기	60%
n의 값 구하기	20%
답 구하기	20%

24 $y=-\dfrac{1}{2}x+1$에서 $0=-\dfrac{1}{2}x+1$ $\quad\therefore x=2$

즉, $y=ax+b$의 그래프는 점 $(2,\ 0)$을 지난다.

$\therefore 2a+b=0$ ······ ㉠

$y=3x-2$의 그래프의 y절편은 -2이므로

$y=ax+b$의 그래프의 y절편도 -2이다.

$\therefore b=-2$

$b=-2$를 ㉠에 대입하면 $a=1$

$\therefore ab=-2$ 답 ①

25 ②

26 각 그래프가 지나는 사분면은

① 제 1, 2, 3 사분면 　② 제 1, 3, 4 사분면

③ 제 2, 3, 4 사분면 　④ 제 1, 2, 4 사분면

⑤ 제 1, 2, 3사분면

답 ②

27 (기울기)>0이므로 $a>0$

(y절편)<0이므로 $-b<0$ $\quad\therefore b>0$

답 ①

28 일차함수의 그래프가 제3사분면을 지나지 않으면

(기울기)<0, (y절편)>0이다.

즉, $2k-1<0,\ k>0$이므로

$0<k<\dfrac{1}{2}\ \cdots$ 답

채점 기준	
일차함수의 그래프가 제3사분면을 지나지 않을 조건 알기	60%
k에 대한 부등식 풀기	30%
답 구하기	10%

29 $2k-3=k-1$ $\quad\therefore k=2$ 답 ②

30 ③ (기울기)$=3$이므로 x의 값이 1만큼 증가할 때 y의 값은 3만큼 증가한다.

답 ③

31 $y=\dfrac{1}{2}x-4$의 그래프가 점 $(4a,\ a+5)$를 지나므로

$a+5=\dfrac{1}{2}\times 4a-4,\ a+5=2a-4$

$\therefore a=9$ 답 9

32 $a=3$이므로 $y=3x+5$의 그래프가 점 $(1,\ b)$를 지난다.

$b=3\times 1+5$ $\quad\therefore b=8$

$\therefore a+b=11$ 답 ④

33 (기울기)$=\dfrac{6-2}{2-(-2)}=1$이므로

일차함수의 식을 $y=x+b$라고 하면

$2=-2+b$ $\quad\therefore b=4$

$\therefore y=x+4$ 답 ②

34 y절편이 2이므로 $b=2$

$y=ax+2$의 그래프의 x절편이 -3이므로

$0=-3a+2$ $\quad\therefore a=\dfrac{2}{3}$

$\therefore ab=\dfrac{4}{3}$ 답 ⑤

35 (기울기)$=\dfrac{3-(-3)}{3-(-6)}=\dfrac{2}{3}$이므로

$y=\dfrac{2}{3}x+b$에서 $3=\dfrac{2}{3}\times 3+b$ $\quad\therefore b=1$

따라서 $y=\dfrac{2}{3}x+1$이므로 x의 값이 3만큼 증가할 때 y의 값은 2만큼 증가한다. 답 ④

36 $-b=6$이므로 $b=-6$

$y=ax+6$의 그래프가 점 $(3,\ 0)$을 지나므로

$3a+6=0$ $\quad\therefore a=-2$

따라서 $ab=12,\ a-b=4$이므로

$y=12x+4$의 그래프의 x절편은

$12x+4=0$ $\quad\therefore x=-\dfrac{1}{3}$ 답 $-\dfrac{1}{3}$

37 (기울기)$=\dfrac{6-3}{-3-2}=-\dfrac{3}{5}$이므로

구하는 일차함수의 식을 $y=-\dfrac{3}{5}x+b$라고 하면

$4=-\dfrac{3}{5}\times(-2)+b$ $\quad\therefore b=\dfrac{14}{5}$

$\therefore y=-\dfrac{3}{5}x+\dfrac{14}{5}\ \cdots$ 답

채점 기준	
기울기 구하기	40%
y절편 구하기	40%
답 구하기	20%

Step **4** 유형클리닉

1 $\dfrac{6-1}{-2-1}=\dfrac{16-6}{a+2}$ 이므로 $-\dfrac{5}{3}=\dfrac{10}{a+2}$

$5a+10=-30$ $\quad\therefore a=-8$ **답** -8

1-1 $\dfrac{-4-0}{2-(-3)}=\dfrac{-8+4}{a-2}$ 이므로

$-\dfrac{4}{5}=\dfrac{-4}{a-2}$, $a-2=5$

$\therefore a=7$ **답** 7

1-2 $\dfrac{6-(-2)}{1-(-3)}=\dfrac{3m-1-6}{2m-1}$, $2=\dfrac{3m-7}{2m-1}$

$4m-2=3m-7$ $\quad\therefore m=-5$

답 -5

2 $ab>0$에서 a, b의 부호는 서로 같고,

$ac<0$에서 a, c의 부호는 서로 다르므로

b, c의 부호는 서로 다르다.

즉, $\dfrac{b}{a}>0$, $\dfrac{c}{b}<0$이므로

일차함수 $y=\dfrac{b}{a}x+\dfrac{c}{b}$의

그래프의 모양은 오른쪽

그림과 같다.

따라서 제2사분면을 지나지 않는다.

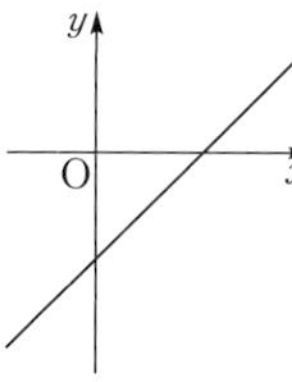

답 제2사분면

2-1 (기울기)$=-\dfrac{1}{b}>0$이므로 $b<0$

(y절편)$=-\dfrac{c}{b}<0$이고 $b<0$이므로 $c<0$

답 $b<0$, $c<0$

2-2 주어진 그림에서 (기울기)$=a>0$,

(y절편)$=-b>0$이므로

$a>0$, $b<0$

즉, $\dfrac{b}{a}<0$이므로 $y=bx+\dfrac{b}{a}$의 그래프는

(기울기)<0, (y절편)<0이다.

따라서 제2, 3, 4분면을 지난다.

답 제2, 3, 4분면

Step **5** 서술형 만점 대비

1 $3=2a-5$ $\quad\therefore a=4$

따라서 $y=4x-5$의 그래프가 점 $(b, -9)$를 지나므로

$-9=4b-5$ $\quad\therefore b=-1$

$\therefore a+b=3$ **답** 3

채점 기준	
a의 값 구하기	40%
b의 값 구하기	40%
답 구하기	20%

2 $y=-3x+k-2$의 그래프가 점 $(3, 2)$를 지나므로

$2=-9+k-2$ $\quad\therefore k=13$ **답** 13

채점 기준	
평행이동한 일차함수의 그래프의 식 구하기	60%
답 구하기	40%

3 $-\dfrac{2}{3}x+4=0$에서 $x=6$

따라서 $a=6$, $b=4$이고 기울기가 $-\dfrac{2}{3}$이므로

$\dfrac{c}{3}=-\dfrac{2}{3}$ $\quad\therefore c=-2$

$\therefore a+b+c=8$ **답** 8

채점 기준	
x절편 구하기	30%
y절편 구하기	20%
기울기를 이용하여 c의 값 구하기	30%
답 구하기	20%

4 (기울기)$=\dfrac{-4}{2}=-2$이므로 $a=-2$

즉, $y=-2x+b$의 그래프가 점 $(3, -1)$을 지나므로

$-1=-6+b$ $\quad\therefore b=5$

$\therefore a+b=3$ **답** 3

채점 기준	
a의 값 구하기	40%
b의 값 구하기	40%
답 구하기	20%

3000제 꿀꺽수학
02 일차함수와 일차방정식의 관계

P. 137~139

Step 1 교과서 이해

01 $-\dfrac{a}{b}x-\dfrac{c}{b}$

02 (ㄴ)　　**03** (ㄷ)

04 (ㄱ)　　**05** (ㄹ)

06 $y=-\dfrac{1}{5}x+2$

07 $y=-2x-4$

08 $y=-\dfrac{5}{2}x+4$

09 $y=\dfrac{3}{2}x-3$

	기울기	x절편	y절편
10	$-\dfrac{2}{3}$	$\dfrac{3}{2}$	1
11	$\dfrac{5}{2}$	$\dfrac{4}{5}$	-2
12	$-\dfrac{3}{2}$	2	3
13	4	-1	4

[14~15]

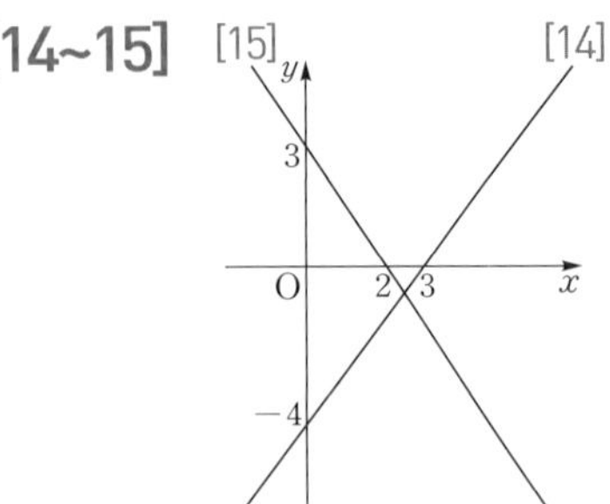

16 직선의 방정식

17 p, y　　**18** q, x

19 $y=2$　　**20** $x=3$

21 $y=-5$　　**22** $x=-4$

23 $y=-4$　　**24** $x=10$

25 $y=-3$　　**26** $x=-2$

27 (ㄴ)　　**28** (ㄹ)

29 (ㄱ)　　**30** (ㄷ)

31 교점

32 연립방정식을 풀면 $x=2$, $y=2$
　　$\therefore a=2$, $b=2$ … **답**

33 연립방정식을 풀면 $x=-2$, $y=1$
　　$\therefore a=-2$, $b=1$ … **답**

34 $1-2=a$, $b-2=1$이므로
　　$a=-1$, $b=3$ … **답**

35 $-a+6=4$, $-1+(-2)=b$이므로
　　$a=2$, $b=-3$ … **답**

36 없다, 무수히 많다

37 (ㄷ)　　**38** (ㄴ), (ㄹ)

39 (ㄱ)

P. 140~141

Step 2 개념 탄탄

01 $4b=1$, $4a=1$이므로 $a=\dfrac{1}{4}$, $b=\dfrac{1}{4}$
　　$\therefore a+b=\dfrac{1}{2}$　　　　**답** $\dfrac{1}{2}$

02 $2a=6$, $3b=6$에서 $a=3$, $b=2$
　　$\therefore ab=6$　　　　**답** 6

03 $-a-3+b=0$, $-2a+b=0$에서
　　$a=3$, $b=6$　　　　**답** ④

04 주어진 그림의 직선은 두 점 $(3, 0)$, $(0, 4)$를
지나므로 (기울기)$=-\dfrac{4}{3}$

따라서 구하는 직선의 방정식은

$y=-\dfrac{4}{3}x+4$ ⋯ 답

05 $-4+2a=6$ $\therefore a=5$ 답 ④

06 ③

07 ②

08 $\{4-(-1)\}\times(7-3)=20$ 답 ③

09 $\begin{cases}3x+2y=6\\x-2y=-2\end{cases}$ 를 풀면 $x=1$, $y=\dfrac{3}{2}$

따라서 $a=1$, $b=\dfrac{3}{2}$이므로

$a-b=-\dfrac{1}{2}$ 답 $-\dfrac{1}{2}$

10 $\begin{cases}2x+y=1\\3x-2y=-2\end{cases}$ 를 풀면 $x=0$, $y=1$

따라서 점 $(0, 1)$을 지나고 x축에 평행한 직선
의 방정식은 $y=1$이다.   답 $y=1$

11 $\dfrac{1}{a}=\dfrac{1}{-3}\neq\dfrac{2}{3}$에서 $a=-3$ 답 ①

12 오른쪽 그림에서
구하는 넓이는

$\dfrac{1}{2}\times4\times4=8$

답 8

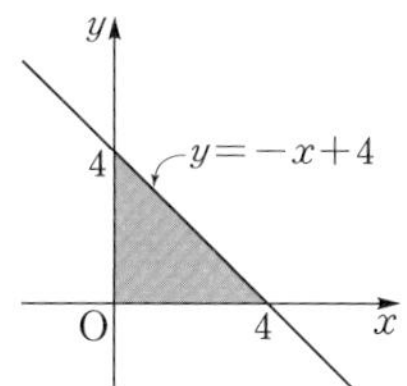

$$[P. 142\sim147]$$

Step 3 실력완성

01 기울기가 $\dfrac{2}{3}$, y절편이 -2이므로

$y=\dfrac{2}{3}x-2$, $3y=2x-6$

$\therefore 2x-3y=6$ 답 ②

02 $3y=-4x+6$ $\therefore y=-\dfrac{4}{3}x+2$

⑤ x의 값이 3만큼 증가할 때, y의 값은 -4만
큼 증가한다.   답 ⑤

03 ① $y=4x+5$ ② $y=4x-8$

③ $y=-4x+\dfrac{1}{2}$ ④ $y=-\dfrac{1}{4}x-\dfrac{7}{8}$

⑤ $y=-\dfrac{1}{3}x+\dfrac{5}{9}$ 답 ③

04 두 일차방정식 $4x+3y+a=0$, $bx-y-1=0$
이 일치하므로

$\dfrac{4}{b}=\dfrac{3}{-1}=\dfrac{a}{-1}$ $\therefore a=3$, $b=-\dfrac{4}{3}$

$\therefore a+b=\dfrac{5}{3}$ 답 $\dfrac{5}{3}$

05 $y=-ax+b-2$에서

$-a=2$, $b-2=-3$이므로

$a=-2$, $b=-1$

$\therefore ab=2$ 답 2

채점 기준	
주어진 식을 $y=mx+n$의 꼴로 나타내기	40%
a, b의 값 구하기	40%
답 구하기	20%

06 기울기가 $-\dfrac{4}{3}$이므로 $y=-\dfrac{4}{3}x+b$

점 $(3, 4)$를 지나므로 $4=-4+b$ $\therefore b=8$

따라서 $y=-\dfrac{4}{3}x+8$이므로

$4x+3y-24=0$ 답 ②

07 $3a-6-3=0$ $\therefore a=3$ 답 ④

08 $3(3k-4)-5k=4$, $9k-12-5k=4$

$4k=16$ $\therefore k=4$ 답 4

09 $by=-ax-c$ $\therefore y=-\dfrac{a}{b}x-\dfrac{c}{b}$

(기울기)$=-\dfrac{a}{b}>0$, (y절편)$=-\dfrac{c}{b}<0$이므로

제1, 3, 4사분면을 지난다.   답 ②

10 $ax+by+c=0$에서 $y=-\dfrac{a}{b}x-\dfrac{c}{b}$

주어진 그림에서

(기울기)$=-\dfrac{a}{b}<0$, (y절편)$=-\dfrac{c}{b}>0$이므로

$\dfrac{a}{b}>0$, $\dfrac{c}{b}<0$

따라서 a, b의 부호는 같고, c만 다른 부호이므로

$-\dfrac{c}{a}>0$, $\dfrac{b}{a}>0$

즉, 기울기와 y절편이 모두 양수인 그래프의 모양은 ①이다.   답 ①

11 y절편이 -3이므로 y축과 만나는 점은

$(0, -3)$

따라서 구하는 직선의 방정식은

$y=-3$ … 답

12 x축에 평행한 직선 위의 점은 y좌표가 일정하므로

$k+3=3k-5$

$2k=8$ $\therefore k=4$ 답 4

13

(가로의 길이)$=3p-p=2p$,

(세로의 길이)$=7$이므로

$2p\times7=42$ $\therefore p=3$ 답 ②

14 연립방정식 $\begin{cases} x+y-1=0 \\ 5x+2y+4=0 \end{cases}$을 풀면

$x=-2$, $y=3$

따라서 $y=\dfrac{a}{3}x+\dfrac{11}{3}$의 그래프가 점 $(-2, 3)$

을 지나므로 $3=-\dfrac{2}{3}a+\dfrac{11}{3}$

$9=-2a+11$ $\therefore a=1$ 답 ③

15 $4-b=6$, $a+b=2$에서 $b=-2$, $a=4$

답 ⑤

16 $3x-y-2=0$에서 $y=3x-2$이므로 y축과 만나는 점의 좌표는 $(0, -2)$이다.

즉, $x+ay+6=0$의 그래프도 점 $(0, -2)$를 지나므로 $-2a+6=0$

$\therefore a=3$ 답 3

채점 기준	
$3x-y-2=0$의 그래프의 y절편 구하기	30%
두 그래프의 y절편이 같음을 알기	50%
답 구하기	20%

17 연립방정식 $\begin{cases} x-2y=4 \\ 2x+y=3 \end{cases}$을 풀면 $x=2$, $y=-1$

따라서 점 $(2, -1)$을 지나고 y축에 평행한 직선의 방정식은 $x=2$ 답 ③

18 $\begin{cases} 3x-2y=5 \\ y=2x+3 \end{cases}$을 풀면 $x=-11$, $y=-19$

$5x-y=10$, 즉 $y=5x-10$과 평행한 직선은 기울기가 5이므로 구하는 직선의 식을

$y=5x+b$라 하면 이 직선이 점 $(-11, -19)$를 지나므로 $-19=-55+b$

$\therefore b=36$

$\therefore y=5x+36$ 답 ③

19 $\begin{cases} x+y=1 \\ 2x-3y=1 \end{cases}$을 풀면 $x=\dfrac{4}{5}$, $y=\dfrac{1}{5}$

따라서 세 직선이 한 점에서 만나려면 직선 $(a+2)x-ay=4$가 점 $\left(\dfrac{4}{5}, \dfrac{1}{5}\right)$을 지나야 하므로

$\dfrac{4}{5}(a+2)-\dfrac{1}{5}a=4$, $4a+8-a=20$

$3a=12$ $\therefore a=4$ 답 4

채점 기준	
두 직선의 교점의 좌표 구하기	40%
남은 직선이 교점을 지남을 이용하여 식 세우기	40%
답 구하기	20%

20 $\dfrac{a}{6}=\dfrac{-2}{4}=\dfrac{1}{b}$에서 $a=-3$, $b=-2$

$\therefore ab=6$ 답 6

21 $\dfrac{2}{6}=\dfrac{3}{a}\neq\dfrac{1}{5}$에서 $a=9$ 답 9

22 주어진 두 직선이 서로 평행하므로
$$\frac{a}{4}=\frac{2}{-5}\neq\frac{2}{3}\qquad\therefore a=-\frac{8}{5}$$
답 ①

23 $\begin{cases}x+y-4=0\\2x-3y-3=0\end{cases}$ 을 풀면 $x=3,\ y=1$

또, $2x-3y-3=0$에서 $y=\dfrac{2}{3}x-1$이므로

두 직선의 y절편은 각각 4, -1이고 교점의 좌표가 $(3,\ 1)$이므로 구하는 넓이는
$$\frac{1}{2}\times5\times3=\frac{15}{2}$$
답 $\dfrac{15}{2}$

24 세 직선 $y=-x+2$, $x=-1$, $y=-1$로 둘러싸인 삼각형의 넓이는
$$\frac{1}{2}\times4\times4=8$$
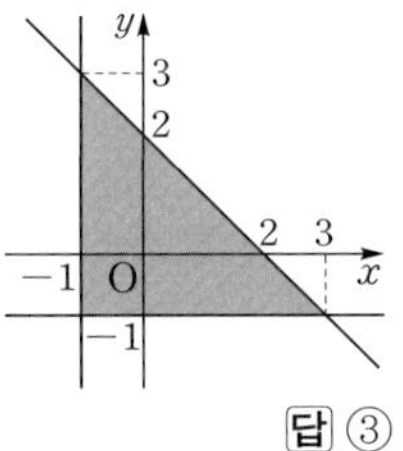
답 ③

25 $y=ax+4$의 그래프의 x절편을 m이라 하면 어두운 삼각형의 넓이가 12이므로
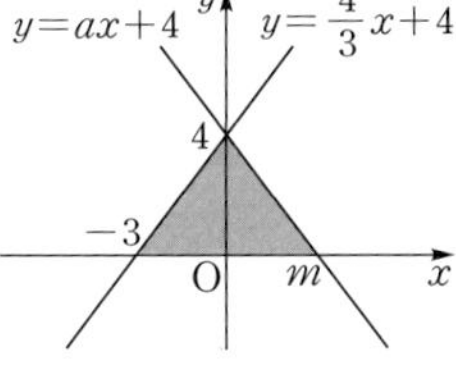
$$\frac{1}{2}\times(m+3)\times4=12$$
$$\therefore m=3$$
따라서 $y=ax+4$의 그래프는 두 점 $(3,\ 0)$, $(0,\ 4)$를 지나므로
$$a=-\frac{4}{3}$$
답 $-\dfrac{4}{3}$

26 오른쪽 그림에서 구하는 도형은 평행사변형이고 그 넓이는
$$3\times3=9$$
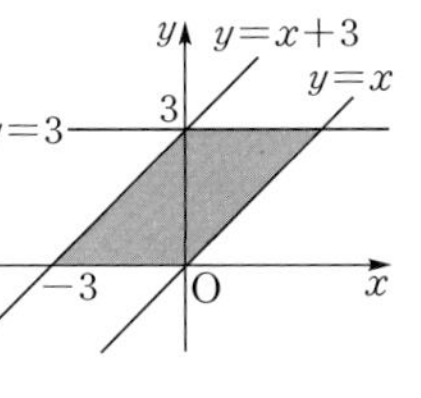
답 ④

27 직선 $y=ax-2$가 점 $A(2,\ 1)$을 지날 때
$$1=2a-2\qquad\therefore a=\frac{3}{2}$$
직선 $y=ax-2$가 점 $B(2,\ 4)$를 지날 때
$$4=2a-2\qquad\therefore a=3$$
$$\therefore \frac{3}{2}\leq a\leq3 \cdots$$ 답

28 x절편이 3, y절편이 2이므로 오른쪽 그림의 어두운 삼각형을 y축을 축으로 하여 1회전시키면 원뿔이 된다.
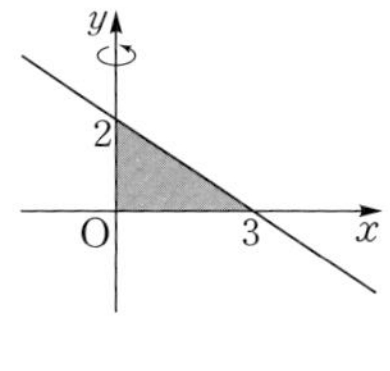
$$\therefore \frac{1}{3}\pi\times3^{2}\times2=6\pi$$
답 6π

채점 기준

일차방정식의 그래프 그리기	40%
회전체의 모양 알기	30%
답 구하기	30%

29 두 직선 $x+ay-4=0$, $x=-1$의 교점의 좌표는 $\left(-1,\ \dfrac{5}{a}\right)$

두 직선 $x+ay-4=0$, $x=2$의 교점의 좌표는 $\left(2,\ \dfrac{2}{a}\right)$
$$\frac{1}{2}\left(\frac{5}{a}+\frac{2}{a}\right)\times3=\frac{21}{4},\ \frac{7}{a}=\frac{7}{2}$$
$$\therefore a=2$$
답 ④

30 세 직선 중 두 직선이 평행한 경우 삼각형을 만들 수 없다.

(i) 두 직선 $x+y=0$, $y=a(x-2)$가 평행할 때
$\quad a=-1$

(ii) 두 직선 $y-2x=0$, $y=a(x-2)$가 평행할 때
$\quad a=2$

세 직선이 한 점에서 만나는 경우 삼각형을 만들 수 없다. 두 직선 $x+y=0$, $y-2x=0$의 교점이 점 $(0,\ 0)$이므로
$$a=0$$
따라서 $a=-1,\ 0,\ 2$
답 $-1,\ 0,\ 2$

31 x초 후 $\triangle ABP$와 $\triangle DPC$의 넓이의 합을 $y\,cm^{2}$라고 하면 x초 후에 $\overline{BP}=x\,cm$,

$\overline{CP}=(6-x)\,cm$이므로
$$y=\frac{1}{2}\times2\times x+\frac{1}{2}\times(6-x)\times4=-x+12$$
$y=10$일 때 $10=-x+12$
$$\therefore x=2$$
답 2초 후

32 점 P가 출발한 지 x초 후에

$\overline{BP}=2x\,\mathrm{cm}$, $\overline{CP}=(80-2x)\,\mathrm{cm}$

$\therefore y=\dfrac{1}{2}(80-2x+80)\times 50=4000-50x$

$y=2500$일 때 $2500=4000-50x$

$\therefore x=30$ 답 30초 후

33 두 그래프의 식은 각각

$y=-10x+50,\ y=-5x+40$

$-10x+50=-5x+40$에서 $x=2$

답 2분 후

P. 148~149

Step **4** 유형클리닉

1 $x-y+2=0$에 $x=3$을 대입하면 $y=5$

따라서 교점의 좌표가 $(3,\ 5)$이므로

$3a-5-1=0$ $\therefore a=2$ 답 2

1-1 $-3a+7-4=0,\ -6+7+b=0$에서

$a=1,\ b=-1$ … 답

1-2 $6-2b=a,\ 2-b=4$에서

$b=-2,\ a=10$

$\therefore a+b=8$ 답 8

2 두 직선의 교점의 좌표는 $(0,\ 3)$이고 x절편은

각각 -3, 2이므로 구하는 넓이는

$\dfrac{1}{2}\times\{2-(-3)\}\times 3=\dfrac{15}{2}$ 답 $\dfrac{15}{2}$

2-1 $(4-1)\times(5-0)=15$ 답 15

2-2 $y=-2x+6$의 그래프를 y

축의 방향으로 -2만큼 평행

이동한 그래프의 식은

$y=-2x+4$

따라서 구하는 넓이는

$\dfrac{1}{2}\times 3\times 6-\dfrac{1}{2}\times 2\times 4=5$

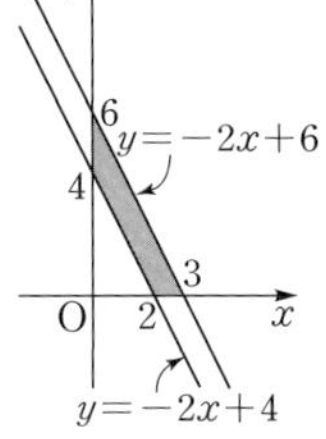

답 5

3 $y=ax+1$의 그래프가 점 $\mathrm{A}(2,\ 6)$을 지날 때

$6=2a+1$ $\therefore a=\dfrac{5}{2}$

$y=ax+1$의 그래프가 점 $\mathrm{C}(4,\ 3)$을 지날 때

$3=4a+1$ $\therefore a=\dfrac{1}{2}$

$\therefore \dfrac{1}{2}\leq a\leq\dfrac{5}{2}$ … 답

3-1 직선 $y=mx$가 점 $\mathrm{A}(2,\ 3)$을 지날 때

$3=2m$ $\therefore m=\dfrac{3}{2}$

직선 $y=mx$가 점 $\mathrm{B}(4,\ 1)$을 지날 때

$1=4m$ $\therefore m=\dfrac{1}{4}$

$\therefore \dfrac{1}{4}\leq m\leq\dfrac{3}{2}$ … 답

4 동생의 그래프의 식 : $y=\dfrac{1}{15}x\ \ (0\leq x\leq 60)$

형의 그래프의 식 : $y=\dfrac{1}{10}x-1\ \ (10\leq x\leq 50)$

$\dfrac{1}{15}x=\dfrac{1}{10}x-1$ $\therefore x=30$

따라서 동생이 출발한 지 30분 후에 형이 동생

을 만나게 된다. 답 30분

4-1 $y=-3x+24$이므로 $y=6$일 때

$6=-3x+24$ $\therefore x=6$ 답 6분 후

P. 136

Step **5** 서술형 만점 대비

1 $y=-ax-b+5$의 그래프의 기울기가 2이므로

$-a=2$ $\therefore a=-2$

또, y절편이 7이므로 $-b+5=7$

$\therefore b=-2$

$\therefore ab=4$ 답 4

채점 기준	
a의 값 구하기	40%
b의 값 구하기	40%
답 구하기	20%

2 점 $(1, 6)$을 지나고 x축에 평행한 직선의 방정식은 $y=6$ $\qquad$ ⊙

⊙이 직선 $(a+2)x-2y-b-5=0$과 일치하므로 $a+2=0$ $\quad \therefore a=-2$

$-2y-b-5=0$에서 $y=\dfrac{-b-5}{2}$

즉, $\dfrac{-b-5}{2}=6$이므로 $b=-17$

$\therefore a+b=-19$ $\qquad$ 답 -19

채점 기준	
x축에 평행한 직선의 방정식 알기	30%
a, b의 값 구하기	60%
답 구하기	10%

3 두 점 $(1, -2)$, $(3, 2)$를 지나는 직선의 기울기는 $\dfrac{2-(-2)}{3-1}=2$

두 점 $(3, 2)$, $(4, k)$를 지나는 직선의 기울기도 2이므로

즉, $\dfrac{k-2}{4-3}=2$ $\quad \therefore k=4$ $\qquad$ 답 4

채점 기준	
세 점이 같은 직선 위에 있을 조건 알기	60%
답 구하기	40%

4 직선 $2x+ay=8$의 x절편은 4, y절편은 $\dfrac{8}{a}$이므로

$\dfrac{1}{2}\times 4\times \dfrac{8}{a}=6$, $\dfrac{16}{a}=6$

$\therefore a=\dfrac{8}{3}$ $\qquad$ 답 $\dfrac{8}{3}$

채점 기준	
직선의 x절편, y절편 구하기	60%
답 구하기	40%

P. 151~153

Step **6** 도전 1등급

1 $y=3x-2+b$의 그래프가 점 $(-1, -8)$을 지나므로

$-8=-5+b$ $\quad \therefore b=-3$ $\qquad$ 답 ②

2 $y=-3x-3$의 그래프의 x절편은 -1이므로

$\mathrm{A}(-1, 0)$

$\overline{\mathrm{OA}}=\overline{\mathrm{OB}}$이므로 $\mathrm{B}(1, 0)$

또, $\mathrm{P}(0, -3)$이므로 $b=-3$이고

$a=(\overline{\mathrm{PB}}\text{의 기울기})=3$

$\therefore ab=-9$ $\qquad$ 답 -9

3 직선 l은 두 점 $(0, -2)$, $(2, 0)$을 지나므로

$a=\dfrac{2}{2}=1$

같은 방법으로 $b=-\dfrac{1}{2}$, $c=-2$

$\therefore abc=1$ $\qquad$ 답 1

4 $\dfrac{-4k+7-(-1)}{2k-2}=\dfrac{-13-(-1)}{11-2}$

$\dfrac{-4k+8}{2k-2}=\dfrac{-4}{3}$, $-12k+24=-8k+8$

$4k=16$ $\quad \therefore k=4$ $\qquad$ 답 4

5 두 직선의 교점은 점 $(0, 4)$이고, x절편은 각각 $\dfrac{4}{3}$, -6이므로 구하는 넓이는

$\dfrac{1}{2}\times \left\{\dfrac{4}{3}-(-6)\right\}\times 4=\dfrac{44}{3}$ $\qquad$ 답 ⑤

6 ① $(\text{기울기})=a<0$, $(y\text{절편})=-b>0$, 즉 $b<0$이다.

④ x의 값이 1만큼 증가하면 y의 값은 a만큼 증가한다.

⑤ $y=ax$의 그래프를 y축의 방향으로 $-b$만큼 평행이동한 것이다. $\qquad$ 답 ②, ③

7 $3y=-(m-2)x+5$에서 $y=-\dfrac{m-2}{3}x+\dfrac{5}{3}$

평행하면 기울기가 같으므로

$-\dfrac{m-2}{3}=3$, $m-2=-9$

$\therefore m=-7$ $\qquad$ 답 -7

8 직선 $y=-(m+3)x+(m-2)$가 제2사분면을 지나지 않으면

$(\text{기울기})>0$, $(y\text{절편})\leq 0$

즉, $-(m+3)>0$, $m-2\leq 0$이므로

$m<-3$, $m\leq 2$

$\therefore m<-3$ $\cdots$ 답

9 $3y=-2x+3b$, 즉 $2x+3y=3b$이므로

$$\frac{2}{2}=\frac{a}{3}=\frac{9}{3b} \qquad \therefore a=3,\ b=3$$

직선 $3x+y+3=0$이 직선 $x-my+5=0$과 평행하므로

$$\frac{3}{1}=\frac{1}{-m}\neq\frac{3}{5} \qquad \therefore m=-\frac{1}{3}$$

답 $-\dfrac{1}{3}$

10 $x=4$일 때 $y=4n-1$

$\therefore \mathrm{A}(4,\ 4n-1)$,

$\quad \mathrm{B}(4,\ 0)$

$x=8$일 때 $y=8n-1$

$\therefore \mathrm{D}(8,\ 8n-1)$,

$\quad \mathrm{C}(8,\ 0)$

$\overline{\mathrm{AB}}=4n-1,\ \overline{\mathrm{DC}}=8n+1,\ \overline{\mathrm{BC}}=4$이므로

$$\frac{1}{2}(4n-1+8n-1)\times 4=16n$$

$$2(12n-2)=16n \qquad \therefore n=\frac{1}{2}$$

답 $\dfrac{1}{2}$

11 갑이 구한 직선의 방정식을 $y=5x+c$라 하면

$$4=10+c \qquad \therefore c=-6$$

을이 구한 직선의 방정식을 $y=2x+d$라 하면

$$3=4+d \qquad \therefore d=-1$$

갑은 y절편을, 을은 기울기를 바로 보았으므로 원래의 일차함수의 식은 $y=2x-6$이다.

직선 $y=2x-6$이 점 $(7,\ m)$을 지나므로

$$m=14-6=8$$

답 8

P. 154~157

Step **7** 대단원 성취도 평가

01 ②

02 $m=\dfrac{1}{3},\ n=-3$이므로

$$3m+n=1-3=-2$$

답 ②

03 $0=-\dfrac{3}{4}x+\dfrac{4}{3}$에서 $\dfrac{3}{4}x=\dfrac{4}{3}$

$$\therefore x=\frac{16}{9}$$

따라서 $a=\dfrac{16}{9},\ b=\dfrac{4}{3}$이므로

$$a+b=\frac{28}{9}$$

답 ①

04 ① 기울기는 $-\dfrac{5}{3}$이다.

② x절편은 9, y절편은 15이다.

④ $y=-\dfrac{5}{3}x-5$의 그래프와 평행하다.

⑤ y축과 만나는 점의 좌표는 $(0,\ 15)$이다.

답 ③

05 (기울기)$=\dfrac{1}{a}>0$, (y절편)$=-\dfrac{b}{a}>0$이므로

$$a>0,\ b<0$$

답 ②

06 $a=2$이므로 $y=2x+2-2b$의 그래프가 제4사분면을 지나려면

$$(y절편)=2-2b<0$$

$$\therefore b>1$$

답 ⑤

07 $y=ax-b$의 그래프가 제4사분면을 지나지 않으므로 $a>0,\ -b\geq 0$

그런데 $b\neq 0$이므로 $a>0,\ b<0$

따라서 $\dfrac{1}{b}<0,\ -ab>0$이므로

$y=\dfrac{1}{b}x-ab$의 그래프의 모양은 ②이다.

답 ②

08 ④

09 $a-1=1$, $1+1=b$이므로

$a=2$, $b=2$

$\therefore a+b=4$ 답 ④

10 $\dfrac{2}{k}=\dfrac{-3}{-6}\neq\dfrac{4}{-1}$

$\therefore k=4$ 답 ⑤

11 직선 $y=\dfrac{3}{4}x-a$의 x절편은

$0=\dfrac{3}{4}x-a$ $\therefore x=\dfrac{4}{3}a$

직선 $y=2ax-6$의 x절편은

$0=2ax-6$ $\therefore x=\dfrac{3}{a}$

즉, $\dfrac{4}{3}a=\dfrac{3}{a}$이므로 $a^2=\dfrac{9}{4}$ 답 ④

12 세 교점의 좌표는 각각 $(0,\ 0)$, $(2,\ 4)$, $(2,\ -2)$의 이므로 구하는 넓이는

$\dfrac{1}{2}\times2\times6=6$ 답 ③

13 $0=a(x+2)$에서 $x=-2$

$\therefore \mathrm{A}(-2,\ 0)$

$0=2a(x-1)$에서 $x=1$

$\therefore \mathrm{B}(1,\ 0)$

$\therefore \overline{\mathrm{AB}}=3$ 답 3

14 두 점 $(1,\ 2)$, $(3,\ 8)$을 지나는 직선의 방정식은 $y=3x-1$

직선 $y=3x-1$을 y축의 방향으로 -3만큼 평행이동하면

$y=3x-4$, 즉 $3x-y-4=0$

따라서 $a=3$, $b=-1$이므로 직선

$-x-4y+3=0$, 즉 $x+4y-3=0$의 x절편은

$m=3$

y절편은 $n=\dfrac{3}{4}$

$\therefore mn=\dfrac{9}{4}$ 답 $\dfrac{9}{4}$

15 두 점 A, B를 지나는 직선의 기울기는 $\dfrac{1}{2}$,

두 점 B, C를 지나는 직선의 기울기는 $\dfrac{6}{2}=3$

$\therefore \dfrac{1}{2}\leq m\leq3$ ··· 답

16 두 직선이 서로 평행하므로 $a=-2$, $b\neq-8$

$x-2y-8=0$에서 $x=0$일 때 $y=-4$

$\therefore \mathrm{A}(0,\ -4)$

따라서 $\mathrm{B}(0,\ 4)$이므로 $0-8+b=0$

$\therefore b=8$

$\therefore a+b=6$ 답 6

17 주어진 그래프의 식은 $y=3$이므로 $a=0$

$by+2=0$이 $y=3$과 일치하므로

$-\dfrac{2}{b}=3$ $\therefore b=-\dfrac{2}{3}$

답 $a=0$, $b=-\dfrac{2}{3}$

18 (1) 1분에 $500\,\mathrm{m}$, 즉 $0.5\,\mathrm{km}$씩 가므로

$y=8-0.5x$

(2) B지점에 도착하는 것은 출발한 지 16분 후이므로

$0\leq x\leq16$

(3) $y=2$일 때 $2=8-0.5x$

$0.5x=6$ $\therefore x=12$

따라서 12분 후이다.

답 (1) $y=8-0.5x$ (2) $0\leq x\leq16$ (3) 12분 후

채점 기준	
x, y 사이의 관계식 구하기	4점
x의 값의 범위 구하기	3점
두 지점 P, B 사이의 거리가 $2\,\mathrm{km}$가 되는 시간 구하기	3점

내신 만점 테스트 3회

01
① $1-3<2-5$ (거짓)
② $2-1>6-1$ (거짓)
③ $-2<-8$ (거짓)
④ $1>-2+9$ (거짓)
⑤ $\dfrac{1}{2}>-1$ (참)　　　　　　　답 ⑤

02
① $a<b$이므로 $-2a-1>-2b-1$
② $-6\le -2a<4$이므로 $-5\le -2a+1<5$
③ $a>b$이므로 $-3+\dfrac{a}{2}>-3+\dfrac{b}{2}$
④ $a<b$이므로 $\dfrac{a}{-2}>\dfrac{b}{-2}$
⑤ $a<b$이므로 $a+1<b+1$　　　　답 ⑤

03 $\dfrac{x+1}{3}\ge \dfrac{-2-x}{2}+x$를 풀면

$2x+2\ge -6-3x+6x,\ -x\ge -8$

$\therefore x\le 8$

$x-0.9\ge 0.2x+1.1$을 풀면

$10x-9\ge 2x+11,\ 8x\ge 20\ \ \ \ \therefore x\ge \dfrac{5}{2}$

따라서 $\dfrac{5}{2}\le x\le 8$인 자연수 x는 3, 4, 5, 6, 7, 8의 6개이다.　　　　답 ③

04 $\dfrac{2}{5}x-4\ge -2$를 풀면 $x\ge 5$

즉, $3(1-x)\le a$의 해가 $x\ge 5$이므로

$3-3x\le a,\ -3x\le a-3$

$\therefore x\ge \dfrac{3-a}{3}$

따라서 $\dfrac{3-a}{3}=5$에서 $a=-12$　　答 ①

05 $2x\le 1-k$에서 $x\le \dfrac{1-k}{2}$이므로 자연수 x가 3개이려면

$3\le \dfrac{1-k}{2}<4\ \ \ \ \therefore -7<k\le -5$　　답 ⑤

06 $1-2x\ge -3$을 풀면 $x\le 2$

$4x-a>2x+4$를 풀면 $2x>a+4$

$\therefore x>\dfrac{a+4}{2}$

따라서 연립부등식의 해가 없으려면

$\dfrac{a+4}{2}\ge 2\ \ \ \ \therefore a\ge 0$　　　　답 ⑤

07 $y=(k+3)x^2-3x-1$이 일차함수이려면

$k+3=0\ \ \ \ \therefore k=-3$　　　　답 ①

08
① $y=\pi\left(\dfrac{x}{2}\right)^2=\dfrac{\pi}{4}x^2$
② $y=6000-700x$
③ $x+y=90\ \ \ \ \therefore y=-x+90$
④ $xy=10\ \ \ \ \therefore y=\dfrac{10}{x}$
⑤ $y=2(x+4)$　　　　　　　답 ①, ④

09 $y=6+3x$의 x절편은 -2이므로 주어진 일차함수 중 그 그래프가 점 $(-2,\ 0)$을 지나는 것은 ⑤이다.　　　　　　　　　답 ⑤

10 $\dfrac{a-2}{2-1}=\dfrac{a+4-2}{3-1}$에서 $2a-4=a+2$

$\therefore a=6$　　　　　　　　답 ③

11 네 방정식은 $x=-4,\ x=3,\ y=3,\ y=8$이므로 구하는 넓이는

$\{3-(-4)\}\times (8-3)=35$　　　답 ④

12 $\begin{cases}x+2y=6\\y=4-x\end{cases}$ 를 풀면 $x=2,\ y=2$

따라서 교점의 좌표가 $(2,\ 2)$이므로

$2a-2=5\ \ \ \ \therefore a=\dfrac{7}{2}$　　　답 ⑤

13 ⑤ $y=-\dfrac{2}{3}x$의 그래프를 y축의 방향으로 5만큼 평행이동한 것이다.　　　　　답 ⑤

14 주어진 그래프가 $y=ax+1+b$의 그래프이므로

$a=\dfrac{3}{4}$, $b+1=-3$

$\therefore a+b=\dfrac{3}{4}-4=-\dfrac{13}{4}$ **답** ②

15 방의 개수를 x개라 하면 학생 수는 $(6x+11)$명이고

$7(x-3)+1\leq 6x+11\leq 7(x-3)+7$

$7(x-3)+1\leq 6x+11$을 풀면 $x\leq 31$

$6x+11\leq 7(x-3)+7$을 풀면 $x\geq 25$

따라서 $25\leq x\leq 31$에서 $161\leq 6x+11\leq 197$이므로 학생 수는 최대 197명이다.   **답** ⑤

16 $y=ax+8$의 그래프와 x축, y축으로 둘러싸인 삼각형의 넓이가 16이므로 $y=ax+8$의 그래프는 점 $(4,\ 0)$을 지난다. $\therefore a=-2$

또, 직선 $y=bx$가 이 넓이를 이등분하므로 직선 $y=bx$는 점 $(2,\ 4)$를 지난다. $\therefore b=2$

$\therefore a+b=0$ **답** ③

17 연속하는 세 짝수를 x, $x+2$, $x+4$라고 하면

$50<x+(x+2)+(x+4)<61$

$50<3x+6<61$, $44<3x<55$

$\therefore 14\dfrac{2}{3}<x<18\dfrac{1}{3}$

또, $48<3x<79$에서 $16<x<26\dfrac{1}{3}$이므로

$16<x<18\dfrac{1}{3}$

x가 짝수이므로 $x=18$

$\therefore 18+20+22=60$ **답** 60

18 $x-5<2x+4$를 풀면 $x>-9$

$-2x-a>4$를 풀면 $-2x>a+4$

$\therefore x<\dfrac{-a-4}{2}$

정수 x가 -8뿐이려면

$-8<\dfrac{-a-4}{2}\leq -7$ $\therefore 10\leq a<12$

$\therefore m+n=22$ **답** 22

19 11%의 소금물을 x g 더 넣는다고 하면

$13\leq \dfrac{96+0.11x}{600+x}\times 100\leq 14$

$7800+13x\leq 9600+11x\leq 8400+14x$

$\therefore 400\leq x\leq 900$

    답 400 g 이상 900 g 이하

20 $3x-ay+2=0$의 기울기가 $\dfrac{3}{a}$이므로

$\dfrac{3}{a}=\dfrac{2-3}{-4-1}=\dfrac{1}{5}$ $\therefore a=15$ **답** 15

21 $-a+b=5$, $4a+b=-10$을 연립하여 풀면

$a=-3$, $b=2$

따라서 점 $(m,\ m-2)$가 $y=-3x+2$의 그래프 위에 있으므로

$m-2=-3m+2$ $\therefore m=1$

$\therefore a+b+m=0$ **답** 0

22 (1) $\begin{cases} 2x+y=4 \\ x-y=-3 \end{cases}$ 을 풀면 $x=\dfrac{1}{3}$, $y=\dfrac{10}{3}$

$\therefore \mathrm{P}\left(\dfrac{1}{3},\ \dfrac{10}{3}\right)$

(2) 두 직선의 x절편이 2, -3이므로 구하는 넓이는

$\dfrac{1}{2}\times\{2-(-3)\}\times\dfrac{10}{3}=\dfrac{25}{3}$

    답 (1) $\mathrm{P}\left(\dfrac{1}{3},\ \dfrac{10}{3}\right)$ (2) $\dfrac{25}{3}$

채점 기준	
두 직선의 교점의 좌표 구하기	4점
두 직선과 x축으로 둘러싸인 삼각형의 넓이 구하기	4점

내신 만점 테스트 4회

01 ①

02 $-2x \leq 4$ $\therefore x \geq -2$ 답 ③

03 ① $a > b$이므로 $a + c > b + c$
② $a - c > b - c$
③ $c < 0$이므로 $ac > bc$
④ $\dfrac{c}{a} < 0$, $\dfrac{c}{b} > 0$이므로 $\dfrac{c}{a} < \dfrac{c}{b}$ 답 ⑤

04 $-4 \leq -\dfrac{1}{2}a < 1$에서 $-2 \leq -\dfrac{1}{2}a + 2 < 3$ 답 ①

05 $2x + 1 \leq x + 6$을 풀면 $x \leq 5$
$x + 6 < 3x + 4$를 풀면 $x > 1$
따라서 $1 < x \leq 5$이므로 정수 x는 2, 3, 4, 5의 4개이다.   답 ④

06 $2(x-3) \leq x + 2a$를 풀면 $x \leq 2a + 6$
$13 - 7x \leq 3b + x$를 풀면 $x \geq \dfrac{13 - 3b}{8}$
$2a + 6 = 2$, $\dfrac{13 - 3b}{8} = -1$이므로
$a = -2$, $b = 7$
$\therefore b - a = 9$ 답 ③

07 기울기가 -3이므로
$\dfrac{b - a}{2 - (-1)} = -3$ $\therefore b - a = -9$ 답 ②

08 $\begin{cases} 2x - y = 4 \\ x + y = 2 \end{cases}$ 를 풀면 $x = 2$, $y = 0$
구하는 일차함수의 식을 $y = -3x + b$라 하면
$0 = -6 + b$ $\therefore b = 6$ 답 ②

09 (ㄱ) $y = 3x$ (ㄴ) $y = \dfrac{50}{x}$
(ㄷ) $y = \dfrac{20}{x}$ (ㄹ) $y = 5000 - 500x$ 답 ②

10 $(2a - 3b)x > a - b$의 해가 $x < 1$이므로
$2a - 3b < 0$, $\dfrac{a - b}{2a - 3b} = 1$
따라서 $a = 2b$이고 $b < 0$이므로
$(3a - 2b)x + 4a - 3b < 0$에서
$(6b - 2b)x + 8b - 3b < 0$, $4bx < -5b$
$\therefore x > -\dfrac{5}{4}$ 답 ①

11 $3x < 4x + 5$를 풀면 $x > -5$
$x + 2 > 2x + a$를 풀면 $x < 2 - a$
해가 없으려면 $2 - a \leq -5$
$\therefore a \geq 7$ 답 ⑤

12 연립방정식의 해는 두 그래프의 교점이다.   답 ②

13 $\dfrac{x}{a} + \dfrac{y}{b} = 1$의 그래프가 제1사분면을 지나지 않으므로 $a < 0$, $b < 0$
$bx - ay + 1 = 0$에서 $y = \dfrac{b}{a}x + \dfrac{1}{a}$이고,
$\dfrac{b}{a} > 0$, $\dfrac{1}{a} < 0$이므로 $bx - ay + 1 = 0$의 그래프는 제2사분면을 지나지 않는다.   답 ②

14 (기울기) $= -\dfrac{1}{a} < 0$ $\therefore a > 0$
(기울기) $= -\dfrac{a^2}{b} > 0$ $\therefore b < 0$
따라서 $y = -bx + a$에서 $-b > 0$, $a > 0$이므로
제4사분면을 지나지 않는다.   답 ④

15 x명 이상일 때 유리하다고 하면
$3000x > 3000 \times \dfrac{70}{100} \times 20$ $\therefore x > 14$
따라서 15명 이상부터 유리하다.   답 ②

16 $(2x+1)◎(5x-2)=7x-2,$

$3◎a=2+a$이므로

$7x-2<2+a$ $\therefore x<\dfrac{a+4}{7}$

따라서 $4<\dfrac{a+4}{7}\leq5$이므로 $24<a\leq31$

답 ③

17 $4x+a>6x+5$를 풀면 $x<\dfrac{a-5}{2}$

$\dfrac{x}{2}-a<\dfrac{x}{3}$를 풀면 $x<6a$

따라서 $\dfrac{a-5}{2}=6a$에서 $a=-\dfrac{5}{11}$

답 $-\dfrac{5}{11}$

18 $2m-6=5m+6,\ 3m=-12$

$\therefore m=-4$ 답 -4

19 $\dfrac{3}{1}=\dfrac{a}{1}$ $\therefore a=3$

$y=2x-3$의 그래프를 y축의 방향으로 b만큼 평

행이동하면 $y=2x-3+b$

$1=-2-3+b$ $\therefore b=6$ 답 6

20 x분 후의 물의 온도를 $y°C$라고 하면

$y=15+5x$

$y=90$일 때 $90=15+5x$ $\therefore x=15$

답 15분

21 $\dfrac{10-a-7a}{2-(-1)}=-2,\ 10-8a=-6$

$\therefore a=2$

직선 l의 방정식은 $y=-2x+12$이므로 x절편

은 6, y절편은 12이다.

구하는 회전체는 원뿔이고 그 부피는

$\dfrac{1}{3}\times\pi\times36\times12=144\pi$

답 144π

22 현진이는 기울기를 바르게 보았으므로

$a=\dfrac{-1-(-5)}{-1-1}=-2$

두 점 $(-1,\ 6),\ (2,\ -6)$을 지나는 직선의 방

정식은 $y=-4x+2$

수지는 y절편을 바르게 보았으므로 $b=2$

$\therefore y=-2x+2$ … 답

채점 기준	
바른 기울기 구하기	3점
바른 y절편 구하기	3점
답 구하기	2점

MeMo